Rhea Lüst
Die Wunderwelt der Sterne

Rhea Lüst

Die Wunderwelt der Sterne

Astronomie verständlich gemacht

Mit 46 Abbildungen, davon
10 auf Farb- und 12 auf Schwarzweiß-Tafeln

Piper
München Zürich

24 Zeichnungen nach Skizzen der Autorin
von Jutta Winter

Zur Abbildung auf dem Schutzumschlag:
Nach einer Farbphotographie des Observatoriums La Silla, Chile,
der Europäischen Südsternwarte (ESO).
Das Bild zeigt den Kugelsternhaufen *47 Tucanae,* der in unmittelbarer Nachbarschaft zur Kleinen Magellanschen Wolke tief am
Südhimmel steht. Dieser zweithellste Kugelhaufen ist deshalb von
unseren Breiten aus nicht sichtbar. Er ist 13 000 Lichtjahre entfernt und dürfte weit über eine Million Sterne enthalten.

ISBN 3-492-03425-X
© R. Piper GmbH & Co. KG, München 1990
Gesetzt aus der Times-Antiqua
Gesamtherstellung: Clausen & Bosse, Leck
Printed in Germany

Die Astronomie ist vielleicht diejenige Wissenschaft, worin das wenigste durch Zufall entdeckt worden ist, wo der menschliche Verstand in seiner ganzen Größe erscheint, und wo der Mensch am besten kennen lernen kann wie klein er ist.

Georg Christoph Lichtenberg, *Aphorismen* 1772–1773

INHALT

Vorwort

Die Idee zu diesem Buch geht auf eine lange Reihe von Artikeln zurück, in denen ich in verschiedenen Tageszeitungen einmal im Monat den Stand der Planeten und Sterne erläutert und die Natur der Himmelsobjekte beschrieben habe. Leserbriefe und Gespräche mit Freunden – als Reaktion auf diese kleinen Beiträge – haben mir immer wieder gezeigt, daß sich viele Menschen für den Himmel und seine Erscheinungen interessieren. Leider wird die älteste Wissenschaft, die Astronomie, in den Lehrplänen der Schulen nach wie vor fast überall mit Stillschweigen übergangen. Daher sind die astronomischen Kenntnisse häufig sehr verschwommen, und die Pseudowissenschaft Astrologie schießt üppig ins Kraut.

Dieses Buch ist ein Versuch, etwas zu vermitteln von dem Bild des Himmels, das sich die Menschen im Laufe von Jahrtausenden durch Nachdenken und geduldiges Beobachten gemacht haben und das in den letzten Jahren durch die vielseitigen Möglichkeiten der Beobachtung vom Weltraum aus enorm an Schärfe gewonnen hat. Es wendet sich an alle, die Freude an der Betrachtung des Sternhimmels haben und mehr über die Vorgänge im Kosmos und die Natur seiner Objekte erfahren möchten. Spezielle Vorkenntnisse werden nicht vorausgesetzt, und Abschnitte, die komplizierte Zusammenhänge beschreiben und vielleicht etwas mehr Mitdenken erfordern, können notfalls übergangen werden, ohne daß der Zusammenhang verlorengeht – wie denn das Buch auch nicht Seite für Seite der Reihe nach gelesen werden muß.

Es war mir ein besonderes Anliegen, zu zeigen, daß die Astronomie keine lebensferne Wissenschaft ist, die sich in den Elfenbeintürmen einzelner Gelehrter vollzieht, sondern daß sie in vieler Hinsicht Bezug zum täglichen Leben hat. Welche Bedeutung ihr zu allen Zeiten zukam, geht deutlich aus dem jahrhundertelangen Kampf hervor, den die Kirche gegen die Verfechter des heliozentrischen Weltbildes geführt hat. Wir sollten uns ferner daran erinnern, daß die Einteilung des Jahres nach dem Kalender, die Orientierung der Nomaden in der Wüste oder der Seefahrer auf dem Meer sowie die Bestimmung der Tageszeit nach dem Stand der Sonne oder der Sterne frühe astronomische Anwendungen sind. Ohne das Licht, die Wärme und die Schwerkraft der Sonne würde es die Erde so, wie sie ist, und das Leben auf ihr nicht geben.

Zu allen Zeiten haben sich daher viele Menschen neben ihrem eigentlichen Beruf auch mit der Sternkunde beschäftigt und zum Teil wertvolle Beiträge geliefert. So enthält das Register dieses Buches neben den Namen von Astronomen auch Namen von Philosophen und Theologen, Ärzten und Rechtsgelehrten, Dichtern und Bauern. Sicher hat die Astronomie im Bewußtsein der Menschen früher noch eine größere Rolle gespielt als heutzutage, wo der Blick zum Himmel vielerorts durch die Lichter der Städte und eine verschmutzte Atmosphäre beeinträchtigt wird und mancher das leuchtende Band der Milchstraße nur noch vom Hörensagen kennt. Die Kapitäne lesen heute die Positionen ihrer Ozeanriesen von Monitoren ab, die Flugzeuge überqueren Wüsten und Meere mit computergesteuerten Autopiloten, und wir alle schauen auf unsere Quarzuhren, wenn wir wissen wollen, wie spät es ist. Zum Glück steht wenigstens der Stern von Bethlehem noch immer über den Weihnachtskrippen.

Es ist ein buntes Buch geworden, in dem neben den eigentlichen astronomischen Beschreibungen immer wieder Bezüge zur Alltagswelt aufgezeigt werden. Nach einem historischen Überblick behandelt der erste Teil unser Sonnensystem. Frühere Entwicklungen und Entdeckungen werden ebenso dargestellt wie die neuesten Ergebnisse der Raumsondenflüge zum Mond und zu den Planeten, wobei der Vorbeiflug von Voyager 2 am entfernten Neptun im August 1989 noch ausgewertet werden konnte. Im zweiten Teil wird der Fixsternhimmel in vier nach Jahreszeiten gegliederten Beschreibungen der jeweils abends bei uns sichtbaren Konstellationen behandelt. Vier Sternkarten zeigen die entsprechenden Sternbilder. Der Leser erfährt auch, was die Astronomen in den letzten Jahrzehnten mit modernen Beobachtungsmethoden über die Vorgänge am Himmel dazugelernt haben. Aber auch die alten Sagen werden erwähnt, mit denen die Griechen ihre Götter und Helden an den Himmel versetzt haben. Schließlich wird die Frage angesprochen, ob es Leben auf anderen Himmelskörpern gibt und auf welche Weise wir Verbindung mit außerirdischen Wesen aufnehmen könnten.

Es war nicht meine Absicht, in diesem Buch die letzten Erkenntnisse über »unsichtbare« Objekte wie Röntgen- oder Radioquellen im Detail zu beschreiben. Es gibt viele Bücher, in denen sich der daran interessierte Leser über diese Gebiete informieren kann. Die Entwicklung des Universums, beginnend mit dem »Big Bang«, dem Urknall, ist zwar ein hochinteressantes Thema der modernen Astrophysik, das aber hier allein vom Umfang her nicht mit der notwendigen Gründlichkeit behandelt werden kann. Es ging mir vielmehr darum, die Erscheinungen, die jeder aufmerksame Beobachter selbst am Himmel sieht, zu beschreiben und zu erklären.

Am Schluß des Buches findet der Leser Tabellen mit Angaben über die Planeten und die hellsten Sterne sowie eine Liste aller Sternbilder. In einem Glossar werden wichtige Fachausdrücke erklärt. Die im Register aufgeführten Personen sind mit ihrem jeweiligen Geburts- und Todesjahr angegeben. Verweise auf Figuren beziehen sich auf die Zeichnungen im Text, Verweise auf Abbildungen auf die Tafeln.

Ich hatte das Glück, daß mich mein Vater, der ein begeisterter Amateurastronom war, schon in meiner Kindheit mit den Sternen vertraut machte. Ohne seine Anleitung und die Stunden, die ich mit ihm in seiner kleinen Sternwarte zubrachte, würde ich wohl nie den Mut gefunden haben, sein Hobby zu meinem Lebensberuf zu machen. Deshalb habe ich dieses Buch auch in dankbarer Erinnerung an den schon vor über fünfzig Jahren Verstorbenen geschrieben.

Allen Kollegen und Freunden, die mir mit Hinweisen und Diskussionen geholfen und Photomaterial zur Verfügung gestellt haben, möchte ich sehr herzlich danken. Insbesondere bin ich Herrn Dr. Wolfgang Duschl für die sorgfältige Durchsicht des Manuskripts und Herrn Professor Rudolf Kippenhahn für viele Gespräche und nützliche Ratschläge dankbar. Mein Dank gilt schließlich auch Frau Jutta Winter für die Anfertigung der Zeichnungen sowie dem Verlag R. Piper für eine gute Zusammenarbeit.

München, im Sommer 1990   *Rhea Lüst*

ERSTER TEIL

Die Astronomie
im Lauf der Geschichte

1. Antikes Vorspiel

Der Begriff »Astronomie« hat im Laufe von Jahrtausenden erhebliche Wandlungen erfahren und sich von einer Art Mythos zu einem Zweig der exakten Naturwissenschaften entwickelt. Heute verstehen wir darunter die Lehre von der Welt außerhalb der Erde, von der Art und Natur der kosmischen Objekte, von den Positionen und Bewegungen der Gestirne, von ihrem Entstehen und ihrer Entwicklung sowie schließlich auch vom Ursprung und Werden des Kosmos als Ganzem. Die moderne Astronomie ist mehr und mehr ein Zweig der Physik geworden, in den eine Reihe weiterer Gebiete wie die Chemie und – im Planetensystem – auch die Geologie und Meteorologie hineinreichen. Wir sprechen heute von der *Astrophysik*, um dieses immer umfangreicher werdende Gebiet von der klassischen *Positionsastronomie* abzugrenzen, die natürlich nach wie vor ein wichtiger Teil der Himmelskunde ist.

Mesopotamien und Griechenland

Die Anfänge der abendländischen Astronomie gehen bis ins dritte vorchristliche Jahrtausend zurück, zu den Sumerern, die das Land zwischen Euphrat und Tigris bewohnten. Genauere Aufzeichnungen sind uns seit dem 2. Jahrtausend überliefert, als die Babylonier in diesem Gebiet herrschten. Man erkannte schon sehr früh Zusammenhänge zwischen dem Stand der Gestirne und den Jahreszeiten, die große Bedeutung der Sonne für unser Leben wurde deutlich, und so lag es nahe, den Sitz der Götter im Himmel zu vermuten. Diese Anfänge waren noch weit von dem entfernt, was wir heute unter Astronomie verstehen. Es handelte sich zunächst mehr um eine Mischung von Mythos und Religion, und die Beobachtungen am Himmel dienten dazu, die Absichten der Götter zu erkunden. Vor allem bildeten sie auch eine Grundlage für die Einteilung des täglichen Lebens, z. B. für die Aufstellung von Kalendern. Ähnliche Entwicklungen sind uns aus Ägypten bekannt. Hier sei zum Beispiel an die Bedeutung des *Sirius* erinnert, dessen erstes Wiederauftauchen in der Morgendämmerung nach mehrmonatiger Unsichtbarkeit alljährlich die Nilschwemme und damit die fruchtbare Jahreszeit ankündigte. Das Ereignis fiel damals in den Hochsommer, und bis heute hat sich die Bezeichnung »Hundstage« für besonders heiße Sommertage erhalten, denn Sirius ist der Hauptstern des Sternbilds Großer Hund. Allerdings hat die Astronomie der Ägypter nie die Bedeutung der babylonischen erreicht.

Neben Sonne und Mond fiel frühzeitig die Sonderstellung der fünf hellen Planeten auf, die sich als »Wandelsterne« deutlich und in zum Teil recht komplizierter Weise in dem gleichbleibenden Muster aller anderen Sterne bewegen und sich ebenso wie Sonne und Mond auf einen schmalen Gürtel am Himmel, den *Tierkreis*, beschränken. Deshalb wurden den Planeten auch wichtige Gottheiten zugeordnet, und diese Zuordnung hat sich bis heute in ihren Namen erhalten. So wurde aus Marduk, dem Hauptgott der Babylonier, der griechische Göttervater Zeus und schließlich, römisch, Jupiter. Den Kriegsgott Nergal, griechisch Ares, finden wir in unserem rötlichen Nachbarplaneten Mars wieder. Die glänzende Schönheit des hellsten Planeten wies auf die Göttin der Liebe Ishtar, griechisch Aphrodite und römisch Venus, hin, und der Planet, der sich am schnellsten am Himmel bewegt, paßte zu dem flinken Götterboten Nebo bzw. Hermes oder Merkur. Schließlich wurde der nur gemächlich zwischen den Sternen fortschreitende Planet, den wir als Saturn kennen, zunächst dem babylonischen Gott Ninurta und später dem Stammvater der olympischen Götter, Kronos, zugewiesen.

Es ist einleuchtend, daß man den auf diese Weise mit den Göttern identifizierten Gestirnen Einfluß auf das irdische Geschehen zumaß. So entwickelte sich mit der frühen Himmelskunde die Astrologie. Diese versuchte anfangs nur, den Willen der Götter und ihre Botschaften zu verstehen und daraus allgemeine Geschicke des Landes – Kriege, Seuchen, Naturereignisse, Geburt und Tod eines Herrschers – zu erfahren. Auffallende Ereignisse wie Sonnen- und Mondfinsternisse wurden mit besonderer Sorgfalt registriert. Erst um die Mitte des letzten vorchristlichen Jahrtausends teilte man die gemeinsame Straße, auf der sich Sonne, Mond und Planeten am Himmel bewegen, in die zwölf Tierkreiszeichen ein, und damals entstand allmählich auch die Horoskopastrologie, die aus dem Stand der Planeten bei der Geburt eines Menschen dessen Charakter und Schicksal abzulesen versucht. Sie hat sich bis auf den heutigen Tag erhalten, obwohl die Götter inzwischen längst aus dem Himmel verschwunden sind. Vielleicht regt die Lektüre dieses Buches auch etwas zum Nachdenken darüber an, ob solche von den Astrologen behauptete, aber niemals wirklich bewiesene Zusammenhänge mehr sein können als unzeitgemäßer Aberglaube.

Griechenland lag nach dem Niedergang der Hochkulturen auf Kreta und der Peloponnes über ein halbes Jahrtausend im dunkeln, bis es im 6. Jahrhundert v. Chr. zu seiner großen Blütezeit erwachte. Damit begann auch für die Himmelskunde eine ganz neue Ära. Zum ersten Mal machte man sich Gedanken über die Natur der Gestirne und den Aufbau des Kosmos. Man interessierte sich nicht mehr nur für ihren Lauf, sondern dachte darüber nach, auf welche Weise die verwirrenden Bewegungen des Sternenkarussells, das sich allnächtlich und alljährlich über uns dreht, zustande kommen. Eine Erklärung forderte vor allem die Sonderstellung der Planeten, die an der allgemeinen Bewegung nicht oder doch nicht ganz teilnehmen, sondern ihre eigenen Bahnen am Himmel beschreiben. Die Überlegungen dazu schritten keineswegs geradlinig voran; immer wieder verirrte man sich in Nebenstraßen und Sackgassen, aber man kam der Wahrheit auch schon sehr nahe. Das Weltbild, mit dem Ptolemäus die 700jährige Ära der griechischen Astronomie im 2. Jahrhundert n. Chr. zum Abschluß brachte, war allerdings wieder ziemlich weit von der Wirklichkeit entfernt. Es sollte noch 1400 Jahre dauern, bis mit Copernicus die neuzeitliche Himmelskunde einsetzte. – Ein kurzer Gang durch die Astronomie der Griechen soll diese Entwicklung näher beschreiben.

Zwei Philosophen stehen im 6. Jahrhundert v. Chr. am Anfang einer geometrisch ausgerichteten Astronomie, die sich von der beobachtenden Positions- und Zahlenastronomie der Babylonier wesentlich unterschied:

Im ionischen Milet begründete Thales seine Schule. Wer erinnert sich nicht noch aus dem Mathematikunterricht an den »Thaleskreis«? Der weitgereiste Gelehrte hatte Babylon und Ägypten besucht und sich von dort offensichtlich ein gutes astronomisches Zahlenmaterial mitgebracht, mit dem es ihm z. B. gelang, die totale Sonnenfinsternis im Jahr 585 v. Chr. vorauszusagen. Er und seine Schüler machten sich unter anderem auch Gedanken über den Aufbau des Kosmos und die Stellung der Erde.

Auf Samos – Polykrates war damals Beherrscher dieser Insel – lebte und lehrte etwa zur gleichen Zeit Pythagoras, der später eine berühmte Schule und Brüderschaft im damals griechischen Unteritalien begründete und dessen Einfluß auf die Philosophie überaus groß war. (Es ist übrigens zweifelhaft, ob er den nach ihm benannten, allen Schülern wohlbekannten geometrischen Lehrsatz über die Seiten eines rechtwinkligen Dreiecks wirklich aufgestellt hat – jedenfalls liegt darin nicht seine Bedeutung.) Pythagoras versuchte, in einer umfassenden Synthese Mystik, Religion, Musik, Geist und Seele zusammenzubringen, wobei die *Zahl* als reine Idee eine besondere Rolle spielte. Er fand den Zusammenhang zwischen der Länge einer Saite und der Tonhöhe und merkte, daß bestimmte Tonintervalle bestimmten einfachen Zahlenverhältnissen entsprechen. Hier liegt bereits der Ursprung dessen, was als »Harmonie der Sphären« in späteren Zeiten immer wieder auch bei astronomischen Überlegungen eine Rolle spielen sollte. Noch Kepler verwandte über 2000 Jahre später viel Zeit und Mühe darauf, die Abstände der einzelnen Planeten von der Sonne und voneinander durch solche einfachen, seiner Vermutung nach naturgegebenen Zahlenverhältnisse zu erklären.

Der feste Boden, den wir unter unseren Füßen spüren, gibt uns das Gefühl, daß wir auf einer ruhenden Erde leben. Daher war es zunächst nur natürlich, anzunehmen, daß sich das Firmament mit der Sonne, dem Mond, den Planeten und den Sternen um die feststehende Erde dreht. Fast alle frühen Weltmodelle waren deshalb *geozentrisch*, d. h. sie setzten die Erde in den Mittelpunkt des Universums. So glaubte man anfangs, daß die Erde als runde Scheibe auf dem Wasser eines alles Land umgebenden Ozeans schwimme. Täglich steige der Sonnengott Helios im Osten aus dem Wasser empor, fahre mit seinem feurigen Wagen über den Himmel und tauche abends im Westen wieder in den Okeanos ein.

Doch schon im vierten vorchristlichen Jahrhundert setzte sich aufgrund verschiedener Beobachtungen (z. B. dem Erscheinen von Schiffen am Horizont, deren Mastspitzen man sah, bevor der Schiffsrumpf selbst auftauchte) die Auffassung von der Kugelgestalt der Erde durch. Wir können das in den Schriften zur Physik des Aristoteles nachlesen. Es wurden auch schon Versuche unternommen, die Größe der Erde zu bestimmen. Erstaunlich genau gelang dies dem im 3. Jahrhundert v. Chr. in Alexandria lebenden Eratosthenes. Er verglich die Mittagshöhen der Sonne in Alexandria und dem südlich davon auf demselben Meridian liegenden Syene miteinander und erhielt daraus die Differenz der geographischen Breiten beider Orte. Mit diesem Wert und der ihm aus ägyptischen Landvermessungen bekannten Entfernung zwischen Alexandria und Syene ermittelte er mit Hilfe einer geometrischen Methode die gesamte Länge des Meridians – also den Erdumfang–, ein eindrucksvolles Beispiel für den hohen Stand der griechischen Geometrie. Allerdings geriet vieles später wieder in Vergessenheit: Im abendländischen Mittelalter finden wir die Erde als Scheibe wieder, und erst die großen Weltumsegler lieferten im 16. Jahrhundert den endgültigen Beweis, daß die Erde eine Kugel ist.

Ein bedeutender Gelehrter und Astronom war ferner Herakleides von Pontos, ein Zeitgenosse des Aristoteles. Er überlegte ganz richtig, daß die tägliche Drehung des Firmaments viel einfacher durch eine Rotation der Erdkugel um ihre Achse erklärt werden kann, daß also die nächtliche Wanderung der Gestirne von Osten nach Westen nur vorgetäuscht ist. Mit einer Drehung von Sonne, Mond und den Planeten um die weiterhin im Zentrum gedachte Erde erklärte Herakleides auch die Bewegung dieser Himmelskörper zwischen den an der Sphäre fest verankert geglaubten Sternen. Allerdings gelang es mit diesem Modell nicht, die Schleifen und Pendelbewegungen der Planeten auf einfache Weise zu erklären.

Den entscheidenden Schritt wagte knapp hundert Jahre später der von der Insel Samos stammende Aristarchos, ein großer Gelehrter, dessen Arbeiten über die Entfernungen von Sonne und Mond uns erhalten sind. Seine Vorstellungen über den Aufbau des Kosmos, eine Vorwegnahme der »Kopernikanischen Wende«, kennen wir aber nur aus Überlieferungen. Sie mögen uns heute einfach erscheinen, damals waren sie äußerst kühn. Aristarchos stellte sich die Frage: Warum soll die Erde, wenn sie schon nicht unbeweglich ist und rotiert, nicht noch eine weitere Drehung ausführen, nämlich um die stillstehende Sonne, und ebenso wie sie alle Planeten? Hier wird die Erde zum ersten Mal von ihrer Sonderstellung befreit und als ein normaler Planet angesehen. Dieses System vermied auf einfache Weise viele der bestehenden Schwierigkeiten. Aber die Vorstellung, daß die Erde nicht der Mittelpunkt der Welt sei, war doch so ungewöhnlich, daß sich das heliozentrische System nicht durchsetzen konnte und wieder in Vergessenheit geriet. Erst 1800 Jahre später erweckte es Nikolaus Copernicus aus seinem Dornröschenschlaf.

Die Allmacht der Kreise

Von entscheidendem Einfluß auf die Entwicklung der Astronomie bis in die Neuzeit waren die beiden größten Philosophen des 4. Jahrhunderts v. Chr.: Platon und sein gut 40 Jahre jüngerer Schüler Aristoteles. Ihre Philosophie berührte alle Gebiete des Denkens und der Wissenschaften. Aristoteles stellte ein Modell des Kosmos auf, in dem sich der Mond, die Sonne und alle fünf damals bekannten Planeten um die ruhende Erde bewegen. Da der Kreis als die vollkommenste Figur und Gleichförmigkeit als die vollkommenste Bewegung angesehen wurden, mußten sie überall im Kosmos verwirklicht sein. Deshalb konnten die Planeten nur mit *konstanter Geschwindigkeit* auf *Kreisbahnen* laufen. Das Planetensystem des Aristoteles bestand aus einer Reihe durchsichtiger Sphären, welche die Erde wie eine Zwiebel umgaben: je eine für die Sonne, den Mond und jeden Planeten sowie ganz außen die Sphäre der (wie man damals glaubte, feststehenden) Fixsterne. Das gesamte Gebäude sollte durch ein riesiges kosmisches Räderwerk in Gang gehalten werden und sich um die Erde als Zentrum drehen.

Etwa ein halbes Jahrtausend später faßte der in Alexandria lebende Claudius Ptolemäus das bis dahin angesammelte astronomische Wissen zusammen (Fig. 1). Dazu gehörten auch die Arbeiten von Hipparchos, einem der scharfsinnigsten und ideenreichsten Astronomen des Altertums. Er war der erste systematische Beobachter des Himmels und hatte im zweiten vorchristlichen Jahrhundert einen Katalog von 1025 Sternen zusammengestellt, deren Positionen er aufgezeichnet und deren Helligkeiten er durch Vergleich untereinander bestimmt hatte. Dieser Katalog blieb bis ins

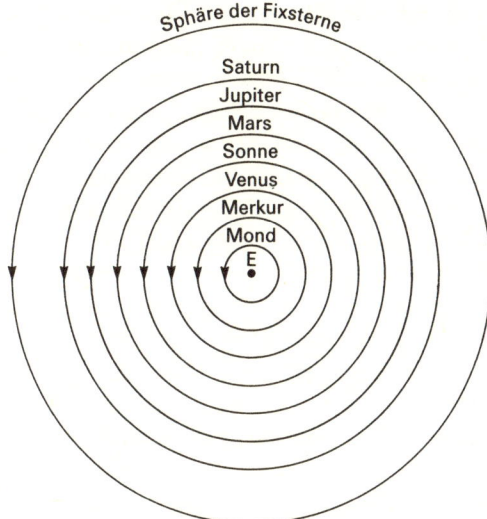

Fig. 1   Das Ptolemäische Weltsystem mit der ruhenden Erde im Zentrum und den konzentrisch umeinander liegenden Kreisbahnen der Planeten, zu denen auch die Sonne und der Mond gerechnet wurden. Ganz außen die Sphäre der Fixsterne.

16. Jahrhundert die wesentliche Grundlage für astronomische Untersuchungen, auf die noch Copernicus zurückgriff.

Das astronomische Werk des Ptolemäus stellt eine große Synthese der antiken Himmelskunde dar, in der Überliefertes mit eigenen Gedanken zu einem einheitlichen System verschmolz. Es gelang dem Gelehrten, die merkwürdigen Schleifen, in denen sich die Planeten zeitweise am Himmel bewegen, mit der Einführung kleiner Hilfskreise, der *Epizykel*, zu erklären, die als Träger der Planeten auf den eigentlichen Kreisbahnen abrollen. Allerdings brauchte Ptolemäus an die 40 Epizykel, um zu einem befriedigenden Ergebnis zu kommen. Das soll 1100 Jahre später den frommen König Alfons X. von Kastilien, mit dem Beinamen »der Weise«, zu dem Ausspruch bewogen haben: »Wenn Gott mich vor der Schöpfung gefragt hätte, würde ich ihm zu etwas Einfacherem geraten haben.«

Das astronomische Werk des Ptolemäus, die *Megale Syntaxis* (Große Zusammenstellung), ist in seiner ursprünglich griechischen Version verlorengegangen. Die abendländische Astronomie versank für viele Jahrhunderte in Bedeutungslosigkeit, und wirkliche Impulse fehlten. Seit dem 8. Jahrhundert nahmen sich die Araber der Sterne an – viele Sternnamen legen noch heute Zeugnis davon ab. Dem um 800 lebenden Kalifen Al Mamun, einem Sohn des Kalifen Harun Al Raschid, verdanken wir die Erhaltung des Ptolemäischen Werks; er ließ es ins Arabische übersetzen. Wir kennen es heute unter dem Titel *Almagest*, einer verstümmelten Version des Originaltitels, die etwa »das Größte« bedeutet. Im 10. Jahrhundert verbesserte der in Bagdad lebende Al Sufi die griechischen Sternverzeichnisse und gab einen neuen Katalog heraus. In mehreren Sternwarten des Kalifenreichs wurde Astronomie betrieben, und die Araber brachten ihr Wissen bei ihren Eroberungszügen in die Alte Welt, vor allem nach Spanien, von wo sie erst Ende des 15. Jahrhunderts wieder vertrieben wurden.

2. Aufbruch in die Neuzeit

Copernicus entthront die Erde

Im Jahre 1473 erblickte Nikolaus Koppernigk, genannt Copernicus, in dem an der Weichsel liegenden Thorn das Licht der Welt. Er war der Mann, der mit seinen revolutionären Ideen die Tür zur Astronomie wieder aufstieß. Als junger Kanonikus hatte er mehrere Jahre an verschiedenen Universitäten, darunter die berühmten von Bologna und Padua, verbracht und neben theologischen auch andere wissenschaftliche Studien betrieben. Unter anderem beschäftigte er sich mit der Astronomie und lernte das heliozentrische System des Aristarchos kennen, das nie ganz verlorengegangen war. In seinen späteren Jahren lebte er als Domherr in dem ostpreußischen Frauenburg und dachte immer wieder über das Problem des Aufbaus der Welt nach – ein Himmels*beobachter* war er kaum. Als erster hatte er den Mut, das Aristotelische Dogma von der Zentralstellung der Erde zu verwerfen und das fast vergessene heliozentrische System an seine Stelle zu setzen (Fig. 2). Copernicus war daher nicht, wie häufig angenommen wird, der »Erfinder«, wohl aber der Wiederentdecker dieses frühen Versuchs

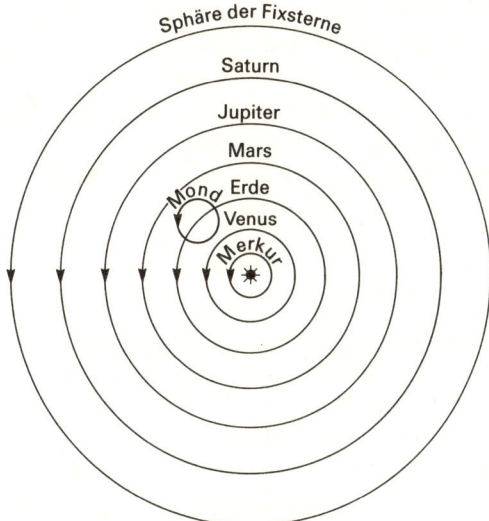

Fig. 2 Das Kopernikanische Weltsystem mit der ruhenden Sonne im Zentrum und den konzentrisch umeinander liegenden Kreisbahnen der Planeten. Die Erde mit dem sich um sie drehenden Mond hat hier ihren richtigen Platz unter den Planeten eingenommen. Auch hier liegt ganz außen die Sphäre der Fixsterne, die man sich alle in derselben Entfernung von der Sonne dachte.

zur Erklärung der Planetenbewegung, und ihm gebührt der Ruhm, dessen Richtigkeit erkannt zu haben.

Allerdings hielt Copernicus an der Kreisform der Planetenbahnen fest und konnte damit auch nicht auf die bereits erwähnten Hilfskreise verzichten, wenn sie in seinem System auch eine geringere Bedeutung hatten als bei Ptolemäus. Da er wohl ahnte, daß dieses neue Weltbild, das die Erde aus der Mitte des Kosmos verstieß, wie ein Schock auf seine Zeitgenossen wirken mußte, entschloß er sich nur auf Drängen seines Freundes Rheticus dazu, seine Ansichten niederzuschreiben. Erst in seinem Todesjahr 1543 erschien das umfangreiche sechsbändige Werk *De revolutionibus orbium coelestium* (Von den Umdrehungen der himmlischen Sphären). Die Katholische Kirche nahm zunächst noch keinen Anstoß an diesen kaum mit der biblischen Lehre von der Zentralstellung der Menschen im Kosmos zu vereinbarenden Ideen. Diese wurden allerdings durch ein kluges, von einem der Herausgeber,

25

Andreas Osiander, verfaßtes Vorwort des Buches als eine neue theoretische Methode der Himmelsbeschreibung ausgegeben, die keinen Anspruch auf Wiedergabe der Realität erhebe. Erst über 50 Jahre später wurde den kirchlichen Instanzen allmählich doch klar, welcher Zündstoff im Weltgebäude des Copernicus steckte, und sie setzten sich massiv dagegen zur Wehr. Im Jahre 1616 wurde sein Werk auf den Index der verbotenen Bücher gesetzt.

Abschied von der Antike: Kepler und Galilei

Inzwischen hatten mit Johannes Kepler und Galileo Galilei zwei Gelehrte die Arena betreten, die das Werk des Copernicus fortführten und trotz aller Widerstände zur Anerkennung in der damaligen wissenschaftlichen Welt brachten.

Keplers Geburtsort Weil der Stadt liegt in der Nähe von Stuttgart. Er wurde zwar katholisch getauft, seine tief religiöse christliche Gesinnung stand aber dem Denken der Reformation näher. Das brachte ihn mehrmals in Konflikt mit seinen jeweiligen katholischen Landesherren. So mußte er seine erste Stellung als Professor der Mathematik in Graz im Jahre 1600 aufgeben. Seine nächste Station war Prag, wo er mit dem besten Himmelsbeobachter zusammentraf, den es in der Zeit vor der Erfindung des Fernrohrs gegeben hat, nämlich dem Dänen Tycho Brahe. Als dieser ein Jahr später starb, übernahm Kepler dessen Position als Hofastronom von Kaiser Rudolf II., einem großen Förderer der Astronomie. In Tychos Nachlaß befanden sich langjährige Beobachtungen des Planeten Mars. Sie versetzten Kepler in die Lage, das Werk des Copernicus weiterzuführen und den Lauf der Planeten um die Sonne in drei Gesetzen zu beschreiben, die bis heute die Grundlage der Himmelsmechanik bilden.

Kepler gelang dieser Durchbruch, als er sich nach langem Ringen dazu entschloß, das Dogma der Kreisbahnen aufzugeben: Sein *erstes Gesetz* sagt aus, daß die Planeten auf Ellipsen laufen mit der Sonne in einem der beiden Brennpunkte (die in einer Ellipse quasi die Rolle des Kreismittelpunkts übernehmen). Keplers *zweites Gesetz* räumt mit der gleichmäßigen Bewegung auf. Es besagt, daß ein Planet sich auf seiner Bahn um so schneller bewegt, je näher er der Sonne ist. (So hat die Erde Anfang Januar in

26

ihrem sonnennächsten Bahnpunkt eine Geschwindigkeit von 109 080 km/h, und Anfang Juli, wenn sie 5 Mio. km weiter von der Sonne entfernt ist, läuft sie mit 105 480 km/h. Bei Mars, der eine länglichere Bahn hat, sind die Unterschiede jedoch sehr viel größer.) Die beiden Gesetze sind 1609 in Keplers *Astronomia Nova* veröffentlicht worden. Kennzeichnend für diese »neue Astronomie« ist ein Ausspruch, den Kepler damals voller Freude über seine Entdeckung getan haben soll: »Ich bringe eine Physik des Himmels anstelle einer himmlischen Theologie und der Metaphysik des Aristoteles.« Etwas fehlte noch, nämlich ein Gesetz, das die Entfernungen der einzelnen Planeten von der Sonne beschreibt. Kepler war überzeugt von einer »Weltharmonik« und glaubte fest an eine göttliche Ordnung im Planetensystem. Viele Jahre stellte er Überlegungen an, die darauf abzielten, eine einfache geometrische Gesetzmäßigkeit zu finden. Das Ergebnis war ein umfangreiches Werk, das kurz nach dem Beginn des Dreißigjährigen Krieges im Jahre 1619 erschien. Der Titel des Werks: *Harmonice mundi libri V.* Diese »Weltharmonik in fünf Büchern« enthielt Keplers Gedanken über die Geometrie, die Pythagoreische Zahlenmystik, die Metaphysik, die Musiklehre und eher beiläufig im letzten Buch in ein paar Zeilen das *dritte Gesetz* der Planetenbewegung. Es stellt einen einfachen Zusammenhang zwischen der mittleren Sonnenentfernung der einzelnen Planeten und ihrer Umlaufzeit her. Gerade dieses dritte Gesetz wurde später für Newtons Arbeiten über die Gravitation sehr wichtig. Die drei Keplerschen Gesetze gelten, wie sich später herausstellte, nicht nur im Planetensystem, sondern überall im Kosmos für jede um einen Zentralkörper laufende Masse.

Ein ganz anderer Mensch mit einer ganz anderen Biographie war Galileo Galilei, der einer alten und angesehenen Florentiner Familie entstammte. Sein Interesse galt nicht nur dem Himmel, sondern auch physikalischen Vorgängen auf der Erde, und man kann ihn wohl als den ersten Experimentalphysiker bezeichnen. Entgegen der alten, auf Platon und Aristoteles zurückgehenden Tradition vertraute er seinen Augen und Ohren mehr als abstraktem Denken. So studierte er durch Versuche an einer schiefen Ebene – nicht am Turm von Pisa, wie die Legende berichtet – die Gesetzmäßigkeiten des freien Falls von Gegenständen auf die

Erde. Da es damals noch keine sehr genauen Uhren gab, benutzte der musikalische und musiktheoretisch interessierte Galilei den festen Rhythmus von Musikstücken zur Bestimmung gleichlanger Zeitabschnitte. Er soll deshalb bei seinen Experimenten häufig laut gesungen haben.

Galilei war ferner der erste Mensch, der ein Fernrohr zum Himmel richtete. Zu Beginn des 17. Jahrhunderts waren in Holland erstmals solche Geräte konstruiert worden. Galilei besorgte sich die Kenntnisse, um selbst ein Fernrohr zu bauen, und brachte es bald in der Herstellung, die er im großen Stil betrieb, zur Meisterschaft. Gleich bei seinen ersten Beobachtungen nach 1609 entdeckte er am Himmel eine unglaubliche und wunderbare Vielfalt. Die Milchstraße löste sich in Zehntausende von schwachen Sternen auf und zeigte viele vorher unbekannte Strukturen. Der Mond enthüllte eine von Gebirgen und Kratern überzogene Oberfläche, und die (zwar schon bekannten) dunklen Flecken auf der Sonne ließen nun viele Einzelheiten erkennen – eine ungeheure und schockierende Überraschung für die traditionelle Astronomie, die von der »Makellosigkeit« der Sonne überzeugt war. Größte Bedeutung hatte die Entdeckung von vier Lichtpünktchen in der Nähe des Planeten Jupiter, die Galilei sofort richtig als Monde dieses Himmelskörpers deutete. Zum ersten Mal war hier ein Gestirn entdeckt, das andere Himmelskörper umkreisen. Dies war ein Schlag für das *geozentrische* Weltbild, dem die Annahme zugrunde lag, daß nur die Erde von anderen Himmelskörpern umkreist wird. Ferner fand Galilei die Lichtphasen der Venus und die Ringe des Saturn (die er allerdings nicht richtig deutete). Seine ersten Fernrohrbeobachtungen veröffentlichte er noch 1610 in seinem *Sidereus Nuncius*, dem »Sternenboten«, der trotz seiner Kürze sofort nach seinem Erscheinen großes Aufsehen erregte und unter den Gelehrten uneingeschränkte Anerkennung fand.

Das, was Galilei sah, und sein Studium der Schriften von Copernicus und Kepler führten ihn im Laufe der Jahre immer mehr zu einer radikalen Abkehr von der alten Astronomie und zum Eintreten für das *heliozentrische* Weltbild. Er fand Anregung und Verständnis in der *Accademia dei Lincei*, der Akademie der Luchse, einer kurz zuvor von Mitgliedern des römischen Hochadels gegründeten Gemeinschaft, die ihn zum Beitritt aufgefordert hatte. Bald war Galilei ihr geistiges Haupt und schuf aus einem zunächst etwas okkulten Verband die erste naturwissenschaftliche Akademie, der bald auch einige Ausländer angehörten und die noch heute besteht. Andererseits geriet er zunehmend in eine immer schärfere Kontroverse mit einem Teil des Klerus, besonders mit den Jesuiten, unter denen sich namhafte Wissenschaftler befanden. Schließlich schaltete sich die Inquisition ein, verbot einen Teil seiner Schriften wie den *Dialog über die beiden großen Weltsysteme* und zwang den fast Siebzigjährigen in einem Prozeß 1633 zum Widerruf. Bis zu seinem Tod im Januar 1642 durfte Galilei sein Haus in Arcetri bei Florenz kaum verlassen und nur vorher genehmigten Besuch empfangen. Auch wenn er die berühmten Worte »...und sie bewegt sich doch« (die Erde nämlich) niemals ausgesprochen hat, kennzeichnen sie doch sehr treffend die neue Ära, für die Galilei sich eingesetzt hat. Der Fortschritt war nicht mehr aufzuhalten. Seine Bücher wurden allerdings erst 1835 vom Index gestrichen.

Newton und die Gravitation

Der Schauplatz für den krönenden Abschluß all dieser Bemühungen um ein Verständnis der Bewegungsabläufe liegt in England. 1643, hundert Jahre nachdem Copernicus und ein Jahr nachdem Galilei gestorben war, wurde Isaac Newton in einem kleinen Ort in der Grafschaft Lincolnshire geboren. Dieser geniale Denker beschritt mit seiner Experimentierkunst und seiner theoretischen Begabung ganz neue Wege. Kepler hatte die Frage nach dem »Wie« beantwortet. Newton fand heraus, »warum« sich die Himmelskörper so und nicht anders bewegen. Bei der Aufstellung seines *Gravitationsgesetzes* dienten ihm auch Galileis Arbeiten als Grundlage. Newton erkannte, daß dieselben Kräfte, die einen Stein auf der Erde zu Boden fallen lassen, die Himmelskörper auf ihren Bahnen festhalten. Er definierte den Begriff der *Schwerkraft*, mit der sich alle Massen gegenseitig anziehen, und stellte fest, daß diese Kraft um so stärker wirkt, je größer die Massen sind und je kleiner der Abstand zwischen ihnen ist. Später stellte es sich heraus, daß das Gravitationsgesetz nicht nur auf der Erde und im

Planetensystem gilt; es beherrscht (jedenfalls näherungsweise) die Mechanik des gesamten Universums.

Allein das Gravitationsgesetz hätte genügt, Newtons Namen unsterblich zu machen. Doch war dies keineswegs das einzige Gebiet, mit dem er sich beschäftigt hat. Er war der erste, der sich mit der Natur des Lichts auseinandersetzte und entdeckte, daß sich das Sonnenlicht, wenn man es durch ein Glasprisma schickt, in einen breiten farbigen Streifen auffächert, in dem die Farben des Regenbogens von Violett über Blau, Grün, Gelb, Orange bis zu Rot abgestuft erscheinen. Das war die Geburtsstunde der Spektroskopie, die später eines der wichtigsten Hilfsmittel bei der Erforschung der Fixsterne wurde. Bis heute ist die Analyse eines Spektrums so gut wie die einzige Möglichkeit, die chemische Zusammensetzung sowie eine Reihe anderer Eigenschaften wie Temperatur und Druck von kosmischen Lichtquellen zu erfahren. Das *Newtonsche Spiegelteleskop* war das erste brauchbare Fernrohr ohne bestimmte Fehler (Farbabweichungen), die nur bei den bis dahin allein benutzten Fernrohren mit Glaslinsen auftreten. Erst in unserem Jahrhundert hat man die Vorzüge dieser *Reflektoren* voll genutzt: Alle Großteleskope der modernen Observatorien sind mit einem System von Spiegeln zur Erzeugung der Abbildung ausgestattet und nicht mit den in diesen Größen gar nicht mehr herzustellenden Glaslinsen. Newton war ebenso erfindungsreich auf dem Gebiet der Mathematik – es sei nur an die Infinitesimalrechnung erinnert, die unsere Gymnasiasten heute noch in Newtons Schreibweise büffeln.

Newton, der vaterlos aufwuchs und ein eigenbrötlerischer, schwieriger und von seiner Arbeit besessener Mensch war, verbrachte sein Leben zunächst in seinem Heimatort und später in Cambridge bei London (wo er am Trinity College lehrte und dort auch wohnte) und in London selbst. Er wurde bereits im Alter von 29 Jahren durch die Aufnahme in die angesehene *Royal Society* geehrt und war seit 1699 Mitglied der Pariser Akademie der Wissenschaften. Im Jahre 1686 publizierte er – unterstützt von seinem Freund Edmund Halley, der sogar die Druckkosten übernahm – sein Hauptwerk, die *Philosophiae naturalis principia mathematica*, die »mathematischen Prinzipien der Naturphilosophie«. Es enthält in seinem dritten Band das Gravitationsgesetz. 1703 wurde

Newton Präsident der Royal Society und behielt dieses Amt durch mehrfache Wiederwahl bis zu seinem Tode. Er wurde in der Westminster-Abtei beigesetzt.

Newton war sicher der größte Naturwissenschaftler seiner Zeit. Nichts unterstreicht seine Bedeutung prägnanter als ein Vers des englischen Dichters Alexander Pope:

Nature, and Nature's Laws lay hid in Night.
God said, *Let Newton be!* and All was *Light*.

(Die Natur und ihre Gesetze lagen im Dunkeln verborgen, da kam Newton auf Gottes Geheiß, und alles war hell.)

Mathematische Triumphe

Die jahrtausendealte Frage nach dem Aufbau des Planetensystems und den Kräften, die darin wirken, war mit Newtons Theorie der Schwerkraft beantwortet. Nun wurde auf diesem Fundament das große Gebäude der Himmelsmechanik errichtet und ausgebaut. Viele Wissenschaftler waren bis weit ins 19. Jahrhundert daran beteiligt; hier können nur die bedeutendsten Namen genannt werden.

Schon um die Wende zum 18. Jahrhundert hatte Edmund Halley die Bahnen einer Reihe von Kometen berechnet, die auf langen Ellipsen um die Sonne laufen, und dabei den ersten *periodischen*, d. h. in regelmäßigen Abständen wiederkehrenden Kometen entdeckt, der später nach ihm benannt wurde.

Aus dem 18. Jahrhundert sind vor allem die grundlegenden Arbeiten der Franzosen Joseph Lagrange und Pierre Simon de Laplace sowie des Schweizers Leonhard Euler zu nennen. Sie versuchten unter anderem, das *Mehrkörperproblem* zu lösen. Damit wird die Berechnung der Bahnen mehrerer sich gegenseitig beeinflussender Objekte bezeichnet, die sehr viel schwieriger ist als das *Zweikörperproblem* (zum Beispiel die Berechnung der Erdbahn im Schwerefeld der Sonne). Das besonders komplizierte Dreikörpersystem Sonne-Erde-Mond beschäftigte eine Reihe von Wissenschaftlern bis in unser Jahrhundert.

Aber auch auf anderen Gebieten ging die Entwicklung voran.

Der Bau von immer leistungsfähigeren Teleskopen eröffnete den Ausblick in bis dahin unbekannte Regionen des Himmels. Der Deutsch-Engländer William Herschel baute das damals größte Spiegelteleskop, mit dem er die Struktur der Milchstraße untersuchte und 1781 den Planeten Uranus entdeckte. Auf ausgedehnten Reisen nach Südafrika beobachtete der französische Abbé Nicolas Louis de Lacaille den noch wenig bekannten Südhimmel und teilte ihn in Sternbilder ein, für die er auch die Namen einführte. Umfangreiche Kataloge mit den genauen Positionen von Tausenden von Sternen und anderen Himmelsobjekten wie den Nebelflecken wurden zusammengestellt und dienten als Grundlage für weitere Untersuchungen. Der Königsberger Philosoph Immanuel Kant und Laplace in Frankreich entwickelten Modelle für die Entstehung des Planetensystems, die in einigen Grundzügen bis heute gültig geblieben sind. In seiner Werkstatt im oberbayrischen Kloster Benediktbeuern schmolz Joseph Fraunhofer neue Glassorten zusammen, schliff Glaslinsen in hoher Vollkommenheit und stellte die besten damals existierenden Linsenfernrohre her. Als guter Physiker untersuchte er die kurz vorher entdeckten, später nach ihm benannten dunklen Linien im Sonnenspektrum, welche die Grundlage für die spätere Spektralanalyse von Sternen bilden. Der aus dürftigen Verhältnissen stammende Autodidakt Fraunhofer wurde Mitglied der Bayerischen Akademie der Wissenschaften; sein König erhob ihn in den Adelsstand.

Im 19. Jahrhundert wirkte in Göttingen Carl Friedrich Gauß, wohl der größte Mathematiker und Physiker seiner Zeit. Seine praktischen Verfahren zur Berechnung von Planeten- und Kometenbahnen wurden erst durch die modernen elektronischen Rechenmaschinen verdrängt. An seine Untersuchungen des Magnetismus erinnert das »Gauß«, die Maßeinheit für die Magnetfeldstärke. Ferner baute er den ersten einfachen Telegraphen, mit dem er sich von der Sternwarte aus mit seinem Kollegen Wilhelm Weber in dessen ein paar Straßen entferntem Labor verständigen konnte.

Ein weiterer Meilenstein war die erste Messung der Entfernung eines Fixsterns durch den Direktor des Observatoriums in Königsberg, Friedrich Bessel. Schon seit langem hatte man sich bemüht, die Verschiebung eines nahen Sterns gegen den Hintergrund des aus entfernteren Sternen gebildeten Musters nachzuweisen. Sie müßte die Bewegung der Erde auf ihrer Jahresbahn um die Sonne widerspiegeln, ähnlich wie ein Reisender in einem Zug wahrnimmt, daß sich Bäume und Häuser im Vordergrund gegen eine am Horizont sichtbare Bergkette zu bewegen scheinen. Die Verschiebung ist um so kleiner, je weiter der Stern entfernt ist. 1838 gelang Bessel der Nachweis einer solchen *Fixstern-Parallaxe*, wie man diese Verschiebung nennt (vgl. S. 133). Dies war auch der endgültige Beweis für das heliozentrische System, denn eine ruhende Erde könnte die Erscheinung nicht hervorbringen. Der Grund für die Schwierigkeiten beim Nachweis liegt in den unerwartet großen Entfernungen zwischen den Sternen. Selbst die uns nächsten sind nur um etwa eine Bogensekunde, das ist 1/3600 eines Winkelgrads, verschoben. Das entspricht dem Winkel, unter dem eine Christbaumkerze einem Beobachter in über 20 km Entfernung erscheinen würde. Die früheren Meßmethoden hatten bei weitem nicht für den Nachweis so kleiner Winkel ausgereicht.

Zu einem krönenden Triumph der Himmelsmechanik wurde die Entdeckung des Planeten Neptun, die wie eine Detektivgeschichte ablief. Die beobachtete Bahn des seit 1781 bekannten Uranus stimmte nämlich nicht ganz mit den berechneten Positionen überein. Man vermutete daher, daß ein noch weiter entfernter, bisher unbekannter Planet den Lauf des Uranus durch seine Schwerkraft beeinflußt. So machten sich unabhängig voneinander zwei junge Theoretiker daran, den Ort am Himmel zu berechnen, wo man nach dem hypothetischen Planeten suchen sollte. Es waren der erst 24jährige Engländer John Couch Adams in Cambridge und der acht Jahre ältere, später so berühmte Urbain Jean Joseph Leverrier in Paris. Adams hatte 1845 als erster seine Berechnungen abgeschlossen; durch eine Verkettung unglücklicher Umstände blieben die Ergebnisse allerdings zunächst liegen. Die schließlich am 4. und 12. August 1846 in Cambridge durchgeführten Beobachtungen brachten aber nicht den erhofften Erfolg. Wie sich später herausstellte, hatte man den gesuchten Planeten wohl gesehen, ihn aber wegen unzureichender Sternkarten für einen Fixstern gehalten. Leverrier, der seine Berechnungen zwar später als Adams beendet hatte, legte seine Arbeit sofort der Pariser Akademie der Wissenschaften vor, fand aber nicht gleich jemand, der die notwendigen Beobachtungen durchführen konnte. Er wandte sich deshalb an die Sternwarte in Berlin. Dort hatte man gerade eine neue, noch nicht veröffentlichte Karte der betreffenden Himmelsgegend fertiggestellt. Am 23. September 1846, in der Nacht nach dem Eintreffen der Berechnungen Leverriers, wurde der Planet prompt von dem Astronomen Johann Gottfried Galle entdeckt, nur 1 Vollmondbreite von der berechneten Stelle im Sternbild Steinbock entfernt. Obwohl Leverrier und Galle seitdem als die Entdecker gelten, sollen der unglücklichere Adams und Leverrier, als sie sich etwas später persönlich begegneten, gute Freunde geworden sein.

Diese eindrucksvolle Bestätigung der Himmelsmechanik hat damals großes Aufsehen erregt. In dem im 19. Jahrhundert sehr bekannten Werk *Outlines of Astronomy* von John Herschel, dem Sohn des berühmten William Herschel, schrieb der Autor kurz nach der Entdeckung des Neptun und noch ganz unter dem Eindruck der spannenden Jagd nach dem Planeten: »Wenn man die Geschichte dieser großartigen Entdeckung liest, möchte man mit Schiller ausrufen:

Mit dem Genius steht die Natur in ewigem Bunde,
Was der eine verspricht, leistet die andre gewiß.«

Die Physik betritt die Szene

Um die Mitte des vorigen Jahrhunderts wurde mit den Fortschritten in Physik und Chemie ein neues Kapitel im Buch der Himmelskunde aufgeschlagen: Die eigentliche *Astrophysik* begann. Gustav Kirchhoff und Robert Bunsen stellten 1860 durch einen Vergleich des Sonnenspektrums mit den Spektren verschiedener Gase im Labor fest, daß den dunklen *Fraunhoferlinien* in eindeutiger Weise bestimmte chemische Substanzen zugeordnet sind, die diese Linienmuster immer an den gleichen, für das jeweilige Gas charakteristischen Stellen erzeugen. Bald stellte sich heraus, daß dieselben chemischen Elemente, die wir hier auf der Erde finden, auch in der Sonne und in den Sternen vorkommen. Nicht nur die Gesetze der Mechanik sind also universell, auch die uns geläufige Chemie hat offenbar überall im Kosmos Gültigkeit. Eine Aus-

34

nahme schien zunächst ein Stoff im Spektrum der Sonne zu machen, dessen Linien man bei der Untersuchung irdischer Substanzen im Labor nicht fand – man nannte ihn deshalb »Helium« (Sonnenstoff). Erst später wurde dieses im Kosmos zweithäufigste Gas in kleinen Mengen auch in der Erdatmosphäre gefunden.

Allmählich lernte man immer genauer in den Spektren, der Handschrift der Sterne, zu lesen. Die Intensität der Linien, ihre Breite, ihre hin und wieder beobachteten kleinen Verschiebungen aus der normalen Lage zum violetten oder roten Ende des Spektrums hin ermöglichten Rückschlüsse auf die Temperatur, den Druck, die Geschwindigkeit der Lichtquelle auf uns zu oder von uns weg. Bestimmte Zusammenhänge und Gesetzmäßigkeiten führten zu einer Klassifizierung und Einteilung der Sterne in Gruppen, die sich später als unterschiedliche Entwicklungsstadien der Sterne interpretieren ließen. Zwischen 1863 und 1868 untersuchte Angelo Secchi, ein italienischer Jesuitenpater, solche Zusammenhänge und stellte die erste Spektralklassifizierung auf, die anschließend immer wieder verfeinert wurde. Es ist ja fast unbegreiflich, daß man in einem kleinen regenbogenfarbigen, von Linien überzogenen Lichtstreifen den »Steckbrief« eines Sterns in der Hand hält, aus dem sich häufig wesentliche Teile seiner Lebensgeschichte ablesen lassen. Mit den fortschreitenden Erkenntnissen der theoretischen Physik sind die Astrophysiker immer bessere Detektive geworden, wobei ihnen auch die Weiterentwicklung der technischen Hilfsmittel zugute kam.

Über Jahrtausende ist das unzerlegte »weiße« Licht die einzige Quelle gewesen, aus der man etwas über die Sterne erfahren konnte. Sie gibt allerdings primär nur die *Richtung* eines Sterns am Himmel an und sagt nichts über den *räumlichen Aufbau* des Kosmos aus. Dazu muß zusätzlich die *Sternentfernung* bekannt sein. Die Helligkeit ist zwar ein Hinweis darauf, wie weit ein Stern von uns entfernt ist, aber nur ein ungenauer, denn Sterne können sehr unterschiedlich stark strahlen. Die »Flutlichter« des Kosmos sehen wir bis in große Entfernungen, während das Licht eines »Taschenlämpchens« schon in relativ geringer Entfernung nicht mehr zu sehen ist. Die Kombination der Helligkeit, mit der uns ein Stern erscheint, mit seinem Spektrum bietet nun in vielen Fällen die Möglichkeit, seine Entfernung jedenfalls annähernd zu bestimmen. Die *Photometrie*, die Messung von Sternhelligkeiten, ist deshalb ein wichtiges Hilfsmittel, das auch bei vielen anderen Fragestellungen eingesetzt wird.

Einen gewaltigen Aufschwung nahm die Himmelskunde mit der Einführung der *Photographie* in den letzten Jahrzehnten des 19. Jahrhunderts. Sie brachte den großen Vorteil, daß durch lange Belichtungszeiten Licht auf der Photoplatte gesammelt werden kann und damit sehr schwache Objekte erreichbar werden. Außerdem ist die Photographie dem Auge dadurch überlegen, daß sie objektiv ist und keinen optischen Täuschungen unterliegt. Schließlich kann das Bildmaterial archiviert und später wieder zu Vergleichszwecken herangezogen werden. Längst hat deshalb in der professionellen Astronomie die Photographie die direkte visuelle Beobachtung am Fernrohr verdrängt, und seit kurzem sind wieder andere, noch sehr viel lichtempfindlichere Empfänger an die Stelle der Photoplatte getreten.

3. Das 20. Jahrhundert

Raum und Zeit, Energie und Materie

Um die Wende zum 20. Jahrhundert stieß die theoretische Physik auf mehreren auch für die Astronomie wichtigen Gebieten in Neuland vor. Hier sollen nur zwei besonders folgenreiche Zweige erwähnt werden.

Albert Einstein stellte mit seiner *Relativitätstheorie* eine neue Beziehung zwischen Raum und Zeit auf, die die Newtonsche Theorie auf Verhältnisse im Kosmos erweiterte, wie wir sie auf der Erde nicht antreffen. Sie ist überall dort wichtig, wo es um sehr hohe Geschwindigkeiten in der Nähe der Lichtgeschwindigkeit und um große Massendichten geht, und sie hat unser Verständnis von der Entstehung und vom Aufbau des Universums entscheidend vorangebracht. Auch die *Schwarzen Löcher* – jene rätselhaften extrem dichten Objekte im Kosmos, aus denen keine Informationen nach außen dringen können – sind nur mit dieser Theorie zu verstehen. Einstein stellte die Äquivalenz von Energie und

Masse fest. Dies bedeutet, daß Masse, also ein Stück Materie, »zerstrahlen«, d. h. sich vollständig in Strahlung oder, gleichbedeutend damit, in Energie umwandeln kann. Dabei entstehen schon aus winzigen Massen riesige Energiemengen. Hier fand man auch die Lösung der alten Frage, wie die Sonne und alle anderen Sterne die großen Energiemengen erzeugen, die sie über Milliarden von Jahren aussenden. Im heißen Sternzentrum verschmelzen Wasserstoffatome zu Helium, und dabei wird ein kleiner Bruchteil der Atommasse in Strahlung, also in Energie, umgewandelt (vgl. S. 120). Die zerstörerische Kraft der Wasserstoffbomben beruht ebenfalls auf diesem Prinzip, und es wird heute an vielen Forschungsinstituten daran gearbeitet, diese Kraft zu »zähmen«, um damit unsere Energieprobleme zu lösen.

Das zweite, als *Quantentheorie* bekannte Gebiet ist mit dem Namen Max Planck verbunden. Mit dieser Theorie lassen sich die Vorgänge im Bereich der Atome bei der Aussendung und Absorption von Strahlung beschreiben. Man wußte längst, daß Strahlung, also auch Licht, als eine Wellenbewegung gedeutet werden kann, eine Schwingung elektrischer und magnetischer Felder im Raum. Planck erkannte, daß die hierbei transportierte Energie von dem strahlenden Atom nur in bestimmten Portionen, »Quanten«, abgegeben bzw. aufgenommen wird und daß die Wellenlänge der Strahlung um so kleiner ist, je größer die Energie eines solchen Lichtquants (Photons) ist. Mit diesem Rüstzeug ließen sich nun die Linienspektren verschiedener, auch kosmischer Lichtquellen, die bisher nur durch Vergleiche mit bekannten Quellen im Labor zu entschlüsseln waren, auch theoretisch interpretieren. Man konnte der Wellenlänge einer Linie entnehmen, welche chemische Substanz sie verursacht.

Unsichtbares wird sichtbar

Ein besonderer Abschnitt der modernen Astrophysik begann nach dem Zweiten Weltkrieg mit der Ausdehnung der Beobachtung von dem schmalen Bereich des *sichtbaren Lichts* auf das *gesamte Spektrum* der elektromagnetischen Wellen (Fig. 3). Die Wellenlänge bestimmt die »Farbe« des Lichts: Violettes und blaues Licht hat kürzere Wellenlängen als das rote, und zwar geht

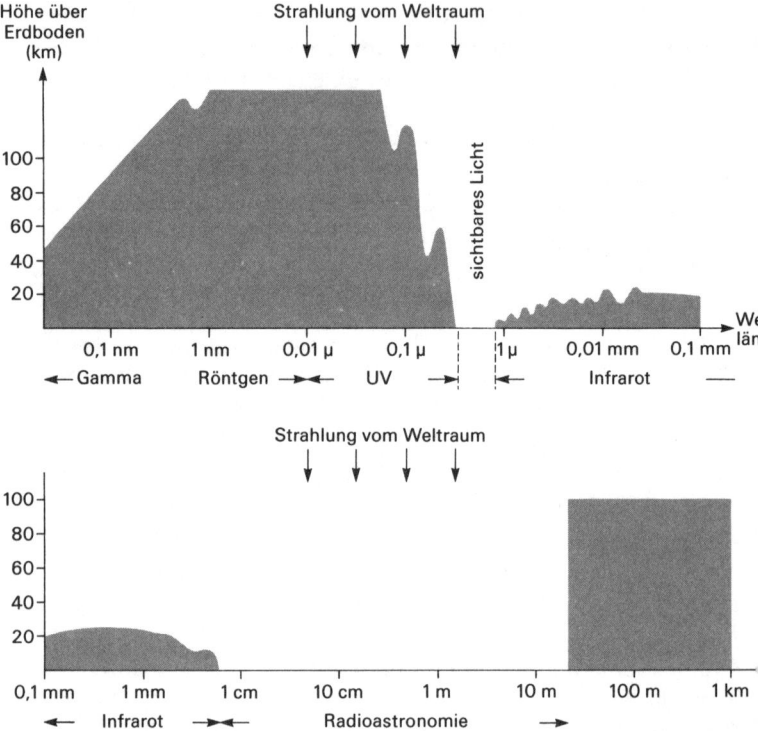

Fig. 3 Das Spektrum der elektromagnetischen Strahlung vom kurzwelligen Bereich der Gamma- und Röntgenstrahlung bis zur langwelligen Radiostrahlung. Die horizontale Skala gibt die Wellenlängen an; 1 μ (Mikrometer) = 1/1000 mm, 1 nm (Nanometer) = 1/1000 μ. Die vertikale Skala zeigt, wie weit die Strahlung aus dem Weltraum in die Erdatmosphäre eindringen kann (die schattierten Bereiche sind für die jeweiligen Wellenlängen undurchlässig). Das Spektrum hat an der Erdoberfläche nur zwei »Fenster«: im Bereich des sichtbaren Lichts und im Zentimeter- bis Dekameterbereich der Radiostrahlung. Auch im Infrarotgebiet sind einige schmale Lücken.

die Skala von etwa 0,0004 bis zu 0,0008 Millimetern. Unsichtbar für unsere Augen sind die energiereichen Gebiete der Ultraviolett- und Röntgenstrahlung im kurzwelligen Bereich sowie die langwellige Infrarotstrahlung bis hin zu den Radiowellen.

Die letzten Jahrzehnte haben uns gezeigt, daß die Sterne in diesem ganzen Spektrum Strahlung aussenden. Als erste wurde die

38

langwellige kosmische Radiostrahlung im Bereich der Zentimeter- und Meterwellen entdeckt. Sie erreicht die Erdoberfläche sogar durch Schlechtwetterwolken hindurch, so daß die großen Radioteleskope bei Tag und Nacht beobachten können. Weniger günstig sieht es mit der Strahlung aus anderen Bereichen des Spektrums aus, die teilweise die Erdatmosphäre kaum oder gar nicht durchdringen kann. Einer der Gründe dafür ist die in letzter Zeit viel diskutierte Ozonschicht, die in großer Höhe einen Teil der UV-Strahlung zurückhält. Diese wie auch die kosmische Röntgenstrahlung kann man nur mit künstlichen Satelliten beobachten, die außerhalb der Atmosphäre um die Erde kreisen. Die Empfänger, die sie an Bord haben, registrieren die einfallende Strahlung und senden ihre Messungen herunter zur Erde. Auch große Teile der Infrarotstrahlung werden von der Atmosphäre absorbiert. Man kann sie allerdings schon von hohen Bergen aus beobachten, denn sie wird hauptsächlich von Wasserdampf zurückgehalten, der in tieferen Schichten liegt. Noch besser ist es allerdings, Infrarotempfänger auch auf Satelliten zu installieren.

Mit all diesen neuen Beobachtungsmethoden hat man eine unglaubliche Fülle von Informationen aus dem Weltall erhalten; bisher unbekannte Objekte wurden entdeckt, und schon Bekanntes erschien im wahrsten Sinn des Wortes in neuem Licht. Nicht zu vergessen sind aber auch die elektronischen Rechenmaschinen, die zu einem unentbehrlichen Hilfsmittel der Astronomen geworden sind. Ohne Hochleistungs-Computer würden sich die aufwendigen Rechnungen nicht durchführen lassen, die bei der Aufbereitung der Datenfülle zu bewältigen sind. Ohne sie würden sich die großen Teleskope nicht mehr ausrichten lassen, die alle mit höchster Präzision vollautomatisch ihre Beobachtungen durchführen, kein Satellit würde die Erde umrunden, und keine Raumsonde könnte andere Monde oder Planeten erreichen.

Diese wenigen Andeutungen mögen genügen, um eine Vorstellung von der explosionsartigen Entwicklung zu geben, welche die Astrophysik in den letzten Jahrzehnten vorangetrieben hat und deren Ende noch nicht abzusehen ist. Man erkennt das sehr deutlich, wenn man ein nur wenige Jahre altes Astronomiebuch aufschlägt und mit dem vergleicht, was inzwischen dazugekommen ist. Wir wollen deshalb diese etwas abstrakten Ausführungen beenden und uns dem Himmel zuwenden, dessen Gestirne uns in großer Zahl in jeder klaren Nacht faszinieren.

ZWEITER TEIL

Das Sonnensystem

1. Unsere kosmische Heimat

Wie eine einsame Inselgruppe liegt die Sonne mit ihren »Kindern«, den Planeten, deren Monden und vielen kleineren und kleinsten Objekten, im weiten kosmischen Raum. Den Löwenanteil des vorhandenen Materials, nämlich über 99 %, hat sie sich zwar selbst angeeignet, als sie vor viereinhalb Milliarden Jahren aus einer riesigen kreisenden Scheibe aus Gas und Staub entstand, so daß nicht viel für ihre Kinder übrigblieb. Um so besser sorgt sie aber für diese und strahlt ihnen unermüdlich große Energiemengen zu, die sie erwärmen und erhellen. Auf der Erde sind mit der Sonnenenergie die vielfältigen Formen des Lebens entstanden, und damit nimmt unsere Heimat eine Sonderstellung im Sonnensystem ein. Mit den unsichtbaren Fäden ihrer Schwerkraft hält die Sonne alles auf vorgeschriebenen Bahnen fest, so daß kein Mitglied der großen Familie abhandenkommen kann. Wenn sie, kosmisch gesehen, auch nur ein höchst mittelmäßiger Stern unter vielen Milliarden Sternen ist, so ist sie für uns doch einzigartig und lebensnotwendig.

Eine Reise zu den Planeten

Wir wollen zunächst den Aufbau dieses Systems kennenlernen und versuchen, uns, so gut es geht, seine Dimensionen vorzustellen. Mit Angaben von Kilometern wäre das schwierig, denn die Zahlenwerte sind viel zu groß. Astronomen rechnen daher mit einer Einheitsentfernung, die dem mittleren Abstand Sonne – Erde entspricht. Die Länge dieser *Astronomischen Einheit* (A. E.), wie man sie nennt, beträgt 149,6 Mio. km (vgl. S. 132). Um diese Strecke etwas anschaulicher zu machen, besteigen wir in Gedanken einen Flugkörper, der sich etwa mit der Geschwindigkeit eines modernen Verkehrsflugzeugs (1000 km pro Stunde) bewegt und die Erde daher in 40 Stunden umrunden könnte.

Mit diesem Flugkörper benötigen wir über 17 Jahre, um die Entfernung bis zur Sonne hinter uns zu bringen, und eine Ehrenrunde um die Sonne – 4,4 Mio. km – würde 182 Tage dauern. (Das Licht, das 300 000 km in der Sekunde durchläuft und somit über eine Million mal schneller ist als unser Flugkörper, schafft die Strecke Sonne–Erde in 8,3 Minuten.) Unterwegs zur Sonne kreuzen wir nach 16 Tagen die Mondbahn, nach knapp 5 Jahren begegnen wir der Venus und nach gut 10 Jahren dem sonnennächsten Planeten Merkur (Fig. 4). Abgesehen von einigen vorbeifliegenden Kometen und größeren oder kleineren Meteoriten ist alles um uns leer, nur die Sonne leuchtet als immer größer und heller werdender Ball am schwarzen Himmel, an dem außerdem zahllose Sterne zu sehen sind. Raumsonden fliegen zwar viel schneller als wir, sind aber auch mehrere Monate bis zu den nächsten Planeten unterwegs.

Die zweite Reise soll mit dem gleichen Flugkörper von der Sonne weg in die entgegengesetzte Richtung gehen (Fig. 5). Knapp neun Jahre nachdem wir die Erde verlassen haben, kreuzen wir die Bahn des Mars, der als rötlicher Ball um die Sonne wandert. Auf der weiten Strecke bis zu Jupiter, der schon fünfmal so weit von der Sonne entfernt ist wie die Erde und dessen Bahn nur die jüngsten Mitreisenden 70 Jahre nach dem Start noch erreichen können, müssen wir den Bereich der Planetoiden durchqueren, die hier zu Tausenden herumschwirren. Der Riese Jupiter, eine Kugel von zehnfachem Erddurchmesser, strahlt das Sonnenlicht in gelblichen und orangefarbenen Tönen von seiner quergestreiften Oberfläche zurück. Ihn umgeben vier große und mehrere kleine Monde. Weiter geht es zu Saturn, der schon fast die zehnfache Sonnenentfernung hat. Die Dauer eines Menschenlebens ist viel zu kurz, als daß einer der Insassen des interplanetaren Flugzeugs die Begegnung noch erleben könnte. Auch Saturn ist ein gestreifter Riese, dessen weit in den Raum reichende Ringe ihm einen besonderen Zauber verleihen, und auch er hat einen stattlichen Hofstaat von Monden um sich. – Immer größer werden die Abstände: Beim nächsten Planeten, dem Uranus, wird erst die halbe Strecke bis zur Grenze des Planetenreichs zurückgelegt sein. Nach 312 Jahren erreicht der Flugkörper die Uranusbahn, und weitere 185 dauert es, bis er in die Region des Neptun kommt. Bei Pluto, dem letzten Planeten, sind seit dem Start von der Erde etwa 650 Jahre vergangen.

Fast bis in Fixsternentfernungen reicht die Region der Kometen. Um so weit zu kommen, würde unser Flugzeug allerdings mehrere hunderttausend Jahre brauchen. Selbst das Licht ist bis

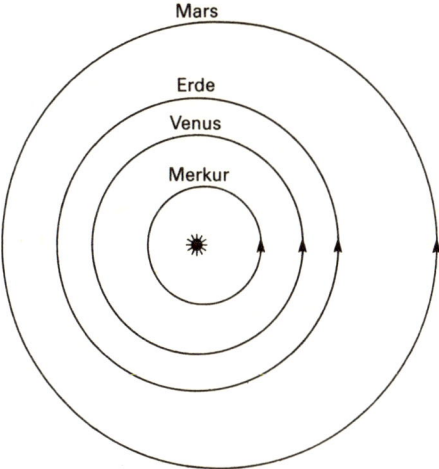

Fig.4 Die Bahnen der vier terrestrischen, d. h. erdähnlichen Planeten (Merkur bis Mars) um die Sonne in den richtigen Abstandsverhältnissen. Die Merkurbahn weicht deutlich von einer Kreisbahn ab, auch bei Mars erkennt man die Form einer Ellipse. Die Venus- und die Erdbahn sind kaum von einem Kreis zu unterscheiden.

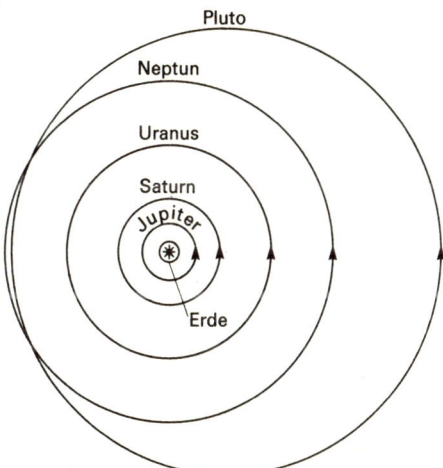

Fig. 5 Die Bahnen der fünf äußeren Planeten (Jupiter bis Pluto) um die Sonne in ihren richtigen Abstandsverhältnissen. Ganz innen im Vergleich die Erdbahn; im Zentrum die Sonne. Die elliptische Bahn des Pluto verläuft zeitweise innerhalb der Neptunbahn.

45

zum nächsten Stern über vier Jahre unterwegs. Das Gedankenexperiment eines Raumflugs mit uns geläufigen Geschwindigkeiten reicht hier für menschliche Vorstellungskraft nicht mehr aus.

Gemeinsames und Unterschiede

Wie wir gesehen haben, nimmt der Abstand zwischen den Planetenbahnen nach außen hin zu. Der Raum wird immer leerer, wenn wir den Gürtel der Planetoiden hinter uns gelassen haben. Die vier sonnennächsten Planeten Merkur, Venus, Erde und Mars folgen verhältnismäßig nahe aufeinander; ihre Bahnen liegen alle innerhalb eines Kreises von etwa 1,5 A. E. um die Sonne. Sie unterscheiden sich auch in anderer Hinsicht von ihren anderen Planetenbrüdern, denn sie sind viel kleiner und ganz anders beschaffen. Die Erde ist von den vier genannten am größten, unwesentlich größer als Venus, etwa doppelt so groß wie Mars und fast dreimal so groß wie Merkur. Während diese vier Planeten hauptsächlich aus Gesteinen (Silikaten) und einem metallischen Kern bestehen und eine wasserstofflose bzw. gar keine Atmosphäre besitzen, bestehen die Gashüllen von Jupiter und Saturn hauptsächlich aus Wasserstoff und etwas Helium. In der Tiefe wird das Gas unter dem hohen Druck der mächtigen Atmosphäre flüssig; eine feste Oberfläche gibt es bei Jupiter und Saturn nicht. Uranus und Neptun sind zwar wesentlich kleiner als die beiden Riesen, übertreffen die Erde aber fast um das Vierfache an Umfang. Sie haben wahrscheinlich unter ihrer Wasserstoff-Helium-Hülle eine feste, aus Eis bestehende Oberfläche. Wegen ihres Aufbaus nennt man die vier inneren Planeten auch *terrestrische*, d. h. erdähnliche Planeten, während die äußeren vier (bis Neptun) häufig als *Riesenplaneten* bezeichnet werden.

Ein weiterer Unterschied: Merkur und Venus haben keine Monde, die Erde hat *einen* Begleiter von stattlicher Größe, und Mars wird von zwei winzigen Möndchen umkreist. Bei den Riesenplaneten sind dagegen *viele* Monde die Regel. Ganz aus dem Rahmen fällt der kleine Pluto, der einen relativ zu seiner eigenen Größe sehr großen Mond besitzt.

Die Ekliptikebene und der Tierkreis

Eine weitere Besonderheit fällt uns bei der Reise durch das Planetensystem auf: Um von einem zum nächsten Planeten zu gelangen, müssen die Reisenden die Ebene, in der die Erdbahn liegt, kaum verlassen. Sie enthält praktisch die Bahnen aller Planeten, die – bis auf Pluto – nur um ganz kleine Winkel aus ihr herausragen. Im Zentrum aller dieser Bahnen steht die Sonne. Wenn die Erde ihren Jahreslauf um die Sonne ausführt, erscheint uns das so, als ob die Sonne einen großen Kreis am Himmel beschreibt; er wird durch die Sternbilder des Tierkreises markiert. Auch die Planetenbahnen projizieren sich, von der Erde aus gesehen, an den Tierkreis. Da schließlich auch der Mond fast in dieser Ebene bleibt, verläuft seine Bahn am Himmel ebenfalls durch den Tierkreis. Alle Planeten sind gewissermaßen auf einem riesigen flachen Teller angeordnet mit der Sonne in der Mitte. Da man den Tierkreis auch als Ekliptik bezeichnet, nennt man diesen »Teller«, die Bahnebene der Erde, auch die *Ekliptikebene*.

Die kleinen Objekte des Planetensystems, die Planetoiden und die Kometen, halten sich nicht so strikt an diese Ebene; besonders erscheinen letztere über den ganzen Himmel verstreut. Auch Pluto bleibt nicht auf dieser gemeinsamen Straße.

Der Grund für diese Ordnung liegt in der Entstehung des Planetensystems, so wie wir sie uns heute vorstellen. Danach entstanden die Sonne und anschließend die Planeten vor etwa 4,5 Mrd. Jahren aus einer rotierenden »Wolke« aus Gas und kleinen festen Partikeln, die sich unter der Wirkung ihrer eigenen Schwerkraft immer enger zusammenzog. Nach einem Grundgesetz der Mechanik blieb dabei die Drehbewegung, der *Drehimpuls*, erhalten und verteilte sich auf die Sonne und die Planeten. Darum laufen alle Planeten in demselben Richtungssinn um die Sonne, und auch die Rotation der meisten Planeten verläuft in demselben Sinn. Ausnahmen bezüglich der Rotation sind lediglich Venus und Uranus.

Allerdings steht die Rotations*achse* (d. h. die Polachse) nicht bei allen Planeten senkrecht auf ihrer Bahnebene. Die Schrägstellung der Polachse, die bei der Erde 23,5° beträgt, hat eine Konsequenz für die Wärmeverteilung und das Klima, die für uns äußerst wichtig und uns gut vertraut ist. Durch sie entstehen näm-

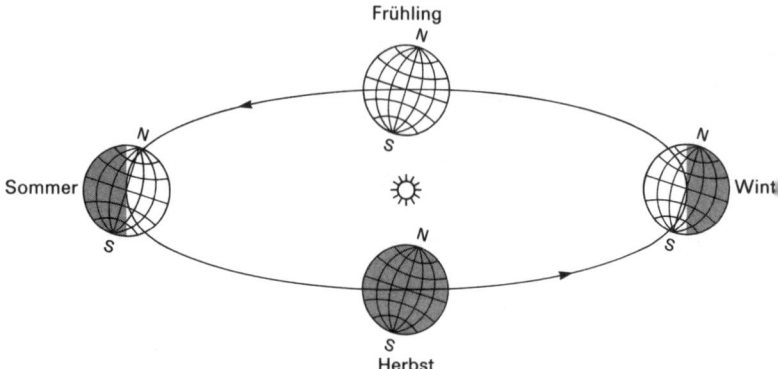

Fig. 6 *Die Entstehung der Jahreszeiten. Die schematische Darstellung zeigt den Jahreslauf der Erde um die Sonne. Die um 23 ½° gegen die Achse der Jahresbahn geneigte Polachse der Erde ändert ihre Richtung im Raum nicht, ihr Nordpol zeigt ständig auf den Polarstern am Himmel. Die nördlichen Polargebiete der Erde sind im Winter der Sonne abgewandt und erhalten kein Licht, und auf der nördlichen Hemisphäre sind die Nächte länger als die Tage. Ein halbes Jahr später ist der Nordpol auf die Sonne zu gerichtet, die in den Polargebieten ständig scheint, und auf der Nordhalbkugel ist Sommer. Zu Beginn des Frühlings und des Herbstes kommt die Sonne am Nordpol gerade über den Horizont bzw. taucht darunter, der Erdäquator liegt senkrecht unter der Sonne, und überall auf der Erde sind Tag und Nacht gleich lang. – Auf der Südhalbkugel sind die Jahreszeiten um ein halbes Jahr verschoben.*

lich die Jahreszeiten (Fig. 6). Während die Polachse im Laufe eines Jahres immer auf denselben Punkt am Himmel ausgerichtet ist, der durch den Polarstern markiert wird, ändert sich ihre Richtung zur Sonne ständig. Dadurch wird ein halbes Jahr die Nordhalbkugel und ein halbes Jahr die Südhalbkugel der Erde stärker von der Sonne erwärmt, und die beiden Pole liegen abwechselnd ein halbes Jahr im Sonnenlicht und ein halbes Jahr im Dunkeln.

2. Unser ständiger Begleiter: Der Mond

Ein einflußreicher Nachbar

Mit Abstand das hellste Objekt am nächtlichen Himmel ist unser guter alter Mond. Zu allen Zeiten viel beachtet und bewundert, ist er in Poesie und Prosa immer ein unerschöpfliches Thema gewesen. Er schien in Fausts Studierstube und erhielt lange vor den Astronauten in einem vielgeliebten Bilderbuch Besuch von zwei Kindern, die dort ein verlorenes Maikäferbein suchten. Mit seinem fahlen Licht ist er ein Freund romantischer Pärchen und angeheiterter Spätheimkehrer sowie ein Feind derer, die Böses im Schilde führen. Als mitternächtiger Vollmond hat er sich unentbehrlich bei der Zubereitung von Liebes- und Zaubertränken gemacht und gibt uns schließlich in dem folgenden Gedicht von Christian Morgenstern eine Anleitung zum Erkennen seiner Phasen:

Als Gott den lieben Mond erschuf,
gab er ihm folgenden Beruf:
Beim Zu- sowohl wie beim Abnehmen
sich deutschen Lesern zu bequemen,
ein a formierend und ein z –
daß keiner groß zu denken hätt.
Befolgend dies, ward der Trabant
ein völlig deutscher Gegenstand.*

Das sind nur ein paar Beispiele dafür, wie sehr der Mond unsere Phantasie beschäftigt. Und dabei ist es nicht einmal sein eigenes Licht, mit dem er leuchtet. Er borgt es sich von der Sonne und strahlt zurück, was er von ihr empfängt. An vielem, was man ihm anlastet, ist er völlig unschuldig. So hat noch niemand die alte Bauernregel beweisen können, daß Vollmond oder Neumond einen Wetterumschwung begünstigen.

Eine wichtige Naturerscheinung auf der Erde wird allerdings eindeutig vom Mond verursacht, und zwar der Wechsel von *Ebbe und Flut*. Die Gezeiten entstehen durch ein verzwicktes Zusammenspiel seiner Anziehungskraft und der irdischen Schwerkraft, deren Wirkungszentrum, der Schwerpunkt, nicht im Zentrum der Erde liegt, sondern etwa 4500 km vom Erdmittelpunkt entfernt, und zwar immer unter der dem Mond zugewandten Stelle der Erdoberfläche. Der Schwerpunkt nimmt daher an der täglichen Drehung der Erde nicht teil, sondern bleibt auf den Mond ausgerich-

---

* Der Vers bezieht sich auf den Duktus der Sütterlinschrift, die inzwischen aus der Mode gekommen ist.

tet. Als weitere Kraft kommt die Fliehkraft (Zentrifugalkraft) der Erde dazu, welche durch die Erdrotation entsteht, am Äquator ihren größten Wert hat und an den Polen verschwindet. Die an einem bestimmten Ort auf der Erde wirkende Gesamtkraft setzt sich daher auf recht komplizierte Weise aus diesen drei Komponenten zusammen. Als Endergebnis wird das Wasser der Ozeane sowohl an der mondzugewandten als auch an der gegenüberliegenden Seite der Erde etwas angehoben, so daß zwei um 180 Längengrade voneinander getrennte Flutberge entstehen. Die Erddrehung und der Mondlauf lassen diese Flutberge sowie das dazwischenliegende Niedrigwasser einmal in gut 24 Stunden um den Globus wandern; in einem bestimmten Küstengebiet lösen deshalb Ebbe und Flut einander zweimal am Tag ab. Eine gewisse Trägheit des Wassers, das den angreifenden Kräften nicht unmittelbar folgen kann, sowie Küstenverlauf, Winde und topographische Besonderheiten beeinflussen sowohl die Fluthöhe als auch den *Zeitpunkt* des Eintritts der Gezeiten zum Teil erheblich. Auch die Sonne hat teil an diesem Spiel, allerdings wegen ihrer großen Entfernung in geringerem Maße. Wenn sie bei Neumond und Vollmond in Richtung Mond–Erde steht, verstärkt sie den Effekt, und es können die gefürchteten *Springfluten* entstehen, während sie bei Halbmond dämpfend wirkt und die *Nippfluten* erzeugt.

Besuch von der Erde

Einmal in 27 ⅓ Tagen wandert der Mond in einem mittleren Abstand von 384 400 km um die Erde. Er wendet uns dabei immer dieselbe Seite zu. Das läßt sich leicht schon mit bloßem Auge nachprüfen. Wenn wir das Muster dunkler und heller Stellen um die Zeit des Vollmonds an aufeinanderfolgenden Tagen betrachten, werden wir feststellen, daß es sich nicht verändert. Immer schaut uns das »Mondgesicht« auf dieselbe Weise an. Der Mond dreht sich also während eines Umlaufs einmal um sich selbst. Diese *gebundene Rotation* hat sich aus mechanischen Gründen im Laufe einer langen Zeit eingestellt; wir finden sie auch bei den meisten Satelliten der anderen Planeten. Die Rückseite des Mondes können wir daher von der Erde aus niemals sehen.

Die gebundene Rotation hat eine weitere, für uns ungewohnte

Konsequenz, von der sich allerdings nur die Astronauten bei ihrem Aufenthalt auf dem Mond augenfällig überzeugen konnten: Vom Mond aus gesehen steht die Erde ständig unbeweglich in derselben Höhe am Himmel. Wie wir stets dieselbe Stelle der Mondoberfläche im *Mittelpunkt* der Scheibe sehen, so erscheint einem Beobachter von dieser Stelle aus die Erde stets im *Zenit*. Von den Gebieten aus, die wir als Mond*rand* sehen, steht die Erde knapp über dem *Horizont*. Da die Landestellen der Apollo-Mondfähren mehr im Zentralgebiet der Mondscheibe lagen, konnten alle Astronauten die Erde in guter Höhe am Himmel sehen. Von einem romantischen Erdauf- oder -untergang, den sich phantasievolle Autoren immer wieder für Mondbesucher ausmalen, kann daher keine Rede sein.

Der Mond, den wir als ungleichmäßig helle Scheibe sehen, ist eine Kugel mit einem Durchmesser von 3476 km, etwa ein Viertel so groß wie die Erde. Seine Masse macht gut 1 Prozent der Erdmasse aus, und die Schwerkraft auf seiner Oberfläche beträgt nur ein Sechstel des uns gewohnten Wertes. Daher konnten die Astronauten dort trotz ihrer schweren Ausrüstung leichtfüßig wie die Känguruhs herumhüpfen.

Schon ein gutes Fernglas löst die Mondoberfläche in ein Gewirr von großen und kleinen, meist rundlichen Formationen auf. Ein Fernrohr bringt die Einzelheiten deutlicher hervor. Es sind Krater, die von Ringwällen umgeben sind und in deren Zentrum sich häufig ein Berg oder ein kleiner Ringwall erhebt. Wir wissen heute, daß es sich nicht – wie früher häufig vermutet – um erloschene Vulkane handelt, sondern daß es die Spuren eines heftigen Bombardements von Meteoriten sind, das in der Frühzeit vor etwa vier Milliarden Jahren sehr viel heftiger war als später.

Die größten Krater haben Durchmesser von mehreren hundert Kilometern; die Nahaufnahmen der Apollo-Astronauten zeigten jedoch auch Einschläge bis hinunter zu winzigen Löchern. Die großen, schon mit bloßem Auge gut erkennbaren dunklen Gebiete sind riesige Kraterbecken, die später mit vulkanischer Lava, die aus dem Mondinneren quoll, ausgefüllt wurden. Das Oberflächengestein besteht aus helleren, porösen Basalten. Außer den Kratern gibt es auf dem Mond Höhenzüge, Spalten und lange Furchen, alles Überbleibsel einer frühen tektonischen Aktivität, die seit drei Milliarden Jahren erloschen sein dürfte. Seitdem hat sich allem Anschein nach nichts mehr auf der öden, wasserlosen Oberfläche verändert. Da der Mond keine Atmosphäre hat, gibt es auch keine Winde, die das Material verwehen könnten. Schwache Spuren hinterlassen immer noch vereinzelt auftreffende Meteorite. Die Abdrücke der schweren Astronautenstiefel und die Spuren der Mondfahrzeuge, mit denen die Astronauten bei den letzten Apollo-Flügen Anfang der 70er Jahre auf der Oberfläche herumgefahren sind, dürften noch nach vielen Millionen Jahren vorhanden sein, falls bis dahin nicht nach uns kommende Generationen dort alles umgepflügt haben.

Die uns ständig abgewandte *Rückseite* des Mondes lernten wir erst kennen, als die sowjetische Mondsonde *Lunik 3* im Herbst 1959 die ersten Bilder von diesem Teil der Oberfläche zur Erde übermittelt hatte. Man sah auf eine ähnliche Kraterlandschaft, wie wir sie schon von der Vorderseite kannten, nur ist sie vielleicht noch eintöniger, da sie weniger dunkle Lavabecken enthält. Der Grund dafür liegt wahrscheinlich in Asymmetrien im inneren Aufbau des Mondes.

Der Monat

Die Zeit eines Mondumlaufs um die Erde (27⅓ Tage) ist nicht identisch mit der Zeitspanne zwischen zwei gleichen Mondphasen, und zwar aus folgendem Grund: Nach einem vollen Umlauf sehen wir den Mond wieder in derselben Richtung gegen den Sternenhintergrund. Inzwischen ist er aber zusammen mit der Erde auf deren Jahresbahn ein Stück weitergewandert, so daß die gegenseitige Stellung von Erde, Mond und Sonne und damit die Mondphase nicht die gleiche ist wie zu Beginn. Diese Konstellation ist erst zwei Tage später, nach 29½ Tagen, wieder erreicht. Wir unterscheiden entsprechend zwischen diesem *synodischen*, d. h. auf gleiche Stellung der drei Objekte zueinander bezogenen, und dem kürzeren *siderischen*, d. h. auf die Sterne bezogenen Monat.

Alles das mag recht kompliziert erscheinen, und tatsächlich gehört die Berechnung der Mondbewegung zu den sehr kniffligen Problemen der Himmelsmechanik und kann hier nicht im Detail erläutert werden. Wir dürfen eben nicht vergessen, daß wir uns auf unserer scheinbar festen Erde in Wirklichkeit auf einem Karussell befinden, bei dem wir uns nicht nur um die Mitte, sondern auch noch um uns selbst drehen und der Mond sowie die Planeten ebenfalls nicht stillstehen. Die Bewegung des Mondes, der die Erde auf ihrem Weg um die Sonne begleitet und sich dabei um uns dreht, ist wegen seiner Erdnähe am augenfälligsten. Nicht umsonst hat es so lange gedauert, bis sich die Menschen in diesem System einigermaßen zurechtfanden.

Um den Mondlauf, wie wir ihn am Himmel sehen, in groben Zügen zu verstehen, wollen wir unseren Trabanten einmal in Gedanken auf einem vollen Zyklus von Neumond zu Neumond begleiten. Zu Beginn stehen Sonne und Mond in derselben Richtung im gleichen Sternbild des Tierkreises am Himmel, und beide kommen morgens etwa gleichzeitig über den Horizont. Allerdings können wir den Mond im hellen Licht der Sonne nicht sehen. Während die Sonne sich im Laufe des nächsten Monats langsam weiter in das nächste Sternbild bewegt, umrundet der Mond die Erde und durchläuft dabei am Himmel den gesamten Tierkreis. Er wandert also von Tag zu Tag rasch in östlicher Richtung (nach links) zwischen den Sternen weiter und geht ständig später auf. (Dieses Weiterwandern läßt sich besonders gut beobachten, wenn der Mond an einem klaren Abend nahe an einem hellen Planeten oder Fixstern vorbeizieht.) Die tägliche Verspätung ist sehr unterschiedlich und bewegt sich zwischen etwa 10 und 80 Minuten; sie hängt von der jeweiligen Stellung des Mondes im Tierkreis ab. Nach einer Woche hat der Mond ein Viertel seiner Erdumrundung zurückgelegt, und sein Aufgang hat sich von den Morgen- in die Mittagsstunden verschoben. Bei Dunkelwerden steht er schon hoch im Süden, und seine rechte Hälfte wird von der untergehenden Sonne angestrahlt: Wir sehen den zunehmenden Halbmond. Nach einer weiteren Woche leuchtet er als Vollmond und geht etwa dann auf, wenn ihm gegenüber die Sonne untergeht. Sein letztes Viertel (abnehmender Halbmond) durchläuft er nach der dritten Woche; sein Aufgang fällt dann in die Stunden um Mitternacht, und bei klarem Wetter kann man ihn vormittags schemenhaft am westlichen Taghimmel sehen, bevor er mittags untergeht. Nach gut 27 Tagen ist der Mond wieder bei seiner Ausgangsposition im Tierkreis angelangt. Neumond ist allerdings erst zwei Tage später, wenn er die inzwischen am Himmel weitergewanderte Sonne eingeholt hat.

Da man meistens in den Abendstunden den Himmel anschaut, sieht man den zunehmenden Mond häufiger als den abnehmenden, dessen Aufgang sich bereits einige Tage nach Vollmond in den späten Abend verlagert hat. Vielleicht ist es manchem Leser schon aufgefallen, daß der Vollmond im Winter viel höher steigt als im Sommer. Das ist jetzt leicht verständlich: Er steht in dieser Phase ja der Sonne im Tierkreis gegenüber und beschreibt im Winter den hohen Tagbogen, den die Sonne im Sommer durchläuft. – Südlich des Äquators sind die Phasen spiegelbildlich, und der Morgensternsche Merkvers gilt nicht mehr. Das liegt daran, daß von der Südhalbkugel aus gesehen alle Gestirne anders als bei uns von *rechts nach links* über den Himmel wandern und im Norden ihre Höchststellung einnehmen.

Sonnen- und Mondfinsternisse

Zum Thema »Mond« gehören auch die Finsternisse von Sonne und Mond. Wer jemals das Glück hatte, eine totale Sonnenfinsternis zu erleben, der weiß, daß dies wohl das eindrucksvollste Naturschauspiel am Himmel ist. Eine fahle Dämmerung legt sich über die Landschaft. In den wenigen Minuten der Totalität, wenn die Sonne ganz hinter dem Mond verschwunden ist, leuchtet der Strahlenkranz ihrer äußeren Atmosphäre, die Korona, auf, und am Mondrand werden hochsteigende Gasfontänen, die Protuberanzen, als rötliche Tropfen sichtbar. Am abgedunkelten Himmel können hellere Sterne oder Planeten auftauchen. Ein wunderbares Stimmungsbild hat uns Adalbert Stifter mit seiner Schilderung der totalen Sonnenfinsternis vom 8. Juli 1842 hinterlassen.

Eine *Sonnenfinsternis* entsteht, wenn sich der Neumond zwischen Erde und Sonne schiebt und diese teilweise oder ganz verdeckt (Fig. 7a). Entsprechend entsteht dann eine partielle oder totale Finsternis. Dazu müssen die drei Himmelskörper genau hintereinanderstehen, und das ist nicht bei jedem Mondumlauf der Fall. Wegen des kleinen Neigungswinkels zwischen der Mondbahn- und der Ekliptikebene wandert der Mond normalerweise

54

etwas oberhalb oder unterhalb der Sonne an dieser vorbei. Pro Jahr gibt es in der Regel zwei, in Ausnahmefällen drei Sonnenfinsternisse, aber nur etwa ein Viertel aller Finsternisse ist total. Da Sonnen- und Mondscheibe von der Erde aus gesehen durch eine Laune der Natur fast genau gleich groß sind, bleibt immer dann, wenn die Richtungen nicht sehr genau übereinstimmen, ein kleines Stückchen von der Sonne sichtbar. Trotzdem sind, global gesehen, totale Sonnenfinsternisse nichts Außergewöhnliches. An einem bestimmten Ort treten sie allerdings nur äußerst selten auf, da der Schatten, den der zwischen Erde und Sonne stehende Mond auf die Erde wirft, einen Durchmesser von maximal 265 km hat. Nur in diesem Schattenfleck wird die Sonne einige Minuten lang völlig verdeckt. Wegen der Mondbewegung und der Erddrehung wandert der Schatten allerdings rasch über den Globus und überstreicht einen bis zu mehrere tausend km langen »Totalitätsstreifen«, der selten mehr als ein Tausendstel der gesamten Erdoberfläche ausmacht. An diesen Streifen grenzt das viel größere, vom Halbschatten der Sonne überdeckte Gebiet, von dem aus die Sonne nur zum Teil verfinstert erscheint.

Für die Astronomen sind totale Sonnenfinsternisse von großer Bedeutung. Bis vor etwa 60 Jahren boten sie die einzige Gelegenheit, die zart leuchtende, sonst vom hellen Sonnenlicht überstrahlte Atmosphäre der Sonne, die *Korona*, zu beobachten. Inzwischen hat man technische Hilfsmittel, mit denen man die Sonnenscheibe im Fernrohr abdecken und so eine künstliche Finsternis erzeugen kann (die allerdings nicht so perfekt ist wie eine natürliche). Nach wie vor werden deshalb Expeditionen in manchmal sehr entlegene Gebiete der Erde durchgeführt, um Finsternisbeobachtungen zu machen. Auch wurden Fernrohre in schnelle Flugzeuge installiert, mit denen man dem über die Erde eilenden Mondschatten ein Stück folgen und so die Beobachtungszeit, die für ein fest auf der Erde stehendes Instrument nach längstens sieben Minuten vorüber ist, etwas ausdehnen kann.

Auch bei einer *Mondfinsternis* müssen Sonne, Erde und Mond genau in einer Reihe stehen, nur schiebt sich hier die Erde zwischen die Sonne und die Vollmondscheibe und dunkelt diese mit ihrem Schatten ab (Fig. 7b). Der tiefe Kernschatten ist aber so groß, daß der Mond ganz in ihn eintaucht und bis zu 100 Minuten

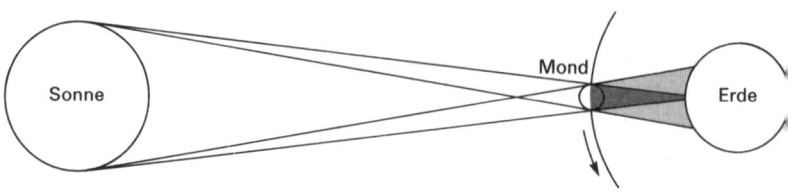

Fig. 7a Schema einer totalen Sonnenfinsternis. Der Neumond tritt genau zwischen Sonne und Erde. Der Kegel seines Kernschattens (dunkler Bereich) berührt gerade noch die Erdoberfläche. Von dem kleinen Bereich aus, der sich infolge der Mondbewegung und der Erddrehung zu einem langen Streifen über den Globus auszieht, erscheint die Sonne durch den Mond abgedeckt. In den angrenzenden Halbschattenzonen (hellgraue Gebiete) wird die Sonne nur teilweise verdeckt.

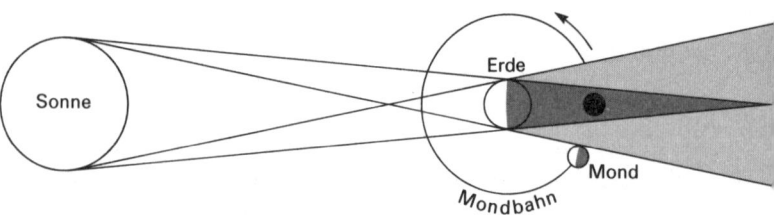

Fig. 7b Schema einer totalen Mondfinsternis. Der Vollmond läuft durch den Kernschatten (dunkler Kegel), den die von der Sonne beleuchtete Erde hinter sich erzeugt. Da der Schattenkegel am Ort des Mondes breiter ist als der Monddurchmesser, bleibt die ganze Kugel für längere Zeit (bis zu 100 Minuten) im Kernschatten. In den angrenzenden Halbschattengebieten (hellgrau) ist die Abdunkelung der Mondscheibe kaum wahrnehmbar.

darin verdunkelt bleibt. Oft ist er dann noch als dunkelrote Scheibe zu erkennen, da etwas Licht von der Erdatmosphäre in die Schattenzone hineingestreut wird. Deshalb ist eine Mondfinsternis nicht nur von einem kleinen Gebiet aus zu sehen, sondern überall dort, wo der Mond während der Totalitätsphase über dem Horizont steht, also von der halben Erdkugel aus. Obwohl Mondfinsternisse etwas seltener sind als Sonnenfinsternisse, kann man sie deshalb von einem *bestimmten Ort* aus sehr viel häufiger beobachten.

Bis zum Jahr 2000 werden sich global noch acht totale Sonnen- und sieben totale Mondfinsternisse ereignen. Nur eine einzige Sonnenfinsternis und vier des Mondes werden von Deutschland aus zu sehen sein. Den Termin dieser Sonnenfinsternis (11. August 1999) sollte man sich merken, denn der Totalitätsstreifen wird dann unter anderem die Städte Stuttgart, Ulm, München und

Salzburg überstreichen. Es wird seit 1887 die erste totale Sonnenfinsternis sein, die bei uns zu sehen ist. Auf die darauf folgende müssen unsere Nachkommen ziemlich lange warten – bis zum Jahr 2135!

Noch eine Bemerkung zu der Bezeichnung »Ekliptik« für die scheinbare Sonnenbahn: Das lateinische Wort »eclipsis« bedeutet soviel wie »Ausbleiben, Finsternis« (engl. eclipse). Nur wenn der Mond die Sonnenbahn am Himmel kreuzt, kann eine Finsternis entstehen. Daher ist die Ekliptik auch die Bahn der Finsternisse.

3. Nachbarn der Sonne: Merkur und Venus

Herr und Hund

Wem wäre nicht schon der strahlende Abendstern im Westen oder der Morgenstern im Osten aufgefallen, der jeden anderen Stern an Glanz weit übertrifft. Bereits in der Antike war bekannt, daß es sich um ein und dasselbe Gestirn handelt, das zeitweise als der Lichtbringer »Phosphoros« vor der Sonne aufgeht und ihr zu anderen Zeiten als »Hesperos« in den Abendstunden im Untergang nachfolgt. Wir kennen dieses Gestirn als den Planeten Venus. Ähnlich verhält sich auch Merkur, der aber nicht so hell ist und kaum aus der Dämmerung heraustritt. Deshalb ist Merkur weit schwieriger zu beobachten und erfreut sich keiner solchen Berühmtheit.

Die Sonderstellung der beiden Planeten geht darauf zurück, daß sie *innerhalb* der Erdbahn um die Sonne laufen – man bezeichnet sie deshalb auch als die »inneren Planeten«. Venus hat einen Sonnenabstand von 0,72 und Merkur von 0,39 Astronomischen Einheiten (d. h. Distanzen Sonne – Erde). Von der Erde aus gesehen projizieren sich ihre Bahnen als Pendelbewegungen um die Sonne an den Himmel (Fig. 8). Der Ausschlag des Pendels zu beiden Seiten der Sonne beträgt bei Venus bis zu 48° und bei Merkur bis zu 28°. Stehen die Planeten östlich (links) von der Sonne, so erscheinen sie abends; sind sie auf der westlichen (rechten) Sonnenseite, so sieht man sie morgens. Die Stellung der größten Auslenkung bezeichnet man als die größte (östliche oder westliche) *Elongation*. Merkur bleibt wegen des kleinen Winkelabstands der Sonne immer sehr nahe, und deshalb löst er sich jeweils nur für kurze Zeit aus der Dämmerungszone. Venus ist zeitweise mehrere Stunden lang nach Sonnenuntergang oder vor Sonnenaufgang zu sehen, kann allerdings niemals wie die äußeren Planeten der Sonne in *Opposition* am Himmel gegenüberstehen. Die Sommerzeit macht es allerdings möglich, daß jedenfalls die Venus hin und wieder bis nach Mitternacht zu sehen ist (unsere Uhren gehen dann ja eine Stunde vor).

Merkur eilt einmal in 88 Tagen um die Sonne, Venus braucht dazu 225 Tage. Sie hat nicht nur den längeren Weg, sondern ist auch (nach dem dritten Keplerschen Gesetz) langsamer als Merkur. Die mittleren Bahngeschwindigkeiten betragen 48 km/s (Merkur) gegenüber 35 km/s (Venus). Diese Umlaufzeiten stimmen allerdings keineswegs mit den Zeiten überein, nach denen wir die beiden Planeten wieder in derselben Stellung zur Sonne (d. h. in derselben Phase) sehen. Diese Periode hatten wir bereits beim Mond als die synodische Umlaufzeit kennengelernt. Bei Merkur dauert sie 116 Tage, bei Venus 584 Tage. Die lange synodische Periode kommt dadurch zustande, daß die Erde sich ja ebenfalls in gleicher Richtung um die Sonne bewegt und die Planeten eine Weile hinter ihr herlaufen müssen, um sie wieder zu erreichen.

Die resultierende Bewegung am Himmel läßt sich durch einen alltäglichen Vergleich etwas anschaulicher machen. Die beiden Planeten, die ja in engerem Abstand als die Erde um die Sonne laufen, bleiben ihr am Himmel immer relativ nahe. Sie begleiten die Sonne bei ihrem Lauf durch den Tierkreis, wie ein Hund seinen Herrn bei einem Spaziergang begleitet. Zeitweise läuft er voraus und entfernt sich von seinem Herrn, dann wird er langsamer, bleibt stehen und kommt schließlich zu seinem Herrn zurück. Anschließend trödelt er herum, so daß sein Herr vorausgeht, dann besinnt er sich aber und eilt schließlich in großen Sprüngen hinter ihm her.

Bei der Venus folgen die einzelnen Phasen zeitlich so aufeinander: Nach der oberen Konjunktion (Venus hinter der Sonne) dauert es etwa 5–6 Wochen, bis sie am Abendhimmel erscheint. Da Sonne und Planet die gleiche Laufrichtung haben, wird der Ab-

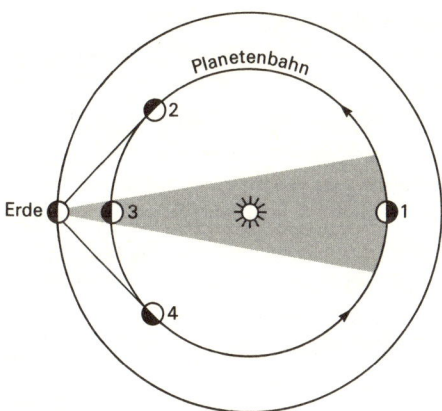

*Fig. 8 Schema der verschiedenen Konstellationen für die beiden innerhalb der Erd-
bahn um die Sonne laufenden Planeten Merkur und Venus. In der Stellung 1 steht der
Planet hinter der Sonne in oberer Konjunktion am Taghimmel. Die Positionen 2
und 4 entsprechen der maximalen Winkelentfernung des Planeten von der Sonne,
der größten Elongation. Position 2 zeigt die Stellung als Abendstern am Westhimmel, bei 4 ist er morgens vor Sonnenaufgang im Osten sichtbar. An der mit 3 bezeichneten Stelle steht der Planet vor der Sonne in unterer Konjunktion und ist wie bei 1
nicht zu sehen. Planeten, die außerhalb der Erdbahn um die Sonne laufen, können
die Position 3 nicht einnehmen.*

stand nur langsam größer. Erst nach einem halben Jahr hat die
Venus ihre größte Elongation erreicht und strahlt spätabends am
westlichen Himmel. Anschließend wird sie langsamer, so daß die
Sonne sie einholt, und schließlich läuft sie sogar auf diese zu und
wird bald in ihren Strahlen unsichtbar. Wenn sie in unterer Konjunktion vor der Sonne steht, ist »Halbzeit« der synodischen Periode, und 9½ Monate sind seit dem Beginn des Zyklus vergangen.
Schon zwei Wochen später taucht die Venus, jetzt am Morgenhimmel, wieder auf. Nun wiederholen sich die Phasen in umgekehrter
Reihenfolge: Nach der relativ schnell erreichten größten Elongation, bei der wir den Planeten vor Sonnenaufgang am östlichen
Himmel sehen können, läuft die Venus hinter der Sonne her und
braucht mehrere Monate, bis sie in ihrem Licht verschwindet.
Nach 584 Tagen ist der Ausgangspunkt wieder erreicht.

Wegen dieses langen, über 19 Monate dauernden Zyklus wird es
auch klar, warum es ausgesprochene Venusjahre gibt, in denen der

Planet monatelang als Abendstern leuchtet, und andere (wie das Jahr 1990), in denen er abends kaum zu sehen ist, dafür aber die Frühaufsteher erfreut.

Analog sind die Bewegungsabläufe bei Merkur, nur folgen die einzelnen Phasen viel schneller aufeinander, und der sonnennahe Planet ist jeweils nur (und nicht bei jedem Umlauf) während zwei bis drei Wochen um die Elongationsphasen tief am Horizont zu sehen. Daher gibt es meistens nur drei bis vier Sichtbarkeitsperioden pro Jahr, und man muß schon Glück haben, wenn man den scheuen Planeten überhaupt einmal sehen will. Obwohl er recht hell ist, bleibt er fast immer im Dunst des Horizonts oder hinter Häusern und Bäumen verborgen.

Cynthiae figuras

Eine weitere Besonderheit ist noch zu erwähnen: die mondähnlichen Lichtphasen der Venus. Sie können bei den äußeren Planeten nicht auftreten, da diese sich nicht zwischen Sonne und Erde schieben und uns stets ihre (fast) vollständig von der Sonne beleuchtete Fläche zuwenden. Dagegen ist uns die volle Scheibe der Venus nur während ihrer oberen Konjunktion zugekehrt. Diese Phase entspricht gewissermaßen dem Vollmond, aber anders als dieser steht der Planet dann unsichtbar in Sonnenrichtung. Zwischen der oberen Konjunktion und den Elongationen sieht man die Rundung zur »Halbvenus«, während vor und nach der unteren Konjunktion, der dem Neumond entsprechenden Phase, die Venus als Sichel zu erkennen ist.

Galilei, der Pionier der Fernrohrbeobachtung, hat vor fast 400 Jahren die Venussichel wohl zum ersten Mal gesehen. Um sich die Priorität seiner Entdeckung zu sichern, machte er sie in Form eines Anagramms bekannt mit dem ziemlich sinnlosen lateinischen Satz: *Haec immatura a me iam frustra leguntur o y.* Unter anderen soll sich auch Kepler mit der Lösung des Rätsels beschäftigt haben. Galilei teilte dann selbst die richtige Anordnung der Buchstaben zu folgendem Satz mit: *Cynthiae figuras aemulatur mater amorum* – die Mutter der Liebe (Venus) ahmt die Formen Cynthias (des Mondes) nach.

Auch Merkur müßte theoretisch diese Sichelphasen zeigen. Da

er aber in der Zeit, wenn die Sichel am stärksten ausgeprägt ist, im Sonnenlicht verborgen bleibt, sind sie schwerer zu beobachten.

Neues vom Merkur

Wäre dieses Kapitel vor gut 25 Jahren geschrieben worden, dann wäre es eigentlich hier zu Ende. Man wußte zwar damals, daß Merkur so gut wie keine Atmosphäre besitzt und Venus von einer dichten Kohlendioxidhülle umgeben ist. Auch konnte man unbestimmte Angaben über die hohen Oberflächentemperaturen der beiden sonnennahen Planeten machen, aber es war nicht einmal bekannt, ob und wie schnell sie sich um ihre Achse drehen. Beide Planeten lassen nämlich selbst in großen Fernrohren kaum Strukturen auf ihren Lichtscheibchen erkennen, an deren Bewegungen man eine Rotation hätte messen können. Allgemein wurde angenommen, daß Merkur eine *gebundene Rotation* ausführt, also der Sonne immer die gleiche Seite zuwendet, wie der Mond der Erde. Bei Venus war man sich noch weniger sicher. Erst als Anfang der 60er Jahre die Ergebnisse der ersten Radarmessungen vorlagen, stellte es sich heraus, daß alle bisherigen Vorstellungen falsch waren. Merkur, mit einem Durchmesser von 4878 km der zweitkleinste Planet, dreht sich mit einer Periode von 58,7 Tagen um seine Achse. Das sind genau zwei Drittel seiner Umlaufzeit um die Sonne, und dieses Zahlenverhältnis entspricht wie die gebundene Rotation einem mechanisch sehr stabilen Zustand, der sich im Lauf einer langen Zeit einstellt. Seine Drehachse steht senkrecht auf seiner Bahnebene, und deshalb scheint die Sonne nur in den Äquatorgebieten zeitweise vom Zenit, während die Pole ständig vom streifenden Licht getroffen werden. Es gibt also keine Jahreszeiten wie auf der Erde. Die Tageslänge wird hier auch nicht, wie wir es gewohnt sind, hauptsächlich von der *Rotation* bestimmt. Das Zusammenspiel von Rotation und Sonnenumlauf hat zur Folge, daß Dunkelheit und Tageshelle sich dort in einem Rhythmus von 176 (Erden-)Tagen abwechseln. Außerdem ist die Bahnellipse von Merkur relativ exzentrisch, und deshalb läuft der Planet mit deutlich unterschiedlicher Geschwindigkeit um die Sonne. Dies alles bewirkt, daß immer die beiden gleichen, einander am

Äquator gegenüberliegenden Regionen für längere Zeit senkrecht vom Sonnenlicht getroffen werden und zwei »Hitzepole« bilden. Dort steigt die Temperatur zeitweise bis auf 430 °C an, während sie auf der Nachtseite des Planeten auf −170 °C absinken kann. Das Fehlen einer Atmosphäre begünstigt diese extremen Wärmeunterschiede.

Für uns Menschen ist Merkur daher gewiß kein geeigneter Aufenthaltsort, und auch Raumsonden haben es schwer, so nahe an die Sonne vorzudringen. Bisher hatte nur eine, die amerikanische Sonde *Mariner 10*, den heißen Planeten zum Ziel. Sie ist in der Zeit zwischen dem 29. März 1974 und dem 16. März 1975 dreimal dicht am Merkur vorbeigeflogen und hat sich der Oberfläche bei ihrem letzten Anflug bis auf 327 km genähert. Zum ersten Mal sahen wir die Einzelheiten einer mondähnlichen, öden Landschaft. Lückenlos ist auch hier alles mit großen und kleinen Meteoritenkratern aus dem Bombardement übersät, das kurz nach der Entstehung des Planetensystems auf alle seine Objekte niedergegangen ist. Bei näherem Zusehen ergaben sich allerdings auch deutliche Unterschiede zwischen Merkur und dem Mond. Besonders fällt ein riesiger Einschlagkrater von 1300 km Durchmesser auf, der mit dem System aus Ringwällen, welches ihn umgibt, einen großen Teil des Planeten bedeckt. Der Aufprall muß so stark gewesen sein, daß die Druckwellen durch die ganze Kugel gewandert sind und an der entgegengesetzten Seite die Oberfläche in ein Chaos von Hügeln, Wällen und Gräben verwandelt haben. Andere Spuren deuten darauf hin, daß sich die zunächst heiße Planetenkugel bei der allmählichen Abkühlung zusammengezogen hat, wobei Risse und Auffaltungen in der Oberfläche entstanden sind.

Auch über das Innere des Planeten hat man jetzt recht gute Vorstellungen. Wahrscheinlich besteht er aus einem großen eisenhaltigen Kern, der 70–80 % seiner Gesamtmasse ausmacht und von einem dicken Silikatmantel umgeben ist. Wie die Erde besitzt auch Merkur ein Magnetfeld, das allerdings sehr viel schwächer ist als das irdische.

Was wissen wir heute über die Venus? Ihre Rotationsgeschwindigkeit wurde ebenfalls in den 60er Jahren zum ersten Mal zuverlässig mit Hilfe von Radarwellen bestimmt und ist noch langsamer als bei Merkur: Die Venus dreht sich nur einmal in 243 Tagen um ihre Achse. Eine volle Rotation dauert also länger als ein Umlauf um die Sonne (225 Tage). Überraschend war vor allem, daß der Drehsinn *entgegengesetzt* zur Richtung der Bahnbewegung ist, denn das ist – abgesehen von der besonders extravaganten Uranusrotation – einmalig im Planetensystem. Dabei stellt sich ein Wechsel zwischen Tag und Nacht von 117 (Erden-)Tagen Dauer ein, das ist gut die Hälfte des Venusjahrs. Wie bei Merkur steht die Drehachse senkrecht auf der Bahnebene, und es gibt keine Jahreszeiten. Damit hört aber auch die Ähnlichkeit zwischen den beiden sonnennahen Planeten auf.

Mit einem Durchmesser von 12104 km ist die Venus fast genauso groß wie die Erde (12756 km). Sie bewegt sich auf einer nahezu kreisförmigen Bahn mit konstanter Geschwindigkeit um die Sonne. Wegen ihrer größeren Sonnennähe erhält sie von dieser etwa doppelt soviel Strahlungsenergie wie die Erde. Man mußte deshalb höhere Temperaturen an ihrer Oberfläche vermuten, aber doch nicht so hohe, daß man die Existenz von Lebensformen für gänzlich ausgeschlossen gehalten hätte. Phantasiebegabte Menschen haben deshalb auch eine urwaldähnliche Szenerie mit feuchtwarmen Tropenwäldern entworfen. Das, was die sowjetische Raumsonde *Venera 9* vorfand, als sie am 22. Oktober 1975 auf der Venus landete und zum ersten Mal eine Kamera die Oberfläche photographierte, sah allerdings ganz anders aus. Die Bilder zeigen uns eine steinige, staubtrockene Landschaft, und Temperaturen bis zu 500 °C schließen jegliches Leben aus. Es muß dort der Danteschen Hölle sehr viel ähnlicher sein als der »grünen Hölle« eines üppigen Dschungels.

Ursache für diese extremen Bedingungen ist zum großen Teil die dicke Kohlendioxidhülle, die mit dem hundertfachen Druck der Erdatmosphäre auf der Oberfläche lastet. Sie hat im Laufe von vielen Millionen Jahren durch einen instabilen, sich ständig verstärkenden Treibhauseffekt dieses Klima mit erzeugt, bei dem früher vielleicht vorhandenes Wasser längst verdampft sein muß. Möglicherweise war an diesem Verstärkungsprozeß gerade das immer weniger gewordene Wasser schuld, das in den Ozeanen der Erde große Mengen von Kohlendioxid bindet. Denn auch bei uns ist zu unserem Glück der vielgeschmähte Treibhauseffekt seit Jahrmillionen wirksam: Wie ein Glashaus läßt das durchsichtige Kohlendioxid das Sonnenlicht zur Erde durch, versperrt aber der langwelligeren Wärmestrahlung den Rückweg nach außen. Wir könnten ohne diesen Mechanismus nicht leben, denn ohne seine isolierende Wirkung wäre die mittlere Temperatur auf der Erde um etwa 30° niedriger, und alles würde im Eis erstarren. Nur hat sich bei uns wegen der schwächeren Sonneneinstrahlung ein stabileres Gleichgewicht eingestellt. Die augenblicklichen Sorgen gehen dahin, daß dieses Gleichgewicht durch menschliche Eingriffe in die Umwelt gestört werden könnte. Aber nicht nur Kohlendioxid und der ähnlich wirkende Wasserdampf spielen auf der Erde eine große Rolle, sondern auch entgegengesetzt wirkende Stoffe wie Staub und Ruß, die das Sonnenlicht von der Oberfläche fernhalten. Weiter ist die Bedeutung der Ozeane für diese Prozesse noch zu wenig bekannt. So ist es schwierig, die zukünftige Entwicklung des irdischen Klimas vorherzusagen.

Wir verdanken unsere Existenz mithin in erster Linie der richtigen Sonnenentfernung, die der Erde Temperaturen beschert, bei denen das für die Entwicklung des Lebens notwendige Wasser weder verdampft noch zu Eis wird. Bei der Venus scheint das erstere der Fall gewesen zu sein; auf unserem äußeren Nachbarn Mars war es dagegen zu kalt. Die Erde hat vor Jahrmilliarden ihre Chance genutzt, und nach und nach bildete sich vor allem mit dem Stoffwechsel der entstehenden Pflanzen der für Tiere und Menschen notwendige Sauerstoff, den sie nicht nur zum Atmen brauchen, sondern der sie auch in Form von Ozon vor der verderblichen UV-Strahlung der Sonne schützt. Die Erde ist der einzige Planet, in dessen Atmosphäre es größere Mengen von freiem Sauerstoff gibt: Das Leben selbst hat die heutige Zusammensetzung unserer Lufthülle wesentlich mitbestimmt.

Eine stattliche Zahl amerikanischer und sowjetischer Raumsonden hat seit 1963 die Venus besucht und sie teils aus geringer Entfernung, teils aber auch direkt auf dem Venusboden untersucht. Allein zehn sowjetische Landegeräte haben zwischen 1970 und 1985 an weit auseinanderliegenden Stellen der Oberfläche Messungen durchgeführt, Bodenproben analysiert und z. T. auch Aufnahmen der Fernsehkameras zur Erde gefunkt, so daß wir heute detaillierte Kenntnisse von dieser Landschaft haben, die selbst für die um den Planeten kreisenden Orbiter unsichtbar blieb. Zwar ist das Kohlendioxidgas durchsichtig, aber in großen Höhen (zwischen 48 und 68 km) treibende Wolken aus Schwefeldioxid und anderen chemischen Verbindungen machen die Venusatmosphäre für Licht fast undurchlässig. Alle Landeplätze zeigen einen öden, steinigen Boden, der seit vielen Millionen Jahren einer unbarmherzigen Hitze und möglicherweise auch einem Regen von feinen Schwefelsäuretröpfchen ausgesetzt ist. Diese extremen Bedingungen, zu denen noch der hohe Druck der Atmosphäre kommt, haben die Landegeräte und ihre Instrumente sehr großen Belastungen ausgesetzt, und keines hat dort viel länger als eine Stunde überlebt.

Aus Radarbeobachtungen besonders des amerikanischen *Pioneer-Venus-Orbiters*, der 1978/79 den Planeten 243 Tage lang umrundete, und aus Messungen mit Hilfe der großen Radioteleskope auf der Erde wurde inzwischen eine topographische Karte des größten Teils der Venusoberfläche hergestellt. Wie auf dem Mond und auf anderen Planeten sind auch dort die Spuren von Einschlägen großer Meteorite erkennbar. Allerdings hat die dichte Atmosphäre die einfallenden Riesensteine stark abgebremst, wodurch der Aufprall gemildert wurde und ausgedehnte, aber ziemlich flache Krater hinterließ. Kleinere Meteorite gelangen dort noch seltener bis auf die Oberfläche als auf der Erde; sie werden bereits in größeren Höhen der dichten Atmosphäre durch Reibungswärme zerstört. Außer den Einschlagkratern gibt es auf der Venus große vulkanische Gebiete mit Bergkegeln bis zu 11 km Höhe. Der größte Teil der Oberfläche ist allerdings ziemlich eben, weist jedoch Grabensysteme und andere Merkmale auf, aus denen sich auf eine frühere tektonische Aktivität schließen läßt. Es scheint nicht ausgeschlossen zu sein, daß der Vulkanismus auf der Venus bis heute noch nicht ganz erloschen ist.

Bei der Bezeichnung der Oberflächenstrukturen hat man darauf geachtet, daß die Namen möglichst in irgendeiner Beziehung zum Namen des Planeten stehen. So ist die Venus ein vorwiegend »weiblicher« Planet geblieben. Beispiele sind die großen Gebirgsmassive *Ishtar Terra* und *Aphrodite Terra*. *Sappho, Cleopatra* und *Colette* sind als Vulkane verewigt, große Ebenen hat man nach *Leda, Niobe, Lavinia* und *Atalanta* genannt. Ferner gibt es eine *Phoebe Regio* und eine *Mnemosyne Regio*, zwei Berge heißen *Theia Mons* und *Rhea Mons*. Bei *Alpha Regio* und *Beta Regio* ist man allerdings etwas einfallsloser gewesen, und auch die *Maxwell Montes*, die höchsten Erhebungen, passen nicht recht ins Bild. Einmalig unter den Planeten ist die dichte Atmosphäre, welche die sowjetischen und amerikanischen Landegeräte bei ihrem Hinabschweben untersuchen konnten. Sie haben den Druck, die Temperatur und die Windgeschwindigkeit in verschiedenen Höhen gemessen und auch die chemischen Bestandteile der Wolken bestimmt. Besonders interessante Ergebnisse haben zwei Ballons geliefert, die von den sowjetischen *Vega-Sonden* 1985 an Fallschirmen in die Venusatmosphäre hinabgelassen wurden und in der horizontalen Strömung über 10 000 km weit getrieben sind. An jedem Ballon war eine Gondel befestigt, die verschiedene Instrumente trug.

Die gesamte obere Atmosphäre der Venus strömt in etwa vier (Erden-)Tagen einmal um den Globus. In den Schichten direkt oberhalb der Wolken wurden wahre Orkane gemessen, die mit Geschwindigkeiten bis zu 500 km pro Stunde um den Planeten brausen. Sie werden weiter unten schwächer und sind an der Oberfläche bis auf Fußgängertempo abgesunken. Die schnelle *Superrotation* der höheren Schichten läßt sich übrigens auch von der Erde aus feststellen, wenn man sie in kurzen Wellenlängen beobachtet. UV-Bilder erdumkreisender Satelliten lassen eine großräumige Struktur von der Form eines liegenden Y erkennen, die sich mit einer Periode von vier Tagen um die Venus bewegt.

Die amerikanische NASA hat mit dem Unternehmen *Magellan* ihre Flüge zur Venus nach einer Pause von 11 Jahren wieder aufgenommen. Am 4. Mai 1989 ist die nach dem portugiesischen Seefahrer Ferdinand Magellan benannte Sonde auf ihre weite Reise gegangen; sie soll im August 1990 nach einem langen Umweg um die Sonne ihr Ziel erreichen. Ein leistungsfähiges Radargerät wird dann 90 % der Oberfläche abtasten mit einer Genauigkeit, die uns auf der Landkarte des verschleierten Planeten Einzelheiten bis hinunter zur Größe eines Fußballplatzes zeigen wird. Obwohl kein menschliches Auge und kein Fernrohr durch die dicken Wolken einen Blick auf die Oberfläche unseres strahlenden Nachbarplaneten werfen kann, wird er uns dann mit allen seinen Bergen, Tälern und Ebenen in sämtlichen Einzelheiten bekannt sein – eine Leistung, die noch vor wenigen Jahrzehnten ins Reich der Fabel gehört hätte.

4. Mars – der kleine Planet der Superlative

Bahnbewegung und Oppositionsschleifen

Er galt schon immer als Unheilsbote, der rote Planet, dessen Farbe Assoziationen zu Krieg und Feuersnot weckte. Deshalb wurde er auch schon vor Jahrtausenden dem Gott des Krieges zugeordnet und trägt bis heute dessen Namen. Er ist allerdings ganz unschuldig an diesem schlechten Ruf, und die Sterngläubigen haben ihre Meinung hier wahrlich auf Sand gebaut, auf den roten Sand nämlich, der – von Eisenoxiden gefärbt – den Planeten bedeckt und seinem Licht den rötlichen Glanz verleiht.

Mars braucht zu einem Umlauf um die Sonne 687 Tage, also fast zwei Jahre. Anders als die beiden inneren Planeten bleibt er auf seiner Himmelsbahn nicht ständig in der Nähe der Sonne, sondern läuft über den ganzen Nachthimmel. Zeitweise steht er der Sonne gegenüber. In dieser *Oppositionsstellung* geht er (wie der Vollmond) abends auf, steht gegen Mitternacht im Süden und taucht bei Tagesanbruch unter Horizont (Fig. 9). Einige Wochen vor der Opposition kehrt Mars seine Laufrichtung am Himmel um und bewegt sich mehrere Wochen lang in westlicher Richtung – »rückläufig«, wie die Astronomen sagen – durch den Tierkreis. Figur 10

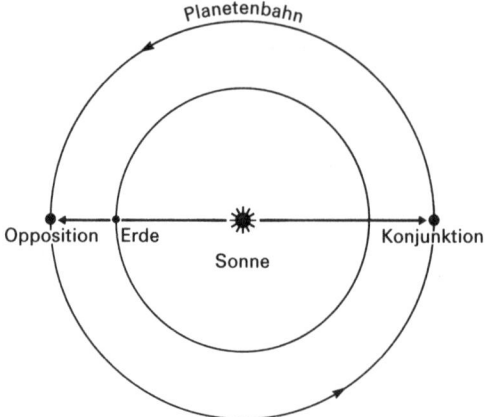

beschreibt die Positionen von Erde und Mars in dieser Phase und das Zustandekommen der Oppositionsschleife. Der eigentliche Grund ist, daß die schnellere, weiter innen laufende Erde den weiter außen laufenden Mars während dieser Zeit überholt. Die merkwürdige Bewegung, die den Astronomen früherer Zeiten so viel Kopfschmerzen verursacht hat, wird natürlich nur durch die Blickrichtung von der bewegten Erde aus vorgetäuscht. Mars wendet nicht »wirklich« und läuft auch nicht auf seiner Bahn zurück.

Das hier besprochene Schema gilt qualitativ für alle äußeren Planeten. Nur ist die Größe der Oppositionsschleife und die Dauer der »Rückläufigkeit« von der Entfernung des betreffenden Planeten abhängig. Je weiter ein Planet entfernt ist, um so unauffälliger wird die Schleife.

Opposition – Gegenüberstellung zur Sonne – bedeutet für alle äußeren Planeten, daß sie um Mitternacht, wenn die Sonne ihren Tiefststand erreicht, im Süden ihre größte Höhe über dem Horizont einnehmen. Die Skizze zeigt ferner, daß sie der Erde dann besonders nahe (und daher auch besonders hell) sind. Die Wo-

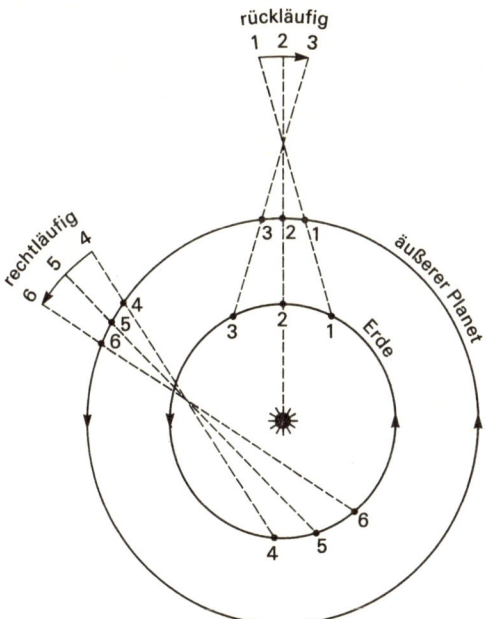

Fig. 10 Die »Rückläufigkeit« eines äußeren Planeten (Mars bis Pluto) um die Zeit seiner Opposition. Die normale (rechtläufige) Bewegung zwischen den Sternen ist von Westen nach Osten (von rechts nach links) gerichtet (Stellung 4–6). Während der Oppositionszeit überholt die schnellere Erde den Planeten, der sich in entgegengesetzter Richtung zu bewegen scheint (rückläufig von Osten nach Westen, Stellung 1–3). So entsteht am Himmel die »Oppositionsschleife«.

chen um die Opposition bieten deshalb immer die besten Beobachtungsbedingungen. Bei Mars folgen die Oppositionen in Abständen von 780 Tagen – der synodischen Umlaufzeit – aufeinander.

Wären die Bahnen von Mars und Erde genau kreisförmig, dann wäre der engste Abstand zwischen ihnen mit 78,3 Mio. km immer gleich. Nun weicht aber besonders die Bahn des Mars erheblich von einem Kreis ab; um 19 % seiner mittleren Entfernung schwankt sein Abstand von der Sonne, während es bei der Erde nur gut 3 % sind. Daher kann die Oppositionsentfernung des Mars von der Erde zwischen 100 und 55 Mio. km variieren, je nachdem, ob Mars dann in der Nähe seines sonnenfernen oder sonnennahen Bahnpunkts ist. In weiten Grenzen ändert sich auch sein größter Erdabstand, den er einnimmt, wenn er für uns unsichtbar in *Konjunktion* hinter der Sonne steht. Im Extremfall ist Mars 400 Mio. km von der Erde entfernt, das ist mehr als das Siebenfache seiner kleinstmöglichen Distanz, und damit entstehen erhebliche Helligkeitsunterschiede. So leuchtete er während der Opposition im September 1988 heller als Jupiter und mußte sich schon einige Monate später von den helleren Fixsternen übertreffen lassen. Deshalb ist er oft besser an seiner Farbe als an seiner Helligkeit zu erkennen. Die großen Helligkeitsdifferenzen zusammen mit der langen synodischen Umlaufperiode von über zwei Jahren erklären auch, warum es Jahre gibt, in denen Mars wenig auffällt, um dann wieder in ausgesprochenen »Marsjahren« monatelang einen Blickfang am Himmel zu bilden.

Marsmenschen und Marskanäle?

Bei günstigen Marsoppositionen sieht man schon mit kleinen Fernrohren einige Strukturen auf der Oberfläche des Planeten, der mit einem Durchmesser von 6800 km etwa halb so groß wie die Erde ist. Vor allem fallen die weißglänzenden Polkappen auf, die im Laufe eines Marsjahres größer werden und wieder schrumpfen. Man hat sie schon früh richtig als Eisflächen gedeutet, die mit den Jahreszeiten zu- und abnehmen. Auch dunkle Gebiete sind zu erkennen, die sich im Rhythmus der 24½stündigen Rotation des Planeten auf dem Lichtscheibchen mitbewegen. Die Tageslänge unterscheidet sich dort also nur wenig von unserem Erdentag. Auch die Schrägstellung der Drehachse entspricht mit 24° fast genau den irdischen Verhältnissen. Daher verlaufen die Jahreszeiten auf dem Mars ganz ähnlich wie bei uns, nur dauern sie wegen des längeren Marsjahres entsprechend länger. Wegen der größeren Sonnenentfernung ist es dort zwar kälter als auf der Erde, zumal die dünne Atmosphäre kaum einen Treibhauseffekt bewirkt und die Unterschiede zwischen Tag und Nacht, Sommer und Winter groß sind. Trotzdem hatte man es bis vor kurzem für möglich gehalten, daß sich auf unserem Nachbarplaneten primitive Lebensformen ähnlich unseren Flechten entwickelt haben könnten; einige Beobachter wollten sogar eine leichte Grünfärbung der dunklen Gebiete im Marsfrühjahr festgestellt haben. In einer wissenschaftlichen Arbeit aus den letzten Jahren findet sich (in freier Übersetzung) der schöne Satz: »So wurde Mars rasch von der öffentlichen Einbildungskraft mit so viel Grünzeug ausgestattet, wie nötig ist, um einen Planeten voller umherziehender Pflanzenfresser glücklich zu machen.« Die von dem Italiener Giovanni Schiaparelli vor gut hundert Jahren beobachteten »Marskanäle« trugen wesentlich dazu bei, daß einfallsreiche Science-fiction-Autoren dort eine üppig belebte Welt mit intelligenten »grünen Männchen« an der Spitze entstehen ließen, die unserer Kultur sogar weit voraus oder bereits ausgestorben sein sollten. Daß man die Möglichkeit, auf dem Mars primitive Lebensformen anzutreffen, aber durchaus ernst nahm, zeigt die Tatsache, daß die NASA die beiden *Viking*-Landefähren, die 1976 auf dem Mars abgesetzt wurden, unter anderem mit einem kleinen Chemielabor ausgestattet hatte, in dem von Instrumenten eingesammelte Bodenproben an Ort und Stelle untersucht wurden. Hinweise auf vergangenes oder gegenwärtiges Leben gab es allerdings nicht.

Zwischen Vulkanen und Schluchten

Mars war uns bis zum Beginn der Raumfahrtära kaum besser bekannt als die beiden anderen erdähnlichen Planeten Merkur und Venus. Außer den Polkappen, einigen dunklen Gebieten und den falschen Kanälen konnte man nichts auf seiner Oberfläche erkennen und wußte auch wenig über die sehr dünne Atmosphäre. Das Programm der NASA, das mit dem Vorbeiflug von *Mariner 4* am 15. Juli 1965 die ersten Nahaufnahmen lieferte und 1976 mit der *Viking*-Mission seinen vorläufigen Höhepunkt setzte, übertraf dann alle Erwartungen und führte uns die Wunder einer vielfältigen und großartigen Welt vor Augen. Die etwa gleichzeitigen Unternehmungen der Sowjetunion waren dagegen vom Pech verfolgt; keine der geplanten Landungen lieferte brauchbare Ergebnisse. Auch bei den beiden im Juli 1988 gestarteten Sonden *Phobos I* und *Phobos II*, die vor allem den einen der beiden kleinen Marsmonde aus der Nähe untersuchen sollten, dessen Namen sie ja trugen, riß das Pech nicht ab. Die erste Sonde fiel schon nach einigen Wochen Flugzeit aus; mit der zweiten brach jede Verbindung ab, nachdem sie Ende März 1989 einige Nahaufnahmen von Phobos übertragen hatte (s. auch S. 75).

Die ersten 28 Funkbilder, die uns 1965 erreichten, ließen uns auf eine Kraterlandschaft blicken, wie wir sie ähnlich vom Mond kennen, und auch die darauffolgenden Flüge brachten nicht viel Neues. Die große Überraschung kam sechs Jahre später, nachdem die Sonde *Mariner 9* in ihre Marsumlaufbahn eingeschwenkt war – und Mars hatte sich seine Eroberung besonders spannend ausgedacht. Die Kameras sahen nämlich zuerst gar nichts, denn ein gewaltiger Sandsturm hatte die Planetenoberfläche eingehüllt. Als sich endlich nach Wochen der Schleier lüftete, ragten zunächst ein paar hohe Berggipfel aus dem Dunst hervor, und dann kam allmählich eine unglaublich vielfältige Landschaft zum Vorschein. Auch wurde klar, warum die früheren Sonden davon nichts bemerkt hatten. Die Marsoberfläche ist deutlich in ein mehr im Süden liegendes verkratertes Hochland und in eine tieferliegende, geologisch jüngere nördliche Hemisphäre geteilt, und zufällig waren die ersten Sonden alle über das alte Hochland geflogen. Geologisch aktive Phasen während der späteren Entwicklung des Mars haben die Oberfläche im Norden gänzlich umgemodelt und hohe Vulkane, Canyons, Senken und Flußtäler entstehen lassen. Inzwischen sind aus mehreren zehntausend Einzelbildern verschiedener Raumsonden Landkarten zusammengestellt worden, die in einigen Gebieten Einzelheiten bis hinunter zu 10 m Größe erkennen lassen. Aus ihnen läßt sich die geologische Entwicklung des Planeten in den letzten drei Milliarden Jahren ablesen.

Die Dimensionen der Berge und Täler, die sich im Laufe der Zeit aufgewölbt und eingegraben haben, der Senken und Rinnen, die eingebrochen sind oder ausgewaschen wurden, stellen alles, was wir von der Erde kennen, weit in den Schatten. Offenbar trägt die an manchen Stellen sehr dicke äußere Kruste viel größere Lasten als die Erdkruste, und zusätzlich läßt die um das Dreifache kleinere Schwerkraft die Gebirgsmassen »leichter« werden. Das hat zur Entstehung gewaltiger Schildvulkane geführt, deren größte bis in 27 km Höhe reichen. Auf dem aus einer Basis von über 600 km Durchmesser besonders majestätisch emporragenden *Olympus Mons* haben die Griechengötter eine wahrhaft angemessene Wohnstätte zugewiesen bekommen. Sein Gipfelkrater ist

90 km breit, und deutlich sind die breiten Rinnen der Lavaströme zu erkennen, die sich in früheren Zeiten über die Abhänge bis weit in die Ebene hinein ergossen haben. Etwa 1500 km südöstlich von diesem Giganten sieht man in Äquatornähe drei nebeneinander aufragende, kaum weniger imposante Kolosse. Außer diesen Riesen gibt es viele kleinere Vulkane, deren Dimensionen nach irdischen Maßen aber immer noch gewaltig sind. Alle scheinen heute erloschen zu sein, denn im Inneren des kleinen Planeten hat sich kaum noch etwas von der anfänglichen Wärme erhalten.

Noch stärkere Superlative braucht man für die Beschreibung der im Osten an die Vulkane angrenzenden Region. Wer einmal Gelegenheit hatte, vom Rand des Grand Canyon im Westen der USA in diese größte Schlucht der Erde zu schauen, wo sich Klippen und Vorsprünge an den Rändern übereinandertürmen und den tief unten strömenden Fluß kaum noch erkennen lassen, der weiß, daß dieser Rundblick alle Vorstellungen übertrifft. Wie überwältigend muß dann erst das große Einbruchgebiet der *Valles Marineris* sein (so genannt nach den *Mariner*-Raumsonden), das die Marsoberfläche in einer Länge von 5000 km mit seinen zahlreichen Seitentälern, Verästelungen und chaotisch eingesunkenen Partien überzieht? Bis zu 6000 m, also fast viermal so tief wie im Grand Canyon, gehen die Höhenunterschiede. Unten fließt zwar kein Wasser, aber die Kameras der Orbiter haben uns die Einzelheiten so klar vor Augen geführt, daß wir die Spuren früherer Ströme noch an vielen Stellen verfolgen können. Da gibt es kielförmige Inselchen, die die Strömung in den breiten Flußbetten geformt hat, und an den Wänden sind die Abbrüche abgerutschten Materials zu sehen. Es ist eine Szenerie, in der sich viele von der Erde bekannte Formen in großem Maßstab wiederfinden. Auch außerhalb dieses Gebiets haben die Raumsonden eindeutige Spuren von fließendem Wasser entdeckt. Häufig kommen diese ausgetrockneten Flußläufe aus alten Kraterbecken, münden allerdings nicht in irgendwelchen ozeanartigen Senken, sondern verlieren sich irgendwo im Gelände. Das Thema »Wasser auf dem Mars« ist noch längst nicht ausdiskutiert. Waren es wirklich dauerhafte Flüsse, die da ihre Spuren hinterlassen haben? Oder waren es vorübergehende Schlammfluten, die nach Naturkatastrophen wie einem Vulkanausbruch oder dem Aufprall eines großen Meteoriten Grundwasserreservoire entleerten? Denn allgemein wird angenommen, daß es bis heute unter dem ständig gefrorenen Marsboden bis in große Tiefen reichende Eis- oder Wasservorräte gibt. Möglicherweise hat sich auch das Klima im Laufe langer Zeiten verändert, und es war früher einmal wärmer auf der Oberfläche. Heute variieren die Temperaturen in einem weiten Bereich zwischen $-120\,°C$ in den Polarzonen während des jeweiligen Winters und ca. $0\,°C$ an besonders geschützten Stellen am Äquator. Wegen des niedrigen Drucks der dünnen Atmosphäre von im Mittel 7 Millibar – das ist weniger als ein Hundertstel der Werte auf der Erde – liegen die Verdampfungstemperaturen niedriger als bei uns, und flüssiges Wasser kann es darum augenblicklich auf dem Mars nicht mehr geben, wohl aber etwas Wasserdampf. So hat man in einigen Gebieten auch Wolkenbildungen und nächtliche Reifablagerungen beobachtet, besonders an den Flanken hoher Berge, wo die am Tage aufsteigende warme Luft sich abkühlt und in Form von Eiskristallen wieder zu Boden sinkt.

Bei den großen Temperaturdifferenzen bilden sich zeitweise globale Stürme aus, die den feinen Silikatsand und Eiskristalle hochwirbeln und über große Entfernungen transportieren. Rings um die Pole haben sich auf diese Weise große Dünenfelder gebildet, und geschichtete Ablagerungen an steilen Abbrüchen zeigen die allmähliche Anhäufung von Material.

Die Beschreibung der Oberfläche wäre nicht vollständig ohne die Erwähnung der wunderbaren Bilder, welche die beiden *Viking*-Stationen der NASA von der Umgebung ihrer etwa 6500 km auseinanderliegenden Landestellen in zwei großen Ebenen auf der Nordhalbkugel des Mars gemacht haben. Der eigentliche Zweck dieser 1976 von zwei Orbitern abgesetzten Stationen war die Untersuchung von Bodenmaterial auf etwaige Lebensspuren. Es wurde schon erwähnt, daß alle Experimente negative Resultate lieferten. Dafür haben wir von den Kameras über einen Zeitraum von mehreren Jahren Bilder erhalten, die auch die kleinsten, jahreszeitlich bedingten Veränderungen am Boden aufspürten. Wir sehen eine von Geröll und bis zu einem Meter großen Steinen und Felsbrocken überdeckte ockerfarbene Landschaft, deren eintönige Öde eine gewisse Ähnlichkeit mit Steinwüsten auf der Erde hat. Von »Marsmenschen« bearbeitete Felsblöcke sind nicht zu sehen, wenn auch immer wieder anderslautende Sensationsmeldungen verbreitet werden. Die dabei gezeigten »Pyramiden« sind nicht größer als einige 10 cm, und die harten Schatten ihrer Kanten spiegeln allerhand Konturen vor, die bei anderer Beleuchtung verschwunden sind.

Die Marsmonde: Phobos und Deimos

Der rote Planet fliegt nicht ganz einsam durch den Raum. Zu seiner Begleitung hat er sich zwei winzige Satelliten zugelegt, die ihn in engem Abstand umkreisen und daher schwer zu sehen sind. Ihre Namen: *Phobos* (griechisch: Furcht) und *Deimos* (Schrekken), wie sie dem Gefolge des Kriegsgottes angemessen sind. Phobos ist knapp 6000 km von der Marsoberfläche entfernt, er umrundet Mars in gut 7 ½ Stunden, also sehr viel schneller, als dieser sich um seine Achse dreht. Deshalb geht er für einen Beobachter auf dem Mars mehrmals an einem Tag im Westen auf und im Osten unter. Etwas normaler benimmt sich der in 20 000 km Höhe einmal in 1 ¼ Tagen umlaufende Deimos. Beide sind längliche, kraterübersäte Gesteinsbrocken, deren Form Ähnlichkeit mit einer riesigen Kartoffel hat, Phobos mit einer Längsausdehnung von 28 km und Deimos von 15 km. Auf Phobos ist ein Einschlagkrater von 10 km Durchmesser zu sehen, bei dessen Entstehung der kleine Himmelskörper fast zerstört worden wäre. Beide Möndchen sind mit einer dicken Geröll- und Sandschicht bedeckt, dem sogenannten *Regolith*, den man auch auf dem Erdmond findet.

Die beiden schwer zu beobachtenden dunklen Monde wurden erst 1877 entdeckt, als Mars uns besonders nahe war. Der Amerikaner Asaph Hall fand die Winzlinge nach langer Suche mit einem Instrument der Sternwarte in Washington, unterstützt und immer wieder ermutigt von seiner Frau, zu deren Ehren man den großen Phoboskrater nach ihrem Mädchennamen *Stickney* taufte.

Mit den Träumen von einem freundlichen, bewohnten oder für uns bewohnbaren Himmelsnachbarn Mars ist es nach dem, was wir in den letzten Jahren gelernt haben, vorbei. Seine Kälte, die bis weit unter $-100\,°C$ fallen kann, seine dünne Kohlendioxidatmosphäre ohne Sauerstoff und seine Trockenheit bieten keine freundlichen Umweltbedingungen für uns Menschen. Trotzdem bereiten sich Wissenschaftler in der Sowjetunion wohl seit längerem auf einen bemannten Raumflug zu unserem Nachbarplaneten vor, indem sie Kosmonauten für lange Flugzeiten in einer Weltraumkapsel trainieren. Es wird sich um ein Unternehmen von ganz anderer Größenordnung handeln, als es die *Apollo*-Flüge zum Mond waren, denn die Reise zum Mars dauert statt einiger Tage 6–7 Monate, und zurück möchten die Astronauten nach ihrem Erkundungsaufenthalt ja auch wieder. Für den Rückstart müßte erheblich mehr Treibstoff mitgenommen werden als bei einem Mondflug, denn die Schwerkraft des Mars mit seiner größeren Masse hält alle Gegenstände auf seiner Oberfläche mehr als doppelt so stark fest wie der Mond. Man rechnet damit, daß ein solcher Flug frühestens im ersten Jahrzehnt des kommenden Jahrhunderts verwirklicht werden könnte. Sicher werden aber vorher unbemannte Raumsonden zu weiteren Erkundungsflügen und Landungen mit dem Ziel Mars starten. In der Sowjetunion bestehen Pläne, in den 90er Jahren automatische Fahrzeuge mit einem Aktionsradius von etwa 100 km auf die Marsoberfläche zu bringen, die vor allem die Beschaffenheit des Bodenmaterials feststellen und günstige Landeplätze erkunden sollen. Tieffliegende Ballone könnten besonders interessante Gebiete im Detail untersuchen, sogar an die Aufstellung einer Wetterstation ist gedacht. Bei den technologischen und finanziellen Anforderungen solcher Unternehmungen wird es sicher zu einer intensiven internationalen Zusammenarbeit kommen.

5. Kleinplaneten zwischen Mars und Jupiter

Ceres – die erste Entdeckung im neuen Jahrhundert

In dem Dächergewirr des Normannenpalastes in Palermo fällt die kleine Kuppel einer Sternwarte kaum auf. Dort saß in der Silvesternacht von 1800 auf 1801 der Astronom Giuseppe Piazzi frierend vor seinem Instrument und beobachtete den Himmel. Dabei machte er eine aufregende Entdeckung. Im Gebiet zwischen den Sternbildern Zwillinge und Stier fiel ihm ein Lichtpünktchen auf, das in seinen Sternkarten fehlte und das sich in den folgenden sechs Wochen gegenüber den Nachbarsternen weiterbewegte. Wegen schlechten Wetters und einer längeren Erkrankung verlor Piazzi das Objekt allerdings anschließend wieder aus den Augen. Obwohl erst wenige Beobachtungen vorlagen, gelang es dem damals gerade 24jährigen Göttinger Mathematiker Carl Friedrich Gauß, die Bahn des Himmelskörpers so genau zu berechnen, daß man ihn noch am 7. Dezember desselben Jahres am Himmel wieder auffand.

Ceres, so nannte Piazzi das neue Sternchen nach der antiken Schutzgöttin Siziliens, war der erste einer großen Zahl von Kleinkörpern, die später im Bereich zwischen Mars und Jupiter entdeckt wurden. Dort hatte man schon länger einen weiteren Planeten vermutet, der nach einer gewissen Gesetzmäßigkeit in den Abständen der bereits bekannten eigentlich dorthin gehörte. Goethe gibt in seinen »Maximen und Reflexionen« eine Bemerkung dazu wieder, die der schon vor der Entdeckung der Ceres gestorbene Georg Christoph Lichtenberg einmal gemacht hatte:

»In den großen leeren Weltraum zwischen Mars und Jupiter legte er [Lichtenberg] auch einen heitren Einfall. Als Kant sorgfältig bewiesen hatte, daß die beiden genannten Planeten alles aufgezehrt und sich zugeeignet hätten,was nur in diesen Räumen zu finden gewesen von Materie, sagte jener scherzhaft nach seiner Art: ›Warum sollte es nicht auch unsichtbare Welten geben?‹ Und hat er nicht vollkommen wahr gesprochen? Sind die neu entdeckten Planeten nicht der ganzen Welt unsichtbar, außer den wenigen Astronomen, denen wir auf Wort und Rechnung glauben müssen?«

Hier war sie also, die erste »unsichtbare Welt« – eine Kugel von knapp 1000 km Durchmesser. Kurz darauf folgten die Entdeckungen weiterer drei *Planetoiden*, wie man die neuen Himmelskörper nannte: in den Jahren 1802 (*Pallas*), 1804 (*Juno*) und 1807 (*Vesta*). Nicht Piazzi fand sie, sondern die Deutschen Wilhelm Olbers und Karl Ludwig Harding, beide ursprünglich als Arzt bzw. Theologe Amateurastronomen. Nach einer Pause von 38 Jahren ging es dann Schlag auf Schlag: 1870 waren schon 70 und um die Jahrhundertwende mehrere hundert Planetoiden bekannt. Heute verzeichnen die Listen über 5000. Die Gesamtzahl der anscheinend zu kleinen Größen immer zahlreicher werdenden Siedler zwischen Mars und Jupiter mag mehrere zehntausend bis zu hunderttausend betragen. Ihre gesamte Masse erreicht aber bei weitem noch nicht die Masse der Erde.

Ceres ist der weitaus größte, wenn auch nicht der hellste Planetoid. Die etwa halb so große Vesta ist uns im Mittel etwas näher und hat eine stärker das Sonnenlicht reflektierende Oberfläche. Wenn man genau weiß, wo man sie suchen muß, kann man sie in der Zeit ihrer Opposition mit bloßem Auge sehen; sie wird dann sogar etwas heller als der Planet Uranus. Für Ceres und ein paar mehr braucht man ein Fernglas. Die meisten Planetoiden sind aber selbst für Fernrohrbeobachter schwierige Objekte. Nur etwa 30 von ihnen sind größer als 200 km im Durchmesser, und nur die größten sind einigermaßen rund. Das Gros besteht aus unregelmäßig geformten Brocken, wie wir sie schon bei den kleinen Marsmonden Phobos und Deimos kennengelernt haben.

Planetoiden-Familien

Die Bahnen vieler dieser Kleinkörper sind keine Kreise, sondern z. T. sehr langgezogene Ellipsen, so daß manche auch in Erdnähe auftauchen und sogar bis in die Regionen von Venus und Merkur vordringen. Die meisten halten sich aber ständig zwischen Mars und Jupiter auf. Alle sind Mitglieder des Sonnensystems und aus der Scheibe des »Urnebels« aus Gas und Staub entstanden, und deshalb halten sie sich auch mehr oder weniger an die gemeinsame Ebene, die Ekliptik. Warum sind sie nicht im Laufe der Zeit wie die anderen Planeten zu einer großen Kugel, einem »normalen«

Planeten, zusammengewachsen? Daran ist vor allem wohl die große Masse des Jupiter schuld. Der Einfluß seiner Schwerkraft macht sich auch auf die Bahnen dieser Kleinkörper bemerkbar. So gibt es bestimmte Entfernungen von Jupiter, in denen die Bahnen sehr stabil sind. Dort sammeln sich daher viele Objekte an, was zu richtigen, sich deutlich voneinander abhebenden »Familien« geführt hat. Andererseits gibt es auch Bereiche, aus denen sie sofort wieder herausgeworfen werden. Dort entstehen Lücken, in denen sich keine Planetoiden aufhalten.

Besonders interessante Familien sind z. B. die *Apollo-Planetoiden*, die die Erdbahn kreuzen; einige von ihnen (*Amor*, *Eros*, *Adonis*) kommen gelegentlich der Erde relativ nahe. Die *Hilda-Planetoiden* bleiben dagegen immer zwischen Mars und Jupiter. *Icarus* – sein Name sagt es schon – nähert sich der Sonne bis auf nur knapp 30 Mio. km, kreuzt also die Merkurbahn. *Hidalgo* begibt sich andererseits in weite Fernen und stattet alle 14 Jahre dem Saturn einen Besuch ab. Eine Sonderstellung nehmen die *Trojaner* ein, die sich in zwei stabilen Punkten auf derselben Bahn wie Jupiter um die Sonne bewegen, in respektvollem Abstand von rund 800 Mio. km von dem großen Planeten. Die »Griechen« von *Achilles* bis *Odysseus* laufen vor Jupiter her, während die Kämpfer für Troja von *Anchises* bis *Troilus* dem Jupiter nachfolgen.

Die vier Raumsonden, die bisher über die Marsbahn hinaus vorgedrungen sind und die Region der Planetoiden durchflogen haben, sind keinem der kleinen Objekte so nahe gekommen, daß sie detaillierte Beobachtungen oder Aufnahmen machen konnten. Mit der 1989 gestarteten Jupitersonde *Galileo* hofft man, einigen von ihnen etwas näher auf die Haut zu rücken. Man vermutet, in ihnen noch sehr ursprüngliches Material aufzufinden, das dem ähnlich ist, aus dem vor 4 ½ Milliarden Jahren auch die erdähnlichen Planeten entstanden sind. So werden wir sicher manches über die Entstehungsgeschichte unserer Heimat Erde erfahren, sobald wir diese Kleinplaneten besser kennenlernen.

6. Die Welt des Jupiter

Der Herrscher des Olymps

Eines späten Abends fällt er uns im Osten auf, der helle, goldfarbene Jupiter, der in der Zeit zuvor nur den Morgenhimmel schmückte. In den folgenden Monaten werden wir ihn immer früher am Osthorizont entdecken, bis er schließlich schon in der Abenddämmerung aufgeht und in Opposition zur Sonne die ganze Nacht über leuchtet. Da er täglich einige Minuten früher untergeht, zieht er sich dann zunächst vom Morgenhimmel zurück, bis er schließlich schon in der Abenddämmerung unter den Horizont taucht und im Licht der Sonne unsichtbar wird. Erst nach einigen Wochen hat er sich wieder so weit von der Sonne entfernt, daß er morgens im Osten erscheint und anschließend in frühere Nachtstunden vordringt. Dieser Kreislauf wiederholt sich jeweils nach einem Jahr und 34 Tagen, der synodischen Umlaufzeit des Jupiter.

Wegen seines hellen Glanzes hatte er schon in der Antike eine Sonderstellung und galt in der Astrologie als Symbol glückhafter Ereignisse. Damit stand er in direktem Gegensatz zu dem Unheilbringer Mars. So läßt Schiller in seinem Drama »Wallensteins Tod« den sterngläubigen Feldherrn hoffen, daß sein Glücksstern Jupiter im Verein mit der Venus den unheilvollen Einfluß des zwischen den beiden Planeten stehenden Mars unwirksam machen könnte. »Jetzt haben sie den alten Feind besiegt und bringen ihn am Himmel mir gefangen«, sagt Wallenstein. Doch es half dem großen Feldherrn nichts, und als er bald darauf ermordet wurde, hielt Jupiter sich hinter Wolken verborgen.

Jupiter bildet mit seinen bisher bekannten 16 Monden eine kleine geschlossene Welt. Mit einem Äquatordurchmesser von 142 800 km ist der Riese gut elfmal so groß wie die Erde und enthält 318 Erdmassen. Damit beansprucht er knapp 70 % der Masse aller Planeten für sich. Größenmäßig steht er ziemlich genau zwischen Erde und Sonne, denn diese ist zehnmal größer als der Planet. Mit ihm beginnt die Reihe der vier Gasplaneten, die sich durch eine deutliche Lücke im Sonnenabstand von den vier inneren, festen Planeten absetzen. Dreieinhalbmal so weit ist er von unserem Zentralstern entfernt wie Mars. Das macht sich in der langen Zeit bemerkbar, die er für eine Reise um die Sonne braucht: Es sind 11 Jahre und 10 Monate. In dieser Zeit läuft er am Himmel einmal durch den Tierkreis, rückt also in jedem Jahr um ein Sternbild weiter. Seit Mitte 1990 bewegt er sich durch den Krebs und ist ab Mitte 1991 im Löwen zu finden. Diese Sternbilder stehen bei ihrer Kulmination im Süden ziemlich hoch am Himmel, und deshalb wird Jupiter in den nächsten Jahren während seiner Oppositionen, die dann in die Wintermonate fallen, besonders gut zu sehen sein.

Die gewohnte Vorstellung, die wir gewöhnlich von einem Planeten als einer festen Kugel haben, versagt bei Jupiter und auch bei dem auf ihn folgenden Saturn. Fast könnte man Jupiter als einen Stern bezeichnen, der nur zu klein geblieben ist, um ein Feuer in seinem Inneren zu entfachen und selbst zu leuchten. In seiner chemischen Beschaffenheit ähnelt Jupiter mehr der Sonne als der Erde und ihren Nachbarplaneten, denn er besteht zum überwiegenden Teil aus Wasserstoff, dem leichtesten und kosmisch häufigsten Element. Einen weiteren beträchtlichen Anteil macht das Edelgas Helium aus; alle sonstigen Elemente wie Kohlenstoff, Stickstoff, Sauerstoff, Schwefel und ein paar andere kommen nur in Spuren vor. Der Grund für diesen Unterschied liegt in den anderen »Umweltbedingungen« (geprägt durch den Sonnenabstand) bei seiner Entstehung und in seiner Größe. Während sich bei den kleineren Planeten der Wasserstoff im Laufe der Zeit in den Raum verflüchtigt hat, hält das gewaltige Schwerefeld des massereichen Riesen die leichten Atome in einer mächtigen Atmosphäre fest.

Im Fernrohr sehen wir Jupiter als eine Scheibe mit einem Muster heller und dunkler paralleler Streifen. Wir blicken hier nicht auf eine feste Oberfläche, denn die gibt es dort nicht, sondern in eine dicke Wasserstoff- und Heliumatmosphäre, in der verschiedenfarbige Wolken treiben. Auch darüber haben uns vier amerikanische Raumsonden detaillierte Kenntnisse vermittelt. Vor allem die beiden letzten, *Voyager 1* und *Voyager 2*, haben 1979 eine Fülle von Bildern und Daten zur Erde übertragen und allerhand Neues entdeckt. Anschließend sind sie zu Saturn weitergeflogen, den sie 1980/81 erreichten. Vielleicht ist *Voyager 2* das erfolgreichste Gerät, das bisher von Menschen in den Weltraum geschickt wurde, denn 1986 hat uns diese Sonde beim Vorbeiflug an Uranus mit vielen gestochen scharfen Bildern und Daten versorgt und im August 1989 den noch entfernteren Neptun aus der Nähe studiert.

Die *Voyager*-Bilder zeigen uns eine äußerst dynamische Atmosphäre, in der heftige »Jetströme« mit Geschwindigkeiten von mehreren hundert km/h die in verschiedenen Höhen treibenden Wolken um den Planeten jagen. Die hellen Streifen stammen wahrscheinlich von den am höchsten liegenden Wolken aus Ammoniakeiskristallen. Weiter unten werden die Wolken durch verschiedene schwefel- und phosphorhaltige Beimischungen gefärbt. Auch Methan und andere einfache Kohlenwasserstoffe wurden in der Atmosphäre entdeckt. Bei näherem Hinsehen lösen sich die Streifen in eine Vielfalt turbulenter Wirbel und diffuser Fahnen auf, die in den Streifen treiben. Berühmt ist vor allem der *Große Rote Fleck*, ein seit über 300 Jahren bekannter, etwa 30 000 km langer ovaler Wirbel, der seine Form und Ausdehnung im Laufe der Zeit zwar etwas veränderte, aber fast ständig zu sehen war. Welcher Mechanismus in diesem Tohuwabohu eine so beständige Struktur am Leben erhält, ist noch weitgehend unbekannt.

Der Druck der gewaltigen Atmosphäre steigt nach innen auf beträchtliche Werte an. Die Kameras der Raumsonden konnten nur bis in etwa 150 km Tiefe blicken, wo bräunlich gefärbte Wolken aus Eiskristallen treiben. Dort herrscht etwa der fünffache Druck der Erdatmosphäre. Weiter unten ist man auf Modellrechnungen angewiesen. Bei einer Tiefe von 1000 km wird der Wasserstoff flüssig, und weitere 25 000 km nach innen pressen ihn unvorstellbare Drücke von mehreren Millionen Bar in einen Zustand, bei dem er elektrisch leitend wird, also die Eigenschaft von Metallen annimmt. Wahrscheinlich liegt tief im Zentrum von Jupiter ein kleiner, sehr heißer Kern aus flüssigem Eisen und Silikaten.

In diesen Zentralgebieten ist auch der Ursprung des starken *Magnetfelds* zu suchen, das den Planeten wie eine riesige unsichtbare Hülle von mehreren Millionen km Durchmesser umgibt und an der sonnenabgewandten Seite in einen langen Schweif übergeht. Dieses Magnetfeld rotiert mit einer Periode von knapp 10 Stunden, und das ist auch die Rotationszeit des Planeten um seine Achse. Die rasche Drehung erzeugt erhebliche Zentrifugalkräfte am Äquator des Jupiter, die die Gaskugel an den Polen etwas zusammendrücken und am Äquator dicker werden lassen. Aufgrund dieser »Abplattung« ist der Äquatordurchmesser fast 9000 km länger als die Entfernung zwischen Nord- und Südpol.

Eine weitere bemerkenswerte Eigenschaft wurde in den Jahren 1954/55 entdeckt, als man in den USA die ersten Radioteleskope auf Himmelsobjekte richtete. Jupiter sendet eine intensive *Radiostrahlung* aus, die in seiner Magnetosphäre u. a. durch eine Wechselwirkung des Feldes mit Elektronen und anderen elektrisch geladenen Partikeln entsteht. Diese Strahlung besteht aus drei Komponenten. Der kurzwelligste Anteil im Bereich der Millimeter- und Zentimeterwellen geht auf die Infrarot-Wärmestrahlung der atmosphärischen Wolken zurück. Im Dezimeterbereich bis zu 70 cm Wellenlänge sind es sehr schnelle, von der Magnetosphäre eingefangene Elektronen, die um die Feldlinien spiralen und dabei eine sogenannte *Synchrotronstrahlung* aussenden. Eine dritte, unregelmäßige Strahlungskomponente wurde im Bereich von einigen Dutzend Metern Wellenlänge beobachtet. Sehr intensive Ausbrüche von Radiostrahlung fallen zeitlich mit bestimmten Stellungen des innersten großen Jupitermondes *Io* zusammen. Sie entstehen durch eine komplizierte Wechselwirkung mit diesem vulkanisch sehr aktiven Mond, der in seinem Inneren flüssig ist und eine hohe elektrische Leitfähigkeit besitzt. Bei seiner Bewegung im Magnetfeld des Jupiter entstehen elektrische Ströme, die zu der Emission der beobachteten Radiostrahlung führen.

Von allen diesen Vorgängen wußte man bis zur Mitte unseres Jahrhunderts nichts, erst die Radioastronomie und spezielle Meßgeräte der Raumsonden sind hier in aufregendes Neuland vorgestoßen. Dazu gehört auch die Entdeckung, daß Jupiter von einem Ringsystem umgeben ist. Es ist so fein, daß man es von der Erde aus mit normalen Teleskopen nicht wahrnehmen kann. Infrarotinstrumente haben die Ringe allerdings aufspüren können. Sie liegen dicht über der Jupiteratmosphäre innerhalb der Bahnen der Monde.

Am 7. Januar 1610 fand Galilei mit seinem selbstgebauten Fernrohr – einer damals noch ganz neuen Erfindung – drei winzige
Lichtpünktchen dicht neben Jupiter; einige Tage später hatte sich
ein viertes dazugesellt. Wegen der sich von Tag zu Tag ändernden
gegenseitigen Positionen zog er sehr bald den Schluß, daß es sich
um Satelliten des Riesenplaneten handeln müsse, und es gelang
ihm auch, mit geduldigen, sich über Monate erstreckenden Beobachtungen die Umlaufzeiten der vier Monde abzuleiten. Das war
damals ein sehr aufregendes Ergebnis, zeigte es doch, daß es außer
der Erde mit ihrem Mond noch weitere Himmelskörper gibt, um
die sich andere drehen. Zwar war das kein Beweis für das damals
noch sehr umstrittene neue Kopernikanische System mit der Sonne
als Zentrum, aber es weckte doch starke Zweifel an der bisherigen
Sonderstellung der Erde als Zentrum des Universums.

Etwa gleichzeitig machte der Ansbacher Hofastronom Simon
Marius die gleiche Entdeckung. Marius gab diesen vier Galileischen Monden die Namen *Io, Europa, Ganymed* und *Kallisto*. Wir
kennen sie aus der griechischen Mythologie, und alle vier Personen standen dem Olympier Zeus-Jupiter sehr nahe: die Hera-
priesterin Io, deren Namen wir noch im »Ionischen Meer« wiederfinden, Europa, die Zeus in Gestalt eines Stiers von Phönizien
nach Kreta entführte, sein jugendlicher Mundschenk Ganymed
und Kallisto, eine Gefährtin der jungfräulichen Göttin Artemis.
Man hat diesen Brauch beibehalten und auch die zwölf weiteren,
später entdeckten kleinen Monde nach Jupiter nahestehenden
Frauen und seinen Nährmüttern benannt.

Die heute insgesamt bekannten 16 Monde lassen sich in vier
Vierergruppen einteilen. Eng um Jupiter und unmittelbar an sein
Ringsystem anschließend laufen *Metis, Adrastea, Amalthea* und
Thebe um den Planeten. Bis auf die etwas größere Amalthea – in
der die Mythologie die Ziege sieht, mit deren Milch der gerade
geborene Gott Zeus in einer Höhle auf Kreta aufgezogen wurde,
um ihn den Nachstellungen seines Vaters Kronos-Saturn zu entziehen – wurden sie erst 1979 durch die *Voyager*-Sonden aufge-
spürt. Es sind bis zu 100 km große, unregelmäßige Objekte, und
alle vier umrunden Jupiter in weniger als einem Tag. Es folgen in

Abständen zwischen 400 000 und 1,9 Mio. km vom Jupiterzentrum die vier Galileischen Monde. Die nahezu kreisförmigen Bahnen dieser acht inneren Monde liegen ziemlich genau in der Äquatorebene des Jupiter und damit auch in der Ebene der Ekliptik, die nur um 3° von dieser abweicht. Wenn wir die großen Monde im Fernglas beobachten, sehen wir sie daher immer wie Perlen auf einer Schnur nebeneinander aufgereiht. Ihre Umlaufzeiten liegen zwischen 1,8 und knapp 17 Tagen, und ihre wechselnden Stellungen lassen sich daher von Tag zu Tag gut verfolgen. Hin und wieder ist ein Mond oder sind auch mehrere vor oder hinter der Jupiterscheibe verschwunden – deshalb hatte Galilei auch zunächst nur drei gesehen.

Sehr viel weiter entfernt sind die nicht mehr in der Äquatorebene umlaufenden nächsten vier Satelliten von Jupiter entfernt, nämlich zwischen 11,1 und 11,7 Mio. km, und wie die der äußersten vier sind ihre Bahnen deutlich exzentrische, d. h. längliche Ellipsen. *Leda, Himalia, Lysithea* und *Elara* sind zwischen 240 und 260 Tagen unterwegs, um Jupiter einmal zu umrunden, und alle waren schon vor den Raumflügen bekannt, die mit 16 km Durchmesser kleinste Leda allerdings erst seit 1974. Etwa den doppelten Jupiterabstand hat die letzte, wiederum eng zusammenstehende Vierergruppe *Ananke, Carme, Pasiphae* und *Sinope*. Im Gegensatz zu allen anderen laufen diese vier Monde in umgekehrter Richtung um den Planeten; sie brauchen dazu zwischen 617 und 758 Tagen. Die sehr lichtschwachen Pünktchen wurden wie auch die vorhergehende Gruppe alle erst in unserem Jahrhundert entdeckt. Über die zwölf kleinen Monde ist nicht allzu viel zu sagen, es sind feste, wahrscheinlich von Eis überzogene Objekte, die wir noch nicht aus der Nähe gesehen haben. In die Welt der Galileischen Monde lohnt es sich aber etwas näher einzudringen.

Die Galileischen Monde

Bis zum 3. Dezember 1973, als die erste Raumsonde, *Pioneer 10*, am Jupitersystem vorbeiflog, kannten wir von diesen vier Monden nicht viel mehr als ihre Bahneigenschaften und ihre Größen. Wie es auf ihnen aussieht, wie sie aufgebaut sind, aus welchem Material sie bestehen, das alles haben uns erst die beiden *Pioneer-* und

5 ½ Jahre später die beiden *Voyager*-Sonden gezeigt. Es sind beachtliche, hochinteressante Himmelskörper. Ganymed ist der größte Mond im Planetensystem; mit einem Durchmesser von 5262 km ist er größer als der Planet Merkur, und Kallisto ist nur unwesentlich kleiner. Io und Europa haben etwa die Größe unseres Erdmonds (3630 bzw. 3138 km Durchmesser). Die Galileischen Monde lassen sich auch in ihrer Struktur eher mit den terrestrischen Planeten vergleichen als mit ihren übrigen winzigen, unregelmäßig geformten Mondgeschwistern.

Jupiter und seine Begleiter sind gut fünfmal so weit von der Sonne entfernt wie die Erde, und nur knapp 4 % der bei uns eintreffenden Strahlungsintensität der Sonne erreicht die Oberflächen dieser Objekte. Es ist also sehr kalt dort mit Temperaturen um −150 °C, und drei der vier Satelliten sind mit einer viele Kilometer dicken Eiskruste überzogen. Auf allen sieht man die Spuren der frühen Meteoriteneinschläge, besonders auf der dunklen Kallisto, deren kraterbedeckte Oberfläche aus einem Gemisch von Eis und Silikatgestein zu bestehen scheint. Auf Ganymed und auf der sehr hellen Europa sind außer ein paar Kratern deutlich Risse, Gräben und Verwerfungen im Eis zu erkennen, ein Zeichen dafür, daß starke Spannungen im Inneren dieser Körper die Oberfläche im Laufe der Zeit umgeformt haben. Es ist ein noch nicht ganz gelöstes Rätsel, warum die drei Monde, bei denen man ähnliche Entwicklungsgeschichten vermuten sollte, heute so verschieden aussehen.

Der innerste Galileische Mond Io schlägt völlig aus der Art. Wie eine riesige rotgelbe, mit Tomaten und schwarzen Oliven belegte Pizza erschien er den Kameraaugen der Raumsonden. Die Rauchfahnen mehrerer aktiver Vulkane ragten wie große Pilze einige hundert Kilometer über seinen Rand empor, und auch auf der Scheibe waren deutlich Ausbrüche zu sehen. Wie sich herausstellte, werden die gelben und rötlichen Farben von Schwefel- und Schwefeldioxid-Ablagerungen hervorgerufen, die aus dem Inneren hochgeschleudert wurden. Sie bedecken den ganzen Mond mit einer dicken Schicht. Die schwarzen »Oliven« sind Vulkankrater.

Infolge der ständigen Emission von Material und Gasen ist Io von einer allerdings sehr dünnen, atmosphärenartigen Hülle um geben. Sie kann diese Hülle wegen ihrer geringen Anziehungskraft nicht festhalten, zumal da die Partikel mit großen Geschwindigkeiten ausgestoßen werden. So hat sich entlang ihrer Bahn ein großer, hauptsächlich aus ionisiertem, d. h. elektrisch geladenem Schwefel bestehender ringförmiger Wulst gebildet; sein Einfluß auf die Magnetosphäre des Jupiter wurde bereits erwähnt. Ein Teil des Schwefels scheint sich auf dem benachbarten kleinen Mond Amalthea abgelagert zu haben, der deutlich rötlich gefärbt ist.

Wie läßt sich Io, dieser ungewöhnliche Mond, erklären, der nicht kalt und tot wie die anderen ist? Er verdankt seine Aktivität seinen beiden Nachbarn Europa und Ganymed und einigen Besonderheiten der Bahnen. Wie die meisten anderen Monde wendet auch Io dem Jupiter immer dieselbe Seite zu. Das gilt allerdings nicht ganz genau, denn die Schwerkraft der beiden benachbarten Monde hat die Io-Bahn im Laufe der Zeit zu einer schwach exzentrischen Ellipse ausgezogen, und die Entfernung dieses Mondes vom Planeten ändert sich periodisch mit seiner Umlaufzeit von 42 Stunden ein wenig. Dadurch »wackelt« Io etwas hin und her, und die entstehenden Gezeitenkräfte führen zu erheblichen Deformationen der Oberfläche, die sich durch die dabei auftretende Reibungswärme erhitzt. Das Material im Inneren bleibt daher bis zu einer gewissen Tiefe flüssig, und das Magma wird aus den großen Vulkanöffnungen nach außen geschleudert. Auf diese Weise wird die Kruste von Io ständig umgepflügt, so daß heute keine Meteoritenkrater von früher mehr zu sehen sind.

Der erste Überblick, den die Raumsonden uns von dem gestreiften Riesen Jupiter und seinen Monden übermittelt haben, soll demnächst mit einer weiteren Raumfahrtmission vertieft werden. Die NASA-Sonde *Galileo* stand schon länger abrufbereit; ihr Start mußte wegen der *Challenger*-Katastrophe im Januar 1986 mehrmals verschoben werden. Mitte Oktober 1989 ist sie endlich von der Raumfähre *Atlantis* auf ihre weite Reise geschickt worden und wird 1995 bei Jupiter ankommen. Der Flugkörper soll eine Sonde in die Jupiteratmosphäre hinunterlassen und selbst als Orbiter über ein Jahr lang um den Planeten kreisen, dessen turbulente Oberfläche er ebenso wie die größeren Monde laufend beobachten wird. Die bisherigen Schnappschüsse werden sich damit zu einem kontinuierlichen Film ergänzen lassen, der uns über alle Vorgänge und zeitlichen Veränderungen informieren soll.

7. Saturn – das Juwel der Planeten

Der Herr der Ringe

Als äußerster der seit dem Altertum bekannten Planeten ist Saturn knapp zehnmal so weit von der Sonne entfernt wie die Erde und fast doppelt so weit wie sein Nachbar Jupiter. Die Intensität der Sonneneinstrahlung ist dort hundertmal schwächer als bei uns, und die Temperaturen sind entsprechend niedrig. Auch erscheint die Sonnenscheibe von Saturn aus zehnmal kleiner, als wir sie sehen. Trotzdem ist die Sonne auch dort das weitaus hellste Gestirn am Himmel.

Sehr langsam bewegt sich der Planet auf seiner neun Milliarden km langen Bahn um die Sonne, und zu einem Umlauf braucht er fast 30 Jahre. Deshalb legt er am Himmel jedes Jahr nur ein kleines Stück zwischen den Fixsternen zurück. Augenblicklich durchläuft er die südlichen Tierkreisbilder vom Schützen über den Steinbock zum Wassermann, den er 1993 erreichen wird. Er kommt also vorerst nie besonders hoch über den Horizont. Am besten sieht man ihn in den Wochen seiner Opposition, wenn er während der ganzen Nacht über dem Horizont steht. Allerdings fällt diese Periode vorläufig in den Sommer, die Jahreszeit der kurzen Nächte.

Fast so rasch wie Jupiter, nämlich in 10¼ Stunden, dreht sich Saturn um seine Achse, und in diesem Rhythmus wechseln dort auch Tag und Nacht miteinander ab. Mit einem Durchmesser von 120 000 km ist er nicht viel kleiner als Jupiter. Allerdings hat er nur ein Drittel der Jupitermasse, denn seine Dichte ist sehr viel kleiner. Mit 0,7 Gramm pro Kubikzentimeter ist sie geringer als die Dichte des Wassers, so daß der Planet in einem riesigen Bottich mit Wasser schwimmen würde. Wie Jupiter besteht Saturn hauptsächlich aus Wasserstoff und Helium, und seine Oberfläche ist ebenfalls gestreift, wenn auch nicht sehr ausgeprägt. Auch bei Saturn geht die dicke Atmosphäre, in der verschiedenartige Wolken treiben, direkt in flüssige Bereiche im Inneren über. Seine durch die hohen Zentrifugalkräfte am Äquator erzeugte Abplattung ist noch größer als bei Jupiter: Etwa 13 000 km ist sein Äquatordurchmesser länger als der von Pol zu Pol. Sein Magnetfeld ist zwar nicht so stark und ausgedehnt wie das des Jupiter, aber es ist vorhanden, und auch die zugehörige Radiostrahlung wurde beobachtet. Allerdings laufen die Vorgänge hier etwas anders ab als bei Jupiter, weil das ausgedehnte Ringsystem einen Teil der bei Jupiter beobachteten Radiostrahlung blockiert. Einen dem vulkanischen Jupitermond Io ähnlichen Begleiter kann Saturn auch nicht aufweisen, dafür ist das Ringsystem in dieser Ausprägung eine einmalige Erscheinung.

Neuere Photographien, besonders die schönen Farbphotos, welche die *Voyager*-Raumsonden von Saturn gemacht haben, weisen diesen Planeten mit seinem leuchtenden Ring als ein Juwel im Sonnensystem aus. Ein Blick durch ein normales Fernglas wird allerdings zu einer Enttäuschung; man muß schon ein sehr gutes Glas haben, wenn man auch nur einen Hauch davon sehen will. Etwa in derselben Lage war Galilei, als er im Juli 1610 sein Fernrohr auf Saturn richtete. Er sah links und rechts von der Planetenscheibe zwei henkelartige Auswüchse, konnte aber nicht richtig deuten, was das war. Seine Entdeckung veröffentlichte er dieses Mal in Form einer zusammenhanglosen Buchstabenfolge, die richtig geordnet den lateinischen Satz ergab: *Altissimum planetam tergeminum observavi* – ich habe den höchsten (= äußersten) Planeten dreigestaltig beobachtet. Erst ein halbes Jahrhundert später erkannte der Holländer Christiaan Huygens die »dreigestaltige« Form als einen ausgedehnten Ring, den man zunächst als eine Art Scheibe ansah. Schon um 1680 bemerkte allerdings Giovanni Domenico Cassini, der erste Direktor der Pariser Sternwarte, in der »Scheibe« eine Lücke, die nach ihm benannte *Cassinische Teilung*. Erst gut 100 Jahre später vermutete der Franzose Pierre Simon de Laplace aus Gründen der Himmelsmechanik, daß eine starre Scheibe nicht stabil sei, sondern daß es sich bei dem Saturnring um eine lose Ansammlung kleiner Steinchen und Brocken handele, gewissermaßen um eine Unzahl von Minimöndchen, die jedes für sich nach den Keplerschen Gesetzen um den Saturn laufen. Der wirkliche Beweis dafür wurde aber erst um die Mitte des 19. Jahrhunderts geführt. Die drei Raumsonden, die in den Jahren 1979 (*Pioneer 11*) und 1980/81 (*Voyager 1* und *Voyager 2*) an Saturn vorbeiflogen, enthüllten die Ringe als ein äußerst komplexes System von Tausenden feiner Einzelringe, die dem ganzen Gebilde eine gewisse Ähnlichkeit mit einer riesigen Schallplatte verleihen. Das Ringsystem reicht bis in sehr viel größere Entfernungen, als man von der Erde aus feststellen kann. In Distanzen von über 400 000 km von Saturn verliert es sich allmählich; eine genaue Grenze läßt sich nicht definieren. Viele Details in den Ringen haben den Astronomen Rätsel aufgegeben, an denen sie noch eine Weile zu knacken haben werden. Wie bei Jupiter dürfte auch hier das Magnetfeld eine gewichtige Rolle spielen.

Titanen und Schäferhundmonde

Die Schar der Monde, die den Ringplaneten umrunden, kann sich durchaus sehen lassen. Der größte der neun vor dem Besuch der Raumsonden bekannten Monde (*Titan*) wurde 1655 von Huygens entdeckt; Cassini fand zwischen 1671 und 1684 vier weitere (*Japetus*, *Rhea*, *Dione* und *Tethys*); William Herschel erblickte 1789 zum ersten Mal die beiden saturnnächsten (*Mimas* und *Enceladus*); die beiden äußersten (*Hyperion* und *Phoebe*) wurden 1848 bzw. 1898 entdeckt. Es ist etwas schwierig, die uns heute bekannte Zahl der Monde anzugeben, da einige kleine bisher nur einmal auf *Voyager*-Bildern gesehen wurden – etwa 20 werden es sein. Wahrscheinlich gibt es aber noch weit mehr winzige Monde, besonders im Bereich der Ringe, wo man sich einen fließenden Übergang zu den größeren Ringteilchen vorstellen könnte.

Wie bei Jupiter haben sich die Astronomen auch bei Saturn Mühe gegeben, die Namen seiner Begleiter sinnvoll auszuwählen. Saturn, in der griechischen Mythologie Kronos, war der ziemlich grausame Stammvater der olympischen Götter. Mit allerlei Tricks (er verschlang z. B. alle seine Kinder bis auf Zeus) suchte er das Orakel zu umgehen, das ihm geweissagt hatte, seine Nachkommen würden ihn vom Thron stoßen. Aber seine Kinder, zu deren Herausgabe er von Zeus gezwungen wurde (er mußte sie wieder

90

ausspeien), verbündeten sich mit den Giganten und anderen Ungeheuern und bekämpften unter der Führung von Zeus siegreich ihren Vater und dessen Titanen-Geschwister. Wir finden mehrere dieser mythologischen Gestalten, Giganten und Titanen, um den Planeten versammelt: Außer den schon genannten neun umkreisen die von den *Voyager*-Sonden entdeckten kleinen Monde *Prometheus, Epimetheus, Atlas, Kalypso, Telesto, Pandora* und *Helene* den Saturn.

Die neun großen Monde wurden von den *Voyager*-Sonden aus der Nähe photographiert, so daß wir sie heute in vielen Details kennen. Wenn sich auch auf allen diesen Objekten die Spuren der frühen Meteoriteneinschläge in die Oberfläche eingegraben haben, so zeigen sie doch auch viele Unterschiede. Ihre Durchmesser liegen zwischen 5150 km (Titan) und 200 km (Phoebe). Die Bahndurchmesser reichen von 185 000 km (Mimas) bis zu 13 Mio. km (Phoebe), die Umlaufzeiten um den Saturn von 23 Stunden bis zu 550 Tagen. Mimas zeichnet sich durch einen im Verhältnis zu seiner Größe riesigen Krater von 130 km Breite aus, bei dessen Entstehung die kleine Kugel (400 km Durchmesser) fast zerstört worden wäre. Auf den Oberflächen von Enceladus, Dione und Tethys, 500 bis 1000 km groß, sind außer den Kratern zahlreiche Furchen und Risse zu sehen. Der nach Titan größte Mond Rhea ist so lückenlos von Kratern bedeckt wie kein anderes Objekt im Sonnensystem. Die drei äußersten Monde Hyperion, Japetus und Phoebe umkreisen den Saturn in weitem Abstand. Hyperion ist ein unregelmäßig geformtes Objekt mit 400 km als größter Ausdehnung. Japetus und Phoebe sind wie die anderen großen Monde kugelförmig. Seltsam ist es, daß Japetus auf der einen Seite deutlich dunkler ist als auf der anderen. Das bemerkte Cassini schon bei der Entdeckung: Er sah den Himmelskörper nämlich nur auf der einen Seite des Saturn, wenn er den Beobachtern seine helle Seite zuwendet. Bis heute weiß man nicht recht, woher diese Asymmetrie kommt.

Phoebe scheint eher ein verirrter Planetoid als ein echter Mond zu sein; seine umgekehrte Laufrichtung und die große Neigung seiner Bahnebene gegen die Äquatorebene des Saturn, in der sich fast alle anderen Monde bewegen, machen ihn zu einem Außenseiter.

Die kleinen, erst vor kurzem entdeckten Monde laufen größtenteils innerhalb der Bahn von Mimas im Bereich der Ringe. Ein paar davon üben dort eine besondere Funktion aus: Mit ihrer Schwerkraft grenzen sie einige Ringe ein und verhindern, daß Materie nach außen verlorengeht. Man nennt sie deshalb auch »Schäferhundmonde«. Andere laufen auf derselben Bahn wie ein großer Mond, bleiben aber immer in gleichem Abstand, so daß sie nicht mit ihm zusammenstoßen können.

Ein Sonderfall ist Titan, der zwischen Rhea und Japetus seine Bahn um den Saturn zieht. Er übertrifft den Planeten Merkur an Größe und hebt sich damit deutlich von seinen Geschwistern ab. Das Besondere ist aber seine dicke Atmosphäre, die am Boden einen Druck von 1,6 Bar, also mehr als die Erdatmosphäre, ausübt. Sie besteht hauptsächlich aus Stickstoffmolekülen und ist so dicht, daß wir die Oberfläche von Titan nicht sehen können. Dort könnte es bei Temperaturen um $-180\,°C$ Methan- oder Ammoniakseen geben, doch hat man bisher dafür noch keine Beweise. Die amerikanische Weltraumbehörde NASA plant für Mitte der 90er Jahre mit dem Unternehmen *Cassini* einen Raumflug zu dem entfernten Saturnsystem. Die europäische Raumfahrtagentur ESA wird eine spezielle Sonde (*Huygens* genannt) beisteuern; sie soll die Atmosphäre dieses hochinteressanten Saturnmonds genauer untersuchen.

8. Die Sonnenfernen: Uranus, Neptun, Pluto

Herschel entdeckt Uranus

Es war mehr eine Zufallsentdeckung, die William Herschel, Mitglied der Royal Society in London, am 13. März 1781 bei einer systematischen Durchmusterung des Himmels machte. Er stellte fest, daß sich ein »Stern« im Gebiet zwischen dem Stier und den Zwillingen gegenüber den benachbarten Sternen fortbewegte. Zunächst hielt er den Lichtpunkt für einen Kometen, aber sehr bald merkte er, daß es sich um einen Planeten handelte, den ersten, der die Reihe der schon seit der Antike bekannten Planeten fortsetzte. Aus Dankbarkeit für seinen Gönner, König Georg III. von England, wollte Herschel ihn »Georgium Sidus«, Georgs Stern, nennen; man nahm dann aber den von dem Berliner Astronomen Johann Bode vorgeschlagenen Namen *Uranus*. Der Planet hätte schon viel früher gefunden werden können, denn er ist gerade noch mit bloßem Auge zu sehen, und tatsächlich ist er in älteren Sternkarten, allerdings als Fixstern, verzeichnet. Die alten Positionsmessungen leisteten später bei der Bahnberechnung gute Dienste und trugen mit zu der sensationellen Entdeckung des Neptun bei.

Uranus, der im Fernrohr als grünliches Scheibchen ohne irgendwelche Struktur erscheint, umkreist die Sonne ungefähr im doppelten Saturnabstand und braucht zu einem Umlauf 84 Jahre. Seine Bewegung zwischen den Sternen fällt daher wenig auf; nur etwa alle 7 Jahre wechselt er von einem Tierkreisbild in das nächste. Bis zur Jahrhundertwende wird er durch den Schützen und Steinbock laufen. Er steht also wie Saturn sehr ungünstig am Südhimmel und kommt bei uns nicht hoch über den Horizont.

Uranus ist mit einem Durchmesser von 52 000 km knapp halb so groß wie Saturn und gehört damit zu den Riesenplaneten. Er weist eine Besonderheit im Planetensystem auf: Die Achse seiner gut 17 Stunden dauernden Rotation liegt fast in seiner Bahnebene, so daß er gewissermaßen wie ein Rad in dieser Ebene abrollt. Das hat für seine Oberfläche extrem lange Jahreszeiten zur Folge. 42 Jahre lang werden die Pole abwechselnd ständig von der Sonne beschienen, und 42 Jahre liegen sie dann in Dunkelheit. Trotzdem scheint es keine größeren Temperaturunterschiede auf dem Planeten zu geben, da eine kompakte Atmosphäre für einen effektiven Wärmeaustausch über den ganzen Globus sorgt. Bei der großen Sonnenentfernung dürfte es aber kaum »wärmer« als $-210\,°C$ sein, denn die Intensität der Sonneneinstrahlung ist dort auf weniger als 3 Promille des Wertes auf der Erde gesunken.

Wie Jupiter und Saturn besitzt auch Uranus keine erdähnliche Oberfläche. Unter einer etwa 7000 km dicken Atmosphäre aus Wasserstoff-Molekülen, Helium und etwas Methangas liegt eine 10 000 km dicke Schicht aus gefrorenem Wasser, Methan- und Ammoniakeis. Der zentrale Kern scheint aus Eisen und Silikatgestein zu bestehen.

Zwei weitere Eigenschaften verbinden Uranus mit den anderen großen Planeten. Wie diese ist er von einem Ringsystem umgeben, das allerdings nicht so ausgeprägt ist wie bei Saturn, und wie diese wird er von vielen Monden begleitet. Herschel spürte, sechs Jahre nachdem er den Planeten gefunden hatte, auch die beiden größten Monde *Titania* und *Oberon* auf (Durchmesser 1610 und 1550 km). Ihre Namen wurden nicht der griechischen Mythologie entnommen, sondern stammen aus Shakespeares »Sommernachtstraum«. Die englische Literatur macht sich auch bei den beiden 1851 von William Lassell entdeckten Monden *Ariel* und *Umbriel* bemerkbar: Den Luftgeist Ariel finden wir in Shakespeares »Sturm«, Umbriel hat seinen Taufpaten in dem Epos »The Rape of the Lock« (der Lockenraub) von Alexander Pope. Die kleine, schwer zu beobachtende *Miranda* mußte bis 1948 auf ihre Entdeckung durch Gerard Kuiper, einen bekannten holländischen Planetenforscher, warten. Auch dieser Name kommt in Shakespeares »Sturm« vor.

Die fünf Monde waren bis vor einigen Jahren für uns nur schwache Lichtpunkte. Den Kameras der *Voyager 2*-Sonde, die dem Uranussystem am 24. Januar 1986 begegnete, haben sie sich als vereiste, von Kratern und Furchen überzogene Objekte mit Durchmessern zwischen 1600 und 500 km gezeigt, wie wir sie ähnlich schon bei Jupiter und Saturn kennenlernten. Der kleinste von ihnen, Miranda, hat allerdings mit der Vielfalt seiner Oberflächenstrukturen für Überraschung und Erstaunen gesorgt. Mit seinen Kratern, Bergen, Klippen und parallelen Wällen sieht er aus, als sei er aus Stückchen von sämtlichen Monden des Planetensystems zu einem riesigen Fleckerlteppich zusammengesetzt worden. Rechteckige Felder erscheinen wie von Giganten gepflügte Äcker, eine 5 km hohe Klippe überragt den Rand der Kugel, große Hochebenen sind von tiefen Canyons durchzogen und wechseln mit tiefer liegenden Gebieten ab. Man ist noch weit davon entfernt, die Entstehung dieser einmaligen Oberflächenformationen zu verstehen.

Neun schmale Ringe, die sich eng um den Planeten legen, wurden schon 1977 von der Erde aus entdeckt, zwei weitere sehr feine fand die *Voyager*-Sonde bei ihrem Vorbeiflug. Sie scheinen aus relativ großen vereisten Brocken zu bestehen, die sich wie die Ringteilchen des Saturn auf eigenen Bahnen um Uranus bewegen

94

Da – wie wir seit kurzem wissen – auch Neptun von einem Ringsystem umgeben ist, sind Ringe bei den vier großen Planeten die Regel. Eine weitere wichtige Entdeckung waren zehn kleine, unregelmäßig geformte Monde. Alle umkreisen den Planeten im Bereich zwischen seiner Oberfläche und dem innersten größeren Mond Miranda mit Umlaufzeiten von weniger als einem Tag. Mit einer Ausnahme haben sie alle Namen aus Shakespeares Dramen und Komödien bekommen: *Cordelia, Ophelia, Bianca, Cressida, Desdemona, Juliet, Portia, Rosalind* und *Puck* umschweben den griechischen Urgott Uranus. Die Ausnahme, *Belinda*, gehört wie der große Bruder Umbriel in den »Lockenraub« von Pope. Schon der Dichter hatte die gleichnamige Dame für wert befunden, einen Platz unter den Sternen einzunehmen – nach fast 300 Jahren ist ihr nun diese Würdigung zuteil geworden.

Die Zeitspanne von wenigen Stunden, während der *Voyager 2* dem Uranussystem nahe genug war, um Detailbeobachtungen zu machen und Messungen durchzuführen, hat dazu ausgereicht, uns eine Fülle erstaunlich scharfer Bilder und neuer Daten von dieser kleinen Welt zu übermitteln. Vorerst sind keine weiteren Raumflüge dorthin geplant. Aber das, was man erfahren hat, ist wieder ein wertvoller Beitrag nicht nur zur Kenntnis dieses noch vor gut 200 Jahren unbekannten Planeten, sondern auch zu dem Bild, das man von der Entstehung und Entwicklung des Planetensystems zusammenzustellen versucht.

Der blaue Neptun

Am 23. September 1846 fand der Berliner Astronom Johann Gottfried Galle den nach dem antiken Gott der Meere Neptun benannten achten Planeten. Der Entdeckung war eine aufregende systematische Suche vorausgegangen, die in einem früheren Kapitel dieses Buches (S. 33/34) ausführlich beschrieben ist. 143 Jahre später – der weit entfernte Planet hatte inzwischen die Sonne auf seiner langen Bahn noch nicht wieder ganz umrundet – näherte sich ihm ein kleiner, von Menschen gebauter und 12 Jahre zuvor auf seine Reise geschickter Flugkörper, um sich den blauen Riesen aus der Nähe anzuschauen und das, was er sieht und mißt, mit Hilfe eines nur mit 20 Watt strahlenden Senders zur Erde zu funken.

Über vier Stunden brauchten die mit Lichtgeschwindigkeit reisenden Signale, bis sie in den frühen Morgenstunden des 25. August 1989 von den größten Radioteleskopen auf der Erde aufgefangen wurden, deren riesige Antennen solch schwache Piepser noch registrieren können.

Damit beendete die erfolgreiche Raumsonde *Voyager 2* ihre 1977 begonnene Odyssee durch das Planetensystem, die sie aufgrund einer seltenen, günstigen Konstellation der vier großen äußeren Planeten wie eine Billardkugel von Jupiter über Saturn und Uranus zu Neptun katapultierte. Nun fliegt sie in noch entferntere Räume und wird uns vielleicht bis ins nächste Jahrhundert mit Informationen über ihre Umwelt versorgen, bis ihr endgültig die »Puste«, d. h. die zum Senden nötige Energie, ausgeht. Kannten wir bis vor kurzem kaum mehr von Neptun als seine Bahn, seine ungefähren Dimensionen, einen großen und einen kleinen Mond sowie die Andeutung von ein paar Ringbögen, so haben wir dank der *Voyager 2*-Sonde, die in knapp 5000 km Höhe über den Nordpol des Planeten flog und dem großen, Ende 1846 entdeckten Mond *Triton* bis auf 38000 km nahekam, eine Fülle von Details kennengelernt.

Seine fast kreisförmige Bahn führt Neptun mit einer Periode von 165 Jahren in einer Distanz von 4,5 Mrd. km, dem dreißigfachen Abstand Sonne–Erde, um die Sonne. Mit einem Durchmesser von 48600 km ist er nur wenig kleiner als sein innerer Nachbar Uranus. Man hatte die beiden bislang für recht ähnliche Geschwister gehalten, zumal auch die Rotationsperioden um ihre Polachsen, mit denen sich Tag und Nacht abwechseln, mit 17,2 Stunden (Uranus) bzw. 16 Stunden (Neptun) kaum verschieden voneinander sind. Bei näherem Kennenlernen durch die *Voyager 2*-Sonde stellte sich allerdings heraus, daß damit die Ähnlichkeiten fast erschöpft sind. Neptun zeigte vor allem mit seiner äußerst dynamischen Atmosphäre so viel Unerwartetes, daß man auch auf Unterschiede im Aufbau und bei den Vorgängen im Inneren und damit auf eine etwas andere Entwicklungsgeschichte schließen muß. Vorerst stehen die Wissenschaftler noch vor vielen Rätseln, andererseits ist die Datenflut, die wir erst vor kurzem durch den Vorbeiflug der Raumsonde erhielten, noch nicht annähernd ausgewertet.

Schon mehrere Wochen vor der eigentlichen Begegnung, als sich

Abb. I: *Photo der Voyager-1-Sonde vom Planeten Jupiter aus 28 Mio. km Entfernung. Deutlich sichtbar ist das Streifenmuster, das von strömenden Wolken (Ammoniakeiskristalle und durch Phosphor gefärbte Substanzen) erzeugt wird. Auffallend ist der Wirbel des »Großen Roten Flecks«. Vor der Planetenscheibe ist der Mond Io zu sehen.*

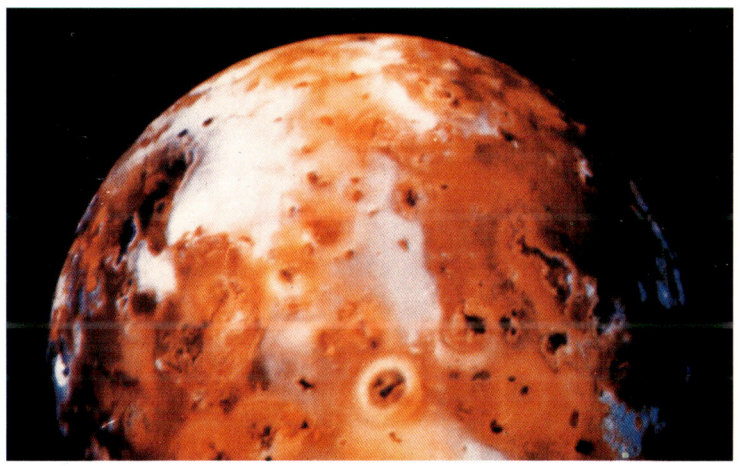

Abb. II: *Der Jupitermond Io ist der innerste der vier großen Galileischen Monde. Auf diesem Voyager-1-Bild ist seine mit Schwefelablagerungen bedeckte Oberfläche, die ihm das Aussehen einer Pizza verleiht, deutlich zu erkennen. Aktive Vulkane erscheinen als dunkle »Oliven« auf der Pizza.*

Abb. III: *Die Sonde Voyager 1 photographierte den Planeten Saturn beim Anflug aus 24 Mio. km Entfernung. Das Ringsystem mit der »Cassinischen Teilung«, einer Lücke im Ringsystem, ist gut zu erkennen. Unten links sind gegen den dunklen Himmel zwei Saturnmonde zu sehen.*

Abb. IV: *Die totale Sonnenfinsternis vom 31. 7. 1981, aufgenommen in Kasachstan (UdSSR). Der Mond (dunkle zentrale Scheibe) deckt das Licht der hellen Sonne ab; so wird die äußere Sonnenatmosphäre, die weit in den Raum hinausragende Korona, sichtbar. Ihre »Strahlen« deuten die Richtung der Kraftlinien des Sonnenmagnetfeldes an, an denen entlang sich die ionisierten, d. h. elektrisch geladenen Atome des heißen Koronagases bewegen.*

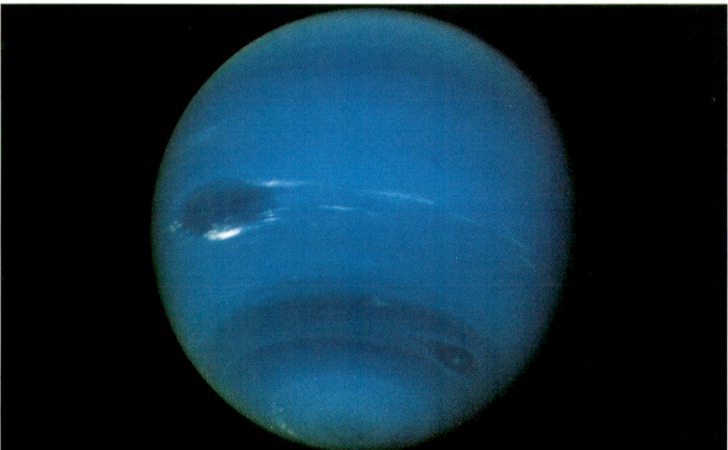

Abb. V: *Der blaue Planet Neptun, von Voyager 2 Mitte August 1989 etwa eine Woche vor der größten Annäherung photographiert. Heftige Strömungen in der Planetenatmosphäre machen sich durch rasch bewegte helle Wolken bemerkbar; ein großer dunkler Fleck ist Anzeichen eines riesigen Wirbels in der Größe des Erddurchmessers.*

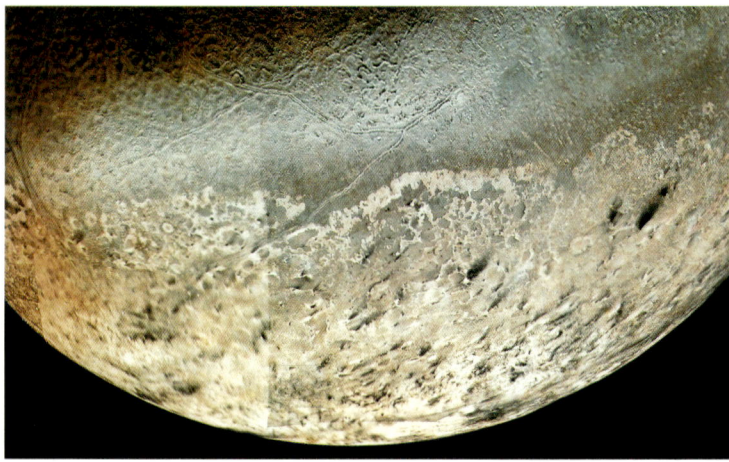

Abb. VI: *Der große Neptunmond Triton, von Voyager 2 aus 38 500 km Entfernung photographiert. Auf diesem aus mehreren Einzelaufnahmen zusammengesetzten Bild des südlichen Teils ist die komplizierte Struktur der wohl hauptsächlich aus gefrorenem Stickstoff bestehenden Oberfläche gut zu erkennen. Dunkle Stellen wurden als Eisvulkane gedeutet, die dunkleres Material aus dem Inneren des Mondes an die Oberfläche schleudern. Weiter sind Risse, Gräben und kraterähnliche Formen zu sehen.*

Abb. VII: *Die Plejaden im Sternbild Stier. Das Photo zeigt die hellsten Mitglieder dieses etwa 300 Sterne enthaltenden Offenen Haufens in 400 Lichtjahren Entfernung. Er ist mit 70 Mio. Jahren kosmisch gesehen sehr jung. Die blauen Schleier um die hellsten Sterne sind Staubhüllen, die das Licht der in ihrem Inneren stehenden Sterne streuen.*

Abb. VIII: *Der Helix-Nebel im Sternbild Wassermann ist ein Planetarischer Nebel, d. h. die abgestoßene Hülle eines alternden Sterns. Die Hülle besteht im wesentlichen aus Wasserstoff und Helium mit etwas Sauerstoff, Stickstoff und anderen Gasen. Diese Objekte haben ihre Bezeichnung, da sie in kleinen Fernrohren ähnlich wie die Scheibchen von Planeten aussehen. Die Gase werden von dem sehr heißen Zentralstern im Inneren der Hülle zum Leuchten angeregt. Wahrscheinlich wird unsere Sonne in etwa 7–8 Milliarden Jahren durch diese Phase zu ihrem Endstadium, einem Weißen Zwerg, laufen.*

Abb. IX: *Die Große Magellansche Wolke, eine Satellitengalaxie unseres Milchstraßensystems, steht in 170000 Lichtjahren Entfernung im Sternbild Dorado am Südhimmel. Sie ist von unseren Breiten aus nicht sichtbar. Die Galaxie hat eine unregelmäßige Struktur und ist bedeutend kleiner als unsere Galaxis.*

Im Januar 1987 flammte im Tarantelnebel, der großen, auf dem Bild rechts unten sichtbaren Gaswolke, eine Supernova auf. Ein sehr massereicher Stern hatte damit in einem gigantischen Lichtausbruch seine kosmische Laufbahn beendet.

Abb. X: *Das Instrument des Max-Planck-Instituts für Radioastronomie bei Effelsberg in der Eifel ist derzeit das größte in allen Richtungen frei bewegliche Radioteleskop; seine Antennenschüssel hat einen Durchmesser von 100 m. Radioteleskope werden nicht durch das Tageslicht gestört und können Tag und Nacht »beobachten«. Auch Wolken und trübes Wetter stören sie nicht. Sie werden nicht nur zur Beobachtung von Himmelsobjekten eingesetzt, sondern für verschiedene Zwecke, z. B. zum Auffangen der schwachen Signale von weit entfernten Sonden, die unser Planetensystem erforschen.*

das Fluggerät mit seiner über 3 ½ m großen Antennenschüssel seinem letzten Ziel näherte, schaute der blaue Planet die Sonde mit einem riesigen dunklen Auge an. Beim Näherkommen entpuppte sich dieses bläuliche Oval von der Größe der Erde als ein gewaltiger Wirbelsturm in der Atmosphäre, ähnlich dem *Großen Roten Fleck* des Jupiter. Die hauptsächlich aus Wasserstoff und etwas Helium bestehende atmosphärische Hülle erhält ihre einmalige blaue Farbe durch einen relativ hohen Anteil von Methangas, das den rötlichen Teil des einfallenden Sonnenlichts herausfiltert.

Schon im Juli 1989 entdeckten die Kameras beim Näherkommen den ersten von sechs Monden, der mit einem Durchmesser von 420 km sogar etwas größer ist als der seit 1949 bekannte Mond *Nereide*. Man kann ihn aber von der Erde aus nicht sehen, da er in relativ engem Abstand von knapp 100 000 km um den Planeten läuft und von dessen Licht überstrahlt wird, während Nereide auf ihrer länglichen Bahn zeitweise etwa 100mal so weit von Neptun entfernt ist. Deshalb braucht Nereide auch fast ein Jahr zu einem Umlauf, während der neue Mond es in gut einem Tag schafft. Erstaunt stellten die Wissenschaftler fest, daß dieser nicht wie alle größeren Monde im Planetensystem kugelförmig ist, sondern eine unregelmäßige Form hat.

Kurz vor der größten Annäherung der Raumsonde wurden fünf weitere kleinere Möndchen mit Durchmessern zwischen etwa 200 und 50 km gefunden, die Neptun in noch engerem Abstand umkreisen, der innerste nur 24 000 km über der Neptunoberfläche. Diese kosmischen Winzlinge gleichen in der Form mehr riesigen Kartoffeln und sind schwarz wie Kohle. Ferner zeichnete sich ein System von fünf Ringen nach und nach immer deutlicher ab. Spuren davon hatte man schon vor einigen Jahren von der Erde aus wahrgenommen. Nun waren drei äußere scharf begrenzte Ringe und zwei diffusere Gebilde weiter innen zu sehen, von denen sich eine schmale, aus Staubteilchen bestehende Scheibe bis dicht an die Obergrenze der Neptunatmosphäre erstreckte. In dem Bereich dieser Ringe, die alle innerhalb der Bahn des größten neuen Mondes liegen, laufen auch die fünf anderen Monde um den Planeten; ihre Umlaufzeiten betragen nur wenige Stunden. Damit war bewiesen, was man schon vorher vermutet hatte: Alle vier äußeren Riesenplaneten sind nicht nur mehr oder weniger reich beringt, sondern auch von einem stattlichen Hofstaat von Trabanten umgeben. Den Rekord hält Saturn mit seinem ausgedehnten, vielseitigen Ringsystem und einer Schar von mindestens 20 Monden.

Als *Voyager 2* am 24. und 25. August 1989 mit einer Geschwindigkeit von zuletzt fast 100 000 km/h auf Neptun zu sauste, wurde die blaue Kugel unter den Kameraaugen immer riesiger; zuletzt lag das nördliche Polargebiet knapp 5000 km unter der Sonde. Das ist eine sehr kurze Distanz, wenn man bedenkt, daß unsere geostationären Fernseh- und Wettersatelliten in 36 000 km Höhe stehen. Keinem anderen der vier großen Planeten ist je eine Sonde so nahe gekommen. So ergab sich ein detailreicher Blick auf die stürmische Neptunatmosphäre, wo in 50 bis 75 km Höhe treibende Wolken aus fein verteilten Methaneiskristallen mit Orkangeschwindigkeiten bis zu 1000 km/h über den Globus brausen. Woher der Planet die gewaltige Energie nimmt, um diese Dynamik in Gang zu halten, ist noch rätselhaft. Die Sonneneinstrahlung, die bei uns das Wettergeschehen bestimmt, reicht in so großen Entfernungen dazu bei weitem nicht aus. Es muß im Inneren des Planeten Wärmequellen geben, die den Antriebsmotor von unten her speisen. Verwegene Möglichkeiten wurden schon erwogen, darunter ein Vorgang, bei dem sich große Diamantvorräte im Inneren anhäufen würden. Sie könnten sich unter hohem Druck aus Kohlenstoff bilden, der mit verschiedenen Kohlenwasserstoffen (z. B. Methan) zum Zentrum der Kugel »fällt« und dabei aus dem Molekülverband frei wird. Wie weit das richtig ist, wird sich noch zeigen müssen, und Schatzsucher sollten sich vorerst noch zurückhalten.

Fünf Stunden nach der Begegnung mit Neptun überflog *Voyager 2* den großen Mond *Triton*, der mit einem Durchmesser von 2720 km nicht ganz die Größe des Erdmonds erreicht (3476 km). Triton war seit seiner Entdeckung durch seine ungewöhnliche Bahn aufgefallen. Er bewegt sich nämlich entgegengesetzt zur normalen Laufrichtung im Planetensystem, der alle Planeten und großen Monde folgen. Sein Abstand vom Mittelpunkt des Neptun, 354 000 km, ist etwas kürzer als der Abstand unseres Mondes von der Erde. Man hatte erwartet, eine seit langem erstarrte, inaktive und eher »langweilige« Eiskugel vorzufinden. Nun stellte sich heraus, daß Triton eine bewegte Vergangenheit hinter sich hat und bis in die jüngste Zeit, vielleicht sogar bis heute, gewisse geologische Aktivitäten (Vulkanismus) zeigte. Kalt ist es dort allerdings sehr; seine Oberfläche scheint mit einer Temperatur von nur 33° über dem absoluten Nullpunkt – das sind −240 °C – die kälteste im Sonnensystem zu sein, kälter noch als die des äußersten Planeten Pluto. Grund dafür mag die sehr helle Oberfläche von Triton sein, die über die Hälfte des einfallenden Sonnenlichts wieder in den Weltraum zurückwirft. Eine sehr dünne Atmosphäre aus Stickstoff und Methan umgibt den Mond mit einem fast durchsichtigen, zarten Dunstschleier. Deutlich sichtbar lag eine unglaublich bizarre, vielfältig strukturierte Oberfläche unter dieser Hülle und zeigte eine Skala von rosa und bläulichen Farbtönen, wie man sie nirgendwo sonst im Planetensystem gesehen hatte. Lange Gräben und Verwerfungsrillen überziehen die Kugel, die wahrscheinlich früher beim Erkalten aufgerissen ist, so daß aus den Spalten ein Eisbrei zur Oberfläche quoll und sich über große Flächen ergoß. Die von anderen Monden gewohnten Meteoritenkrater fehlen praktisch – ein Hinweis darauf, daß die Oberfläche von Triton geologisch jung ist und sich immer wieder umgebildet hat. Es scheint dort Seen aus flüssigem Stickstoff zu geben mit Inseln aus gefrorenem Methan. Viele kreisrunde Senken deuten auf Einbrüche der Kruste hin. Sehr rätselhaft sind dunkle, bis zu 75 km lange und 50 km breite Flecken in der Umgebung des Südpols, der gegenwärtig von der Sonne beschienen wird. Vielleicht wurde (oder wird?) dort in einer Art von Eisvulkanismus flüssiger Stickstoff hochgeschleudert und reißt dunkles Material aus tieferen Schichten mit sich, das die dünne Atmosphäre verwirbelt. Natürlich müßte noch geklärt werden, auf welche Weise sich Energievorräte unter dieser kalten Oberfläche erhalten haben. Falls, wie man vermutet, Triton erst später von Neptun eingefangen wurde, könnten Gezeitenkräfte die Kugel durchwalkt und erwärmt haben. Die Theoretiker haben noch viel zu tun, um die überraschenden Beobachtungen zu deuten. Es ist faszinierend, daß sich unter den Monden unseres Planetensystems so ganz unterschiedliche Objekte mit einigen »Exoten« wie dem Jupitermond Io mit seinen Schwefelvulkanen, dem Saturnmond Titan mit seiner mächtigen Stickstoffatmosphäre und dem Neptunmond Triton mit seiner kalten, aber dennoch jungen und vielseitigen Oberfläche bilden konnten.

Seit dem 25. August 1989 nimmt die letzte der vier Raumsonden, die bisher die äußeren Planetensysteme erforscht haben, Kurs ins All und verschwindet auf Nimmerwiedersehen. Außer ein paar Staubpartikeln und etwas Gas wird ihr nichts begegnen; vielleicht kommt zunächst noch hin und wieder ein Komet des Weges. Mehrere hunderttausend Jahre werden vergehen, bis sich ein Fixstern aus der Nähe zeigt. Ob allerdings ein außerirdisches Lebewesen diese merkwürdige kosmische Flaschenpost bemerken wird, die auf einer Videoplatte eine (hoffentlich) allgemeinverständliche Information über unsere Erde und ihre Bewohner enthält – wir wissen es nicht und werden es wohl nie erfahren.

Pluto – ein Außenseiter

Der letzte der auf neun Mitglieder angewachsenen Planetenfamilie, Pluto, ist in jeder Hinsicht ein Außenseiter. Fast alle seine Eigenschaften weichen von denen der übrigen Planeten ab. Er ist nicht nur der weitaus kleinste; mit einem Durchmesser von 2200–2300 km ist er sogar kleiner als mehrere Monde einschließlich unseres Erdmonds und ein Zwerg neben den äußeren großen Planeten. Auch seine Bahn paßt in Form und Lage nicht in das Schema der übrigen Planetenbahnen. Schließlich hat er einen Mond, der mit einem Durchmesser von 1200 km etwa halb so groß ist wie er selbst, so daß man fast von einem Doppelplaneten sprechen kann. Sicher hängt das alles mit seiner Entstehung zusammen; manche Wissenschaftler halten ihn für einen früheren Neptunmond, der seinem Planeten ausgerissen ist. Von einer sicheren Theorie ist man allerdings noch weit entfernt.

Zunächst schien sich für Pluto eine ähnliche Entdeckungsgeschichte anzubahnen wie für Neptun. Man hatte wie damals vermutet, daß ein weiterer Planet die immer noch nicht restlos erklärten Abweichungen der beobachteten Uranusbahn von den Berechnungen verursachen könnte. Seit dem Ende des 19. Jahrhunderts bemühten sich einige Astronomen um dieses Problem, besonders der Amerikaner Percival Lowell, der in seinem Observatorium in Flagstaff im Westen der USA ein eigenes Instrumentarium für die Suche nach dem hypothetischen Himmelskörper einrichtete – sie blieb aber ohne Erfolg. Erst 1930, 14 Jahre nach

100

Lowells Tod, fand der an derselben Sternwarte arbeitende 24jährige Clyde Tombaugh den Planeten, als er kurz vorher belichtete Platten mit einem besonderen Gerät nach Planetoiden untersuchte. Das Objekt, das ihm dabei auffiel, unterschied sich von diesen viel näheren Kleinkörpern zwischen Mars und Jupiter durch seine deutlich langsamere Bewegung zwischen den Fixsternen. So wurde es Tombaugh bald klar, daß er Lowells Planeten gefunden hatte, nicht allzuweit von der vorausberechneten Stelle im Sternbild Zwillinge entfernt. Man gab dem neuen Himmelskörper den Namen des griechischen Gottes der Unterwelt, Pluto, der mit seinen Anfangsbuchstaben »Pl« auch an *Percival Lowell* erinnern soll. Allerdings stellte sich später heraus, daß es doch eine Zufallsentdeckung war. Pluto, dessen Größe man zunächst weit überschätzt hatte, besitzt viel zuwenig Masse, um die Unregelmäßigkeiten im Lauf des Uranus über so große Distanzen zu bewirken. – Nebenbei finden wir hier ein besonders groteskes Beispiel für die Arbeitsweise der Astrologen, die dem Planeten wegen seines Namens unheilvolle Wirkungen zuschreiben. Er erhielt diesen ja wesentlich wegen der beiden Anfangsbuchstaben »Pl«.

Pluto läuft in einem mittleren Abstand um die Sonne, der das Vierzigfache der Entfernung Sonne–Erde beträgt. Das ist etwa die doppelte Uranusentfernung. Seine Bahnellipse ist allerdings so exzentrisch, daß seine Sonnenentfernung zwischen dem Fünfzigfachen und dem Dreißigfachen der Distanz Sonne–Erde schwankt. Augenblicklich durchläuft er auf seinem 37 Mrd. km langen Weg um die Sonne, den er in 248 Jahren zurücklegt, gerade den sonnennächsten Abschnitt und befindet sich zwischen 1979 und 1999 sogar *innerhalb* der Neptunbahn. Trotzdem wird er mit diesem Planeten nie zusammenstoßen, da die Bahnen der beiden Objekte nicht in derselben Ebene liegen und eine bestimmte Resonanz, d. h. Kopplung, es verhindert, daß sie sich jemals treffen. Immer wenn Pluto näher an der Sonne ist als Neptun, verläuft sein Weg weit von Neptun entfernt über eine Milliarde km außerhalb von dessen Bahnebene. Seit seiner Entdeckung hat Pluto erst eine kurze Strecke seiner Bahn zurückgelegt und ist vom Sternbild Zwillinge bis in das Gebiet zwischen Schlange und Waage nördlich des Tierkreises weitergewandert. Für den Amateurbeobachter hat das alles wenig Bedeutung, denn Pluto ist selbst in seiner Sonnennähe nicht so hell, daß man ihn mit kleinen Instrumenten beobachten könnte. Die Fachastronomen nutzen jedoch diese günstigen Jahre, um den Planeten gründlich zu studieren.

Eine kleine Sensation war die Entdeckung seines bisher einzigen bekannten Mondes *Charon* im Jahre 1978, der sich auf einer Photoplatte, die auch auf der Sternwarte in Flagstaff aufgenommen worden war, als kleine längliche Ausbuchtung im Bild des Pluto verriet. Er umläuft seinen Planeten im engen Abstand von knapp 20 000 km und erschien deshalb auf der Platte nicht von diesem getrennt. Seine Umlaufzeit um Pluto, 6,4 Tage, stimmt mit der Periode der Achsendrehung von Pluto – der Dauer des »Plutotags« – überein. Dies ist eine im Planetensystem einmalige Kopplung. Bei vielen Monden, so auch beim Erdmond, sind Umlaufzeit und eigene Rotationsdauer gleich (*gebundene Rotation*).

Was wissen wir sonst noch über Pluto, der uns nur als schwaches Lichtpünktchen von seinem Dasein in Kenntnis setzt? Eine Raumsonde wird so bald nicht in seine Nähe kommen, und da er sich in den nächsten 124 Jahren wieder von uns entfernt, werden die Beobachtungsbedingungen für lange Zeit ungünstiger. Die Astronomen müssen sich deshalb auf ihre konventionellen Methoden beschränken.

Auf unterschiedliche Weise – mit der Analyse von Spektren, der Messung der *Wärmestrahlung* im Infrarotbereich u. a. – ließen sich Beschaffenheit und Temperatur der Oberfläche bestimmen. Danach ist diese zwischen −214 °C und −219 °C kalt, und der Planet ist von einer Kruste aus hartgefrorenem Wasser- und Methaneis bedeckt. Das ist nicht verwunderlich, wenn man bedenkt, daß die Sonne dort nicht als großer goldener Ball am Himmel steht, sondern nur als allerdings sehr hell leuchtendes Scheibchen von etwa doppelter Jupitergröße. Die Intensität des Sonnenlichts beträgt in der augenblicklichen Plutoentfernung gut 1 Promille der bei uns einfallenden Strahlung und sinkt bis zur Sonnenferne auf $\frac{1}{3}$ Promille ab. Das Methaneis, das schon bei viel tieferen Temperaturen als Wassereis verdampft, kann bei dem sehr niedrigen Druck der Plutoatmosphäre zum Teil direkt in Methangas übergehen und bildet eine zwar weit in den Raum reichende Hülle aus extrem verdünntem Gas, die unter irdischen Normalbedingungen aber nur 10 m dick wäre. Der Mond Charon scheint eine ähnliche Oberfläche zu haben, eine Atmosphäre fehlt wie bei allen kleinen Objekten im Sonnensystem, deren Schwerkraft nicht ausreicht, um die Gasmoleküle festzuhalten.

Hin und wieder wird über die Existenz eines noch weiter entfernten zehnten Planeten spekuliert. Nach allem ist es sehr unwahrscheinlich, daß es ihn gibt bzw. daß wir ihn aufspüren werden. Wäre er sehr weit entfernt, dann würde er sich wegen seiner langsamen Bewegung kaum von einem Stern unterscheiden, und gäbe es ihn in größerer Nähe, dann hätte man ihn wahrscheinlich längst gefunden. Andererseits deuten aber unerklärte kleine Abweichungen von der theoretischen Bahn der äußersten Planeten auf die Existenz eines noch unbekannten »Planeten X« hin, und immer wieder überraschen uns Entdeckungen, an die vorher niemand gedacht hat. Darum sollte man mit Voraussagen vorsichtig sein.

9. Vagabunden am Himmel: Die Kometen

Geschichte und Gegenwart

Sie hatten schon immer den Ruf des Extravaganten. Sie tauchen plötzlich auf, geschmückt mit einem leuchtenden Schweif, und verabschieden sich nach Wochen oder Monaten, häufig auf Nimmerwiedersehen. Man sah die Kometen stets als Verkünder großer Ereignisse an, meist als unheilvolle, manchmal aber auch als gute Vorzeichen. Warum wäre sonst der Stern von Bethlehem so oft als Komet dargestellt worden? Es ist allerdings ziemlich sicher, daß zur Zeit von Christi Geburt (d. h. sieben Jahre vor unserer Zeitrechnung) kein Komet am Himmel stand. Wahrscheinlich sind die Drei Weisen aus dem Morgenland dem damals dicht zusammenstehenden Paar Jupiter und Saturn gefolgt.

So zweifelhaft wie ihr Ruf, so unklar war auch lange ihre Herkunft und ihre Natur. Alles am Himmel lief geregelt ab, war berechenbar – nur die Kometen tanzten aus der Reihe. Daher konnten sie nicht, so meinte man, zu den »echten« Himmelskörpern jenseits des Mondes gehören. Man hielt sie bis ins 16. Jahrhundert für heiße Ausdünstungen der Erdatmosphäre. Erst 1577 gelang dem großen dänischen Himmelsbeobachter Tycho Brahe mit Hilfe von Richtungsmessungen eines sehr hellen Kometen die Feststellung, daß dieser Komet weiter von der Erde entfernt war als der Mond. Damit erlöste er die Kometen von ihrem irdischen Dasein und stellte sie in die Weiten des Raums. Hundert Jahre später zeigte Isaac Newton, daß sie nach denselben Gesetzen um die Sonne laufen wie die Planeten. Ihre Bahnen sind meist sehr *langgestreckte* Ellipsen, auf denen sie sich, oft aus großen Entfernungen, der Sonne nähern. In einem Brief an die Marquise du Châtelet aus dem Jahre 1738, in dem der französische Dichter und Philosoph Voltaire den Übergang zur neuzeitlichen Astronomie behandelt, finden wir ein Gedicht über die Newtonsche Mechanik. Ein Vers bezieht sich auf die Kometen:

> Comètes que l'on craint à l'égal du tonnerre,
> Cessez d'épouvanter les peuples de la Terre :
> Dans une ellipse immense achevez votre cours ;
> Remontez, descendez près de l'astre des jours ;
> Lancez vos vœux, volez, et, revenant sans cesse,
> Des mondes épuisés ranimez la vieillesse.

> *(Kometen, lang gefürchtet als finstre Drohgebärde,*
> *hört auf, uns zu erschrecken auf unsrer kleinen Erde.*
> *Vollendet euren Lauf in der Ellipsenbahn,*
> *die euch aus fernen Räumen läßt unsrem Tagstern nah'n.*
> *Fliegt grüßend fort – und stets in ewger Wiederkehr*
> *bringt neues Leben ihr den alten Welten her.)*

Höchst eigenartige Objekte sind die Kometen in der Tat. Das, was wir von ihnen sehen – ein milchiges Lichtfleckchen mit einem oft sehr langen schimmernden *Schweif* –, ist das Geringste an ihnen, eine sehr dünne Hülle, die nur entsteht, wenn sie der Sonne nahekommen. Der eigentliche Komet, ein nur wenige Kilometer großer Kern, der fast die ganze Materie enthält, sitzt unsichtbar im

Zentrum der als *Koma* bezeichneten sphärischen Hülle. Er besteht aus einem lockeren, porösen Gemisch von Eis und einem kleinen Anteil anderer gefrorener Gase, in das kleine Partikel und größere feste Brocken eingelagert sind. Das Ganze ist einem riesigen verschmutzten Schneeball vergleichbar.

Helle Kometen, die am Himmel eine auffällige Erscheinung bilden, sind selten, so selten, daß es bis heute eine Sensation geblieben ist, wenn einmal einer auftaucht. Ganz falsch wäre es aber, daraus den Schluß zu ziehen, daß es nur wenige Kometen gäbe. Mit den heutigen Beobachtungsmöglichkeiten und bei dem Fleiß vieler Amateurastronomen werden immerhin in jedem Jahr bis zu zehn *neue* (d. h. vorher noch nie beobachtete) Kometen entdeckt, aber auch das ist noch viel weniger als die sprichwörtliche Spitze eines Eisbergs. Aus einer Statistik aller bekannten Kometenbahnen läßt sich ableiten, daß das gesamte Sonnensystem bis in große Distanzen von einem riesigen Schwarm solch kleiner Kometenkerne umgeben sein muß; ihre Gesamtzahl wird auf 100 Milliarden bis zu einer Billion geschätzt. Sie bilden fast eine Brücke bis in die Region der Fixsterne, gehören allerdings eindeutig noch zum Sonnensystem, wenn die äußersten auch über 1000mal so weit von der Sonne entfernt sein dürften wie der äußerste Planet Pluto. An den unsichtbaren Strängen der Schwerkraft werden sie von ihr festgehalten wie die Erde und die Planeten. Sie bewegen sich weit draußen sehr langsam und brauchen bis zu mehrere Millionen Jahre, um die riesige Strecke eines einzigen Umlaufs zurückzulegen. Natürlich gibt es keine Möglichkeit, diese selbst ja nicht leuchtenden kleinen Dinger dort zu sehen – nur theoretisch lassen sich diese Zahlen ermitteln. Das letzte Wort ist daher über ihre Herkunft noch nicht gesprochen.

Wir würden vielleicht nie etwas von ihnen erfahren haben, wenn sie nicht hin und wieder in ihrer Ruhe gestört würden. In sehr großen Zeitabständen kommen andere Sterne in ihre Nähe, und so ein Stern beginnt dann durch seine Schwerkraft einen Konkurrenzkampf mit der Sonne. Dabei wird ein Teil der Kometen wie ein Mückenschwarm durcheinandergerüttelt, und es wird dem fremden Stern gelingen, einige zu sich herüberzuziehen; andere wird die Sonne näher zu sich heranholen. Nach einer Reise von vielen tausend Jahren kommen dann ein paar Kometen der Sonne so nahe, daß sie deren Licht reflektieren und wir sie sehen. Der vorher inaktive Eisball erwärmt sich dabei, und von seiner Oberfläche dampfen Gase ab, die kleine Staubteilchen mit sich reißen. So erscheint das uns vertraute Bild: eine riesige leuchtende Hülle von bis zu 100 000 km Durchmesser, von der sich bei großen Kometen ein langer Schweif manchmal bis in Entfernungen von 100 Mio. km vom Kern weit über den Himmel erstreckt (Abb. 2). Die Sonne preßt mit ihrer Strahlung und den Teilchen des *Sonnenwindes*, die sie emittiert, die Bestandteile des Schweifs von sich weg. Daher schleppt ein Komet seinen Schweif nicht *hinter* sich her; dessen Richtung wird allein von der Sonne bestimmt. Nach diesem kurzen Gastspiel kehren die meisten Kometen in die Weiten des Raums zurück.

Der Halleysche Komet

Wir alle haben im Frühjahr 1986 erlebt, wie der berühmte *Halleysche Komet* sich der Sonne und damit auch der Erde genähert hat. Manche haben ihn vielleicht sogar gesehen, obwohl er meist sehr ungünstig am Südhimmel stand. Er gehört zu den Kometen, die auf ihrer Reise zur Sonne einem der großen Planeten sehr nahe gekommen sind. Diese können mit ihrer Schwerkraft die Bahnen der Kometen so verändern, daß die Gäste aus der Ferne nicht mehr in ihre entlegene Heimat zurückkehren können, sondern fortan in kleineren Ellipsen um die Sonne laufen. Sie sind dann *periodisch* geworden und tauchen in regelmäßigen Abständen von mehreren Jahren wieder in unserer Nähe auf. Da der massereiche Jupiter einen besonders großen und weitreichenden Einfluß ausübt, hat er viele Kometen in seinen Bereich gezogen.

Edmund Halley, ein Freund Newtons, hat gegen Ende des 17. Jahrhunderts zum ersten Mal Kometenbahnen in größerem Stil berechnet. Dabei merkte er, daß sich die Bahnen einiger heller Kometen, die in den Jahren 1531, 1607 und 1682 beobachtet worden waren, auffallend glichen. Er zog daraus den Schluß, daß es sich dabei um *ein und dasselbe* Objekt handeln müsse, und er war sich seiner Sache so sicher, daß er die Wiederkehr des Kometen für das Jahr 1758 voraussagte. Seinen Triumph konnte Halley nicht mehr erleben, denn er starb 1742 hochbetagt. Am 1. Weihnachtstag des von ihm genannten Jahres fand der in der Nähe von

Dresden lebende Bauer und Amateurastronom Johann Georg Palitzsch den Kometen im Sternbild Fische, und in den Tagen danach entdeckten ihn mehrere weitere Beobachter. Der berühmte Komet, der seitdem Halleys Namen trägt, besucht uns etwa alle 76 Jahre. Bei Rückrechnungen seiner Bahn in die Vergangenheit stellte sich heraus, daß man den Kometen schon seit dem Jahre 240 v. Chr. bei jeder Wiederkehr gesehen hatte, zunächst nur in China, Korea und Japan, später auch in europäischen Ländern.

Heute kennen wir Hunderte von periodischen Kometen. Sie alle müssen teuer dafür bezahlen, daß sie sich hin und wieder in Sonnennähe zu großem Glanz entfalten dürfen. Bei jedem Umlauf verlieren sie nämlich etwas von ihrer Materie, werden dadurch immer kleiner und sind nach einigen tausend oder zehntausend Jahren zerstört. Man hat auch beobachtet, daß Kometen in mehrere Stücke zerbrechen. Solche Bruchstücke verteilen sich über die ursprüngliche Bahn und können uns, wenn die Erde dieses Gebiet durchkreuzt, als Meteore erscheinen. Es kommt sogar vor, daß Kometen, die sich allzu nahe an die Sonne heranwagen, buchstäblich in sie hineinfallen. Kameras auf erdumkreisenden Satelliten haben solche Vorgänge, die von der Erdoberfläche aus nicht sichtbar sind, photographiert.

Wir sind nach wie vor weit davon entfernt, diese ungewöhnlichen Mitglieder des Sonnensystems wirklich zu kennen. Große Fortschritte brachten die Untersuchungen der fünf Raumsonden, die im März 1986 dem Halleyschen Kometen entgegengeflogen sind. Zum ersten Mal hat die Kamera der europäischen Sonde *Giotto*, die sich dem Kometen bis auf 600 km nähern konnte, einen Kometen*kern* wirklich gesehen und Bilder davon zur Erde übertragen. Wir erkennen auf diesen Photos ein kartoffelförmiges etwa 15 km langes Objekt, von dessen Oberfläche zwei helle, von der Sonne beleuchtete »Jets« von Staub und Gasen wie Fontänen emporschießen (Abb. 1). Viele unserer bisherigen Vorstellungen wurden damals durch die Beobachtungen und Messungen bestätigt, aber es gab auch einige Überraschungen, und die Interpretation der Daten, die damals zur Erde übertragen wurden, ist noch nicht abgeschlossen. Auch hier liegen Pläne vor, in internationaler Zusammenarbeit weitere Flüge zu anderen Kometen durchzuführen, denn »Halley« wird uns erst im Jahre 2062 wieder besuchen.

10. Materie zwischen den Planeten

Sternschnuppen und Himmelssteine

Beim nächtlichen Spaziergang kann es vorkommen, daß man plötzlich am klaren Himmel eine Lichtspur aufblitzen sieht, und ehe man sie noch recht wahrgenommen hat, ist sie schon wieder erloschen. Es heißt, man solle sich dabei etwas wünschen, aber wer nicht schon einen Wunsch parat hat, dem wird so rasch kaum einer einfallen, und es würde wohl auch nicht viel Aussicht auf Erfüllung bestehen.

Mit Sternen haben sie gar nichts zu tun, diese *Sternschnuppen*, und kaum kann man sie den astronomischen Bereichen zurechnen. Zwar handelt es sich um »Staub« aus dem Weltall, aber das Aufleuchten spielt sich in der Ionosphäre in Höhen zwischen 80 und 120 km ab, also in den äußeren Bereichen der Erdatmosphäre. Die millimeter- bis zentimetergroßen Partikel dringen mit hohen Geschwindigkeiten bis zu 70 km pro Sekunde in unsere Lufthülle ein und verglühen durch die entstehende Reibungswärme. Dadurch werden auch die Luftteilchen entlang ihrer Bahn zum Leuchten gebracht, und vor allem ist es diese Leuchtspur, die wir sehen. Hin und wieder wird auch ein sehr helles Aufflammen beobachtet. Solche seltenen *Feuerkugeln* unterscheiden sich von den schwächeren Sternschnuppen nur durch ihre Größe, die nach oben kaum begrenzt ist. Allerdings nimmt ihre Häufigkeit mit zunehmender Größe rasch ab, so daß Objekte von über 100 m Durchmesser nur alle paar Millionen Jahre auf die Erde stürzen. Von ihnen droht uns keine Gefahr, und auch von einem kleineren Himmelsstein ist wohl noch nie ein Mensch getroffen worden, obwohl es Berichte von erschlagenem Vieh und zerstörten Dächern gibt.

Während die kleinen Partikel mehr oder weniger stark durch den Luftwiderstand gebremst werden, sich wenig erhitzen und sanfter auf die Erde herabrieseln, fallen die größeren fast ungebremst durch die Luft. Sie werden daher sehr heiß und glühend, verdampfen Material an ihrer Oberfläche und stürzen mit großer Gewalt auf die Erde. Einige werden als Meteorite gefunden und wandern in die Laboratorien der Wissenschaftler, die sie »auf

Herz und Nieren« untersuchen, oder werden in Museen ausgestellt. Bis vor kurzem waren sie die einzigen materiellen Boten aus dem Weltall, die uns direkt erreichen. Inzwischen haben amerikanische Astronauten und unbemannte sowjetische Raumsonden Material vom Mond zurückgebracht, und es ist wohl nur eine Frage der Zeit, wann uns Bodenproben vom Mars, von Kometen oder von Planetoiden aus zukünftigen Raumfahrtunternehmen zur Verfügung stehen.

Mehrere Stellen der Erde legen Zeugnis davon ab, daß in der langen Geschichte unseres Planeten auch immer wieder Riesenmeteorite mit Durchmessern bis zu mehreren 100 m auf die Erde gestürzt sind und große Krater erzeugt haben, wie wir sie vom Mond und von vielen anderen Himmelskörpern im Sonnensystem kennen. Ihre Spuren sind auf der Erde durch Erosion und die Überwucherung mit Pflanzen fast unkenntlich geworden. Zwei Beispiele haben wir in Süddeutschland allerdings direkt vor der Haustür: das *Nördlinger Ries* und das *Steinheimer Becken*, beide am Rand der Schwäbischen Alb. Um die Stadt Nördlingen im Zentrum ist das 23 km große Kraterrund noch gut an seinem bewaldeten, etwa 150–200 m über den Kessel hochragenden Wall zu erkennen. Vor ungefähr 15 Millionen Jahren ist dort ein riesiger Meteorit auf die Erde gestürzt und hat dabei den Krater ausgeworfen. Etwa gleich alt ist das 3,5 km große Kraterbecken bei Steinheim nördlich von Ulm. In der Umgebung findet man viele Tektite, die aus Material bestehen, das während des Aufpralls aufgeschmolzen wurde oder verdampfte und anschließend zu einer glasartigen Substanz kondensierte.

Den eindrucksvollsten Meteoritenkrater kann man in einem wüstenartigen Gebiet im US-Bundesstaat Arizona besichtigen. Im Jahre 1871 standen die ersten Weißen staunend am Rand des 1200 m breiten und 175 m tief in den Sand eingegrabenen Kessels, an dem vorher nur die Indianer auf ihren Pferden vorbeigaloppiert waren. Zunächst war noch nicht sicher, ob es sich um einen Meteoritenkrater handelte, doch bei späteren Untersuchungen fand man bis in große Tiefen von mehreren 100 m metallisches Material; ein großes Bruchstück dieses ursprünglich wohl mehrere hunderttausend Tonnen schweren Eisenmeteoriten ist im Nationalmuseum für Naturgeschichte in Paris ausgestellt. Das Alter des Kraters wird auf 40 000–50 000 Jahre geschätzt. Dieses einzigartige Schaustück unserer geologischen Vergangenheit ist heute ein beliebtes Touristenziel, zumal da es nicht allzu weit vom Grand Canyon entfernt ist.

Wir brauchen aber gar nicht so weit in die Vergangenheit zu gehen, um die Spuren eines großen Meteoriteneinschlags zu finden. Am 8. Juni 1908 erfüllte ein weithin hörbares Donnergetöse die kaum besiedelten Gebiete nahe der Steinigen Tunguska, einem Zufluß des Jenissej in Zentralsibirien. Reisende der etwa 700 km weiter südlich verlaufenden Transsibirischen Eisenbahn berichteten damals von einer hellen Feuerkugel am Himmel, und die Seismographen registrierten über viele tausend Kilometer hinweg die durch eine gewaltige Stoßwelle ausgelöste Erschütterung. Erst 19 Jahre später drang eine sowjetrussische Expedition bis in das unzugängliche Waldgebiet vor. Die Teilnehmer fanden im Umkreis von 40 km alle Bäume wie Strohhalme abgeknickt und in radialer Richtung nach außen liegend. Trotz ausgiebiger Suche waren aber keinerlei Bruchstücke eines Meteoriten zu entdecken. Man vermutete daher, daß hier ein (vorwiegend aus Eis bestehender) Komet mit der Erde kollidiert sei. Von dieser Annahme sind allerdings einige Wissenschaftler neuerdings aufgrund gewisser Indizien wieder abgerückt. Sie glauben, daß doch ein großer, fester Meteorit in einigen Kilometern Höhe über dem Erdboden in kleine Teile zerplatzt ist, die beim Herunterfallen verdampften. Ein Krater habe sich deshalb nicht gebildet, und die beobachteten Verwüstungen gingen auf die Wirkung der Druckwelle zurück. Ganz gelöst ist das Rätsel des flachgelegten Waldes in Sibirien allerdings immer noch nicht.

Kleinere und größere Meteorite findet man überall auf der Erde. Reichliche Vorkommen hat man in der letzten Zeit im Eis der Antarktis entdeckt, wo die einzelnen Himmelssteine mit den Eismassen, auf die sie fielen, weitergewandert sind und sich an bestimmten Stellen abgelagert und über sehr lange Zeiträume angesammelt haben. In jedem Jahr »schießen neue wie Pilze aus dem hellen Untergrund hervor«, wie es kürzlich ein Wissenschaftler beschrieb, denn die im Sommer abschmelzenden Eisschichten lassen Verborgenes sichtbar werden. Die durch keinerlei Erosion veränderten Objekte bilden eine Fundgrube für die Wissenschaftler.

Die Meteorite, die man bisher gefunden hat, bestehen aus sehr unterschiedlichem Material. Die meisten (über 90 %) sind *Stein-meteorite* mit einem hohen Anteil an Silikaten. Unter ihnen gibt es eine kleine Gruppe mit einem relativ hohen Gehalt an Kohlenstoff und einem lockeren, porösen Aufbau, die *kohligen Chondrite*. Sie scheinen große Ähnlichkeit mit dem Material in Kometenkernen zu haben, was auf eine ähnliche Entstehungsgeschichte hinweist. Beide werden für relativ unverändertes Urmaterial aus der Zeit gehalten, als sich das Planetensystem aus dem »Urnebel« gebildet hat. In einigen Meteoriten hat man neben anderen an vielen Stellen im Weltraum vorkommenden einfachen Molekülen auch Aminosäuren gefunden, die zwar noch kein Leben anzeigen, aber doch Bausteine des Lebens sind. Andere Meteorite bestehen aus einem Gemisch von Silikaten und Metallen, in der Hauptsache Eisen (*Eisen-Stein-Meteorite*), und schließlich gibt es die *Eisenmeteorite*, die fast ganz aus Eisen und einem Anteil Nickel bestehen, der bis zu 20 % betragen kann.

Nicht alle Meteorite kommen direkt aus dem Raum zwischen den Planeten. Es scheinen darunter auch solche zu sein, deren Heimat ursprünglich der Mond war, und selbst eine Herkunft vom Planeten Mars vermutet man bei einigen Exemplaren. So ist das Studium der Meteoriten zu einem außerordentlich interessanten Zweig bei der Erforschung der Entstehung und Entwicklung des Planetensystems geworden.

Neben diesen großen Bruchstücken zwischen Himmel und Erde regnen tagtäglich – unbeobachtet und unmerkbar – riesige Mengen kleiner und kleinster Mikrometeoriten wie feiner Staub auf die Erde herab. Von der Gesamtmasse, die jeden Tag auf die Erde fällt (einige tausend Tonnen), machen die kleinsten Partikel sogar wegen ihrer großen Zahl den Löwenanteil von gut 99 % aus. Sie verglühen nicht in der Atmosphäre, weil sie langsam herabschweben und sich kaum erhitzen. Man hat solche Teilchen mit Metallfolien aufgesammelt, die an erdumrundenden Satelliten angebracht waren, und auch im Schlamm der Tiefsee hat man sie nachweisen können. Die Erde merkt von diesem Massenzuwachs allerdings nicht viel, denn sie würde bei dieser Zukost seit ihrer Entstehung noch nicht einmal um ein Millionstel zugenommen

haben, und eine Diätkur ist daher nicht nötig. Außerdem ström
am Rande der Atmosphäre ständig etwas Gas in den Weltraum
und geht der Erde verloren.

Meteorströme

Nach dieser mehr irdischen Betrachtungsweise der Sternschnup
pen und der Objekte, die nach ihrem Sturz durch die Atmosphär
als Meteorite auf den Erdboden fallen, müssen wir auch de
himmlischen Aspekt dieser Leuchterscheinungen betrachten
Ihre astronomische Bezeichnung – Meteore –, die sich aus den
griechischen »meteoros« (in der Luft schwebend) herleitet, deute
auf die Region hin, in der sie für uns sichtbar werden. Ihre eigent
liche Heimat ist allerdings, wie bereits gesagt, der Raum zwischen
den Planeten.

Jedem aufmerksamen und häufigen Beobachter des Nachthim
mels muß auffallen, daß Sternschnuppen zu verschiedenen Zeiten
des Jahres besonders zahlreich aufleuchten. Man kann zu man
chen, Jahr für Jahr wiederkehrenden Perioden stündlich bis zu
30 oder 50 Meteore sehen. Alle Meteore einer solchen Gruppe
scheinen aus derselben Richtung am Himmel zu kommen; man
bezeichnet ihre Gesamtheit deshalb als Sternschnuppen- oder *Me
teorstrom*. Es sind dichtere Wolken des staubförmigen und von
größeren Teilchen durchsetzten Materials, das sich zwischen den
Planeten tummelt. Jedesmal wenn die Erde auf ihrer Bahn um die
Sonne einen solchen Haufen kreuzt, geraten viele Partikel in die
Lufthülle. Die Herkunftsrichtung von einem bestimmten Punk
der Sphäre, dem *Radianten*, ist ein perspektivischer Effekt; e
wird durch die einheitliche Bewegung aller Mitglieder eine
Stroms bewirkt, der eine hohe Geschwindigkeit von einigen bis zu
etwa 40 km pro Sekunde haben kann. Die Ströme werden nach
dem Sternbild ihrer Herkunftsrichtung benannt; so scheinen z. B
die *Perseiden* in der ersten Augusthälfte aus dem Perseus zu kom
men. Natürlich haben die Meteore nichts mit den entfernten Ster
nen zu tun, es ist lediglich eine *Richtungsangabe*.

Die Bahnen der Meteorströme lassen sich ebenso berechne
wie die der Planeten, denn die kleinen Teilchen laufen ja nach de
gleichen mechanischen Gesetzen wie die großen Planeten, die Ko

meten oder die Planetoiden um die Sonne. Schon der italienische Astronom Giovanni Schiaparelli – bekannt durch die »Mars-kanäle« – stellte gegen Ende des letzten Jahrhunderts die Ähnlichkeit zwischen der Bahn der Perseiden und dem periodischen Kometen *Swift-Tuttle* fest. Später sind mehrere solche Übereinstimmungen entdeckt worden. So haben die *Eta-Aquariden* im Mai und die *Orioniden* im Oktober etwa die gleiche Bahn wie der Halleysche Komet, und auch die *Draconiden* Anfang Oktober sowie die *Leoniden* im November lassen sich bestimmten Kometen zuordnen. Bei anderen Meteorströmen hat sich bisher ein solcher Zusammenhang nicht gefunden. Es scheint daher, daß einige Ströme aus Bruchstücken und Staub bestehen, die ein Komet auf seinem Weg um die Sonne verloren hat. Die Partikel haben sich im Lauf vieler Jahrhunderte über die gesamte Kometenbahn verteilt und liegen wie ein breiter, elliptischer Ring um die Sonne. Wenn die Erde dieser Bahn nahekommt, gerät sie in den Teilchenregen, den wir als Sternschnuppen beobachten.

Ein großer Teil der Meteore erscheint aber sporadisch und verteilt sich ziemlich gleichmäßig über das ganze Jahr. Hier scheint es sich um den normalen Staub zu handeln, der seit eh und je den interplanetaren Raum ausfüllt. Vielleicht hat auch ein Teil irgendeinen Planetoiden als »Vater«.

Wenn der Himmel leuchtet

Zwei ganz andere Leuchterscheinungen sollen noch kurz erwähnt werden: das *Tierkreis-* oder *Zodiakallicht* und die *Polarlichter*, die allerdings in unseren Breiten nur sehr selten zu sehen sind. Beide haben einen ganz unterschiedlichen Ursprung.

Das *Zodiakallicht* steigt als schwacher Lichtkegel längs der Ekliptik, d. h. des Tierkreises, vom Horizont schräg hoch und ist fast über den halben Himmel sichtbar. Man kann es nur bei sehr klarem Wetter sehen und nur dann, wenn Dämmerung und Dunkelheit ineinander übergehen. Günstig sind die Bedingungen im Frühjahr nach Sonnenuntergang im Westen und im Herbst vor Sonnenaufgang im Osten, weil dann die Ekliptik steiler am Horizont aufsteigt als im Sommer und Winter. Deshalb sieht man den zarten Schimmer auch besser in niedrigen geographischen Breiten, denn dort bildet die Ekliptik größere Winkel mit dem Horizont als bei uns.

Verursacher des Leuchtens ist wieder der interplanetare Staub, der in der Ebene der Ekliptik besonders stark konzentriert ist. Die kleinen Partikel werden vom Sonnenlicht getroffen und streuen es in alle Richtungen. Wie der Rauch einer Zigarette im Lichtstrahl der Sonne sichtbar wird, so erreicht auch das Streulicht des kosmischen Staubes unsere Augen. Das Zodiakallicht bot den Wissenschaftlern bis vor kurzem die einzige Möglichkeit, die Beschaffenheit und Dichte des interplanetaren Materials zu bestimmen. Mit Messungen durch Raumsonden ist das heute viel einfacher und genauer möglich.

Etwas ganz anderes sind die *Polarlichter*, die besonders in hohen nördlichen und südlichen Breiten in der Nähe der beiden Pole aufleuchten. Da wir auf der nördlichen Hemisphäre leben, sprechen wir meistens nur vom *Nordlicht* (Aurora Borealis). Die Polarlichter hängen eng mit dem Magnetfeld der Erde zusammen und treten daher mehr symmetrisch zu den *magnetischen* Polen auf, die nicht ganz mit den *geographischen* Polen der Drehachse zusammenfallen. (Der magnetische Nordpol liegt 1300 km vom geographischen entfernt im nordöstlichsten Zipfel der kanadischen arktischen Inseln, der südliche gegenüber auf dem Festland der Antarktis.) Am intensivsten sind die Polarlichter in geographischen Breiten zwischen $\pm 60°$ und $\pm 75°$, zeitweise erstreckt sich das Himmelsleuchten aber auch bis in unsere Breiten. Am Abend des 13. März 1989 wurde in Norddeutschland bis nach Mitternacht ein besonders schönes vielfarbiges Nordlicht beobachtet.

Wer einen Flug von Europa nach Nordamerika oder über den Pol nach Japan macht, wird vielleicht in den schlaflosen Stunden der Nacht zufällig Augenzeuge eines Nordlichts. Wie helle, oft verschiedenfarbige Vorhänge weht der Schimmer über den Himmel; häufig formen sich Bögen oder breite, schnell dahingleitende Bänder. Der Ursprung dieses lange rätselhaften Phänomens ist heute gut bekannt. Es ist ein sichtbarer Ausdruck für den Einfluß, den die Sonne mit ihrer unsichtbaren Ultraviolettstrahlung und dem *Sonnenwind*, einem Strom elektrisch geladener Atomteilchen (Protonen und Elektronen), auf die oberen Schichten der Erdatmosphäre ausübt. In der Magnetosphäre, die die Erde in einem weiten Bereich umgibt, »kleben« die negativ geladenen Elektronen des Sonnenwindes an den Kraftlinien des Magnetfeldes fest und fallen entlang dieser Linien auf die Erde. In der Ionosphäre (zwischen 250 und 100 km Höhe) entstehen bei der Wechselwirkung mit den vom UV-Licht der Sonne ionisierten, d. h. positiv geladenen, Luftteilchen elektrische Ströme, die das Magnetfeld verformen und die Erscheinung der Polarlichter hervorrufen. Wenn auf der Sonne besonders heftige Eruptionen beobachtet werden, folgen meist ein bis zwei Tage später – entsprechend der Laufzeit des dann sehr intensiven und schnellen Sonnenwinds – *magnetische Stürme* in der Erdumgebung, die besonders auffallende, sich oft weithin ausdehnende Polarlichter sowie Störungen des Funkverkehrs auf der Erde zur Folge haben. Da die Sonne mit einer Periode von rund 11 Jahren zwischen aktiven und ruhigen Phasen wechselt, ist auch im Auftreten von Polarlichtern etwas von diesem Rhythmus zu erkennen.

Auch auf diesem Gebiet haben Beobachtungen und Messungen direkt in der irdischen Magnetosphäre von Satelliten aus große Fortschritte gebracht. Schon zu Beginn der Raumfahrtära wurden von den ersten amerikanischen Satelliten die *Van Allenschen Strahlungsgürtel* entdeckt, welche die Erde in einem Abstand von mehreren tausend Kilometern symmetrisch zum Äquator wie ein dicker Wulst umgeben. Auch sie gehen auf die Wechselwirkung des Erdmagnetfeldes mit elektrisch geladenen Teilchen zurück, die mit dem Sonnenwind oder aus entfernteren Bereichen des Kosmos auf die Erde treffen. Der Planet Jupiter ist ebenfalls von solchen Strahlungsgürteln umgeben, die zugleich der Ursprung einer intensiven langwelligen Radiostrahlung sind. Die sehr aktive und vielseitige Umgebung der Erde wird gegenwärtig ständig mit Satelliten überwacht und näher untersucht.

11. Die Sonne

Brücke zu den Sternen

Eigentlich hätte ihr der erste Platz bei der Beschreibung des Planetensystems gebührt, und das nicht nur, weil sie bei weitem sein größtes Objekt ist. Mit der Sonne ist alles andere entstanden aus dem, was übrigblieb, als sie den größten Teil des Materials aus dem »Urnebel« an sich gezogen hatte. Ohne die Sonne würde es alle die Planeten, Monde und Kometen gar nicht geben, und vor allem hätte sich die Erde nie zu dem entwickeln können, was sie ist: eine wunderbare kleine belebte Welt. Die Sonne hat es gut mit uns gemeint – oder anders ausgedrückt, wir haben großes Glück gehabt. Denn nur in einer schmalen Zone zwischen zu großer Hitze in ihrer Nähe und zu tiefen Temperaturen in größeren Sonnenentfernungen war die Entstehung und Entwicklung des Lebens in all seiner Vielfalt möglich, wie es das Beispiel unserer allem Anschein nach unbelebten Nachbarn Venus und Mars zeigt.

Wenn die Sonne trotzdem am Schluß dieses Abschnitts steht, dann deswegen, weil sie ein *Fixstern* ist und damit eine natürliche Verbindung zum entfernten Reich der Sterne herstellt. Sie ist überdies ein sehr normaler, ein ganz durchschnittlicher Fixstern, sowohl was ihre Größe als auch was ihre Temperatur, ihren Ort in unserem Milchstraßensystem und ihren Entwicklungszustand betrifft. Für die Wissenschaft liegt ihre Bedeutung vor allem auch darin, daß sie der einzige Stern ist, den wir aus der Nähe und in vielen Einzelheiten studieren können, während alle anderen Sterne uns selbst in den größten Teleskopen nur als Lichtpunkte erscheinen – oder sogar unsichtbar sind. Vieles, was wir von der Sonne gelernt haben, läßt sich auf die Welt der Sterne übertragen und trägt so dazu bei, unser Wissen vom Kosmos zu erweitern.

Wie sehr wir Kinder der Sonne sind, macht uns die Sehkraft unserer Augen deutlich. Die Netzhaut kann nur den schmalen Bereich aus dem elektromagnetischen Spektrum registrieren, in dem die Sonne den größten Teil ihrer Energie abstrahlt. Es ist das, was wir als »Licht« wahrnehmen. Ein viel breiterer Empfindlichkeitsbereich wäre uns auch nicht von Nutzen, denn die Erdatmosphäre verschluckt die schwächere Strahlung im ultravioletten und im Röntgenbereich, die die Sonne ebenfalls aussendet, sowie den größten Teil der Infrarotstrahlung. Nur etwas von der langwelligen Radiostrahlung kommt bis auf die Erdoberfläche, doch ist sie, verglichen mit dem Licht, sehr schwach, und wir haben kein Sinnesorgan ausgebildet, um sie wahrzunehmen. Allerdings haben die Wissenschaftler in den letzten Jahrzehnten gelernt, Instrumente zu bauen, mit denen das gesamte Spektrum registriert werden kann; teilweise geht das nur von Satelliten aus, welche die Erde außerhalb der Atmosphäre umkreisen. Diese zusätzlichen »Augen« haben die Sonnenforschung und viele andere Bereiche der Astronomie in ungeahnter Weise vorangebracht.

Es hat Jahrtausende gedauert, bis die Menschen die Sonne an ihren richtigen Ort im Zentrum des Planetensystems gerückt haben. Inzwischen wissen wir, daß auch sie nicht Mittelpunkt des Kosmos ist, sondern mit ihren Planeten nur eine kleine Insel bildet, irgendwo in den äußeren Bereichen des großen Sternsystems, das wir als Milchstraßensystem oder Galaxis bezeichnen. Sie ist rund 150 Mio. km von uns entfernt, und in jedem Jahr legt die Erde die gewaltige Strecke von fast einer Milliarde Kilometern zurück, um sie – mit einer Geschwindigkeit von über 107 000 km pro Stunde – zu umrunden. Wir sehen die Projektion der Erdbahn am Himmel als den Jahreslauf der Sonne durch den Tierkreis. Diese scheinbare Sonnenbahn, die *Ekliptik*, ist infolge der Schrägstellung der Erdachse um 23,5° gegen den Himmelsäquator geneigt.

Um den 21. März und den 22. September, den Tagen der Tag- und Nachtgleiche, kreuzt die Sonne den Himmelsäquator. Deshalb sehen wir sie ein halbes Jahr lang oberhalb des Äquators am Nordhimmel, und bei uns ist Frühling und Sommer, während auf der Südhalbkugel Herbst und Winter ist. In der anderen Jahreshälfte bewegt die Sonne sich am Südhimmel. Dann ist es bei uns kühl, und die Bewohner südlicher Breiten erleben die wärmere Periode (vgl. S. 48).

117

Ein kurzer Steckbrief soll eine Übersicht über die wichtigsten Eigenschaften der Sonne geben. Sie ist – wie alle Sterne – eine riesige Gaskugel, die in der Hauptsache aus Wasserstoff besteht. An zweiter Stelle steht das Edelgas Helium, alle anderen Bestandteile machen weniger als 3 % aus. Ihr Durchmesser – 1,4 Mio. km – ist das 109fache des Erddurchmessers, 1,3 Millionen Erden hätten in ihr Platz, und ihre Masse ist 332000mal so groß wie die Masse der Erde. In Tonnen ausgedrückt ist das eine 2 mit 27 Nullen, eine Zahl, die viel zu groß ist, als daß man sich darunter etwas vorstellen könnte.

Das, was wir als Sonnenoberfläche sehen, ist eine mehrere hundert km dicke undurchsichtige Gasschicht mit einer Temperatur von etwa 5500 °C. Diese *Photosphäre* ist umgeben von einer ausgedehnten Hülle aus stark verdünntem Gas, der *Korona*. Wir können sie nur in den wenigen Minuten einer totalen Sonnenfinsternis als hellen Strahlenkranz aufleuchten sehen, weil sie sonst vom Glanz der Sonnenscheibe überstrahlt wird. Nach innen steigen Dichte und Temperatur des Gases stark an, und im Sonnenzentrum laufen bei einer Hitze von 15 Mio. Grad Kernprozesse ab, bei denen die gewaltige Energie frei wird, mit der die Sonne seit über vier Milliarden Jahren strahlt.

Es mag wie Zauberei erscheinen, daß wir über diese in weiter Ferne leuchtende Gaskugel, die uns auf den ersten Blick wie eine gleichmäßig helle Scheibe am Himmel erscheint, so viel wissen. Aber schon Beobachtungen mit kleinen Fernrohren zeigen die Oberfläche mit einer reiskornartigen Struktur heller und dunkler Zellen, der *Granulation*, überzogen, die sich ständig verändert und an brodelnd siedenden Brei erinnert. Fast immer sind außerdem größere dunkle Flecken oder Fleckengruppen vorhanden. Sie lassen sich schon mit einem normalen Fernglas sichtbar machen, wenn man die Sonne auf ein hinter das Okular gehaltenes Stück weißes Papier projiziert. *Direkt durch das Glas darf man die Sonne auf keinen Fall anschauen!* Die Augen würden in Sekundenbruchteilen irreparabel geschädigt oder zerstört.

Diese Flecken, die sich auf der hellen Sonnenscheibe wie kleine Tupfen ausnehmen, können Durchmesser von mehreren zehntau send Kilometern erreichen; sie sind also häufig viel größer als die Erde. Sie waren die erste »Unreinheit«, die man zu Beginn des 17. Jahrhunderts auf der bisher für makellos angesehenen Sonne fand (obwohl Anzeichen für große Flecken schon sehr viel länger bekannt waren, da man sie gelegentlich mit bloßen Augen wahrnehmen kann). Aber 1611 setzten mit der Einführung der Fernrohre die ersten systematischen Untersuchungen ein, durch Galilei in Italien und den Jesuitenpater Christoph Scheiner in Bayern. Über die Natur der Flecken waren die beiden Gelehrten allerdings völlig verschiedener Meinung, und jeder verteidigte seine Ansicht mit Vehemenz. Galilei glaubte, daß es sich um Erscheinungen auf der Sonnenoberfläche handele, und deutete die Bewegung, mit der sie langsam über die Sonnenscheibe driften, richtig als Anzeichen einer Rotation der Sonne um ihre Achse. Scheiner, der sich zunächst hinter einem Pseudonym verbarg, wollte die philosophisch begründete »Reinheit« der Sonne retten und glaubte an planetenartige Objekte, die sich vor die Sonne schieben.

Die ausgiebigste Informationsquelle über die Beschaffenheit der Photosphäre ist das Spektrum des nach Farben, d. h. Wellenlängen, zerlegten Sonnenlichts. Die im Spektrum auftretenden dunklen Linien haben es möglich gemacht, die chemische Zusammensetzung dieser Schicht, die wir als äußere Begrenzung der Sonnenscheibe sehen, zu bestimmen und außerdem Werte für die dort herrschende Temperatur, den Druck und wichtige andere physikalische Eigenschaften abzuleiten. Durch die in den letzten Jahrzehnten möglich gewordenen Beobachtungen in anderen Wellenlängenbereichen zu beiden Seiten des sichtbaren Lichts haben wir auch die äußere Schicht, die Korona, kennengelernt, von der eine starke Ultraviolett- und Radiostrahlung ausgeht. So wissen wir über unser Tagesgestirn fast besser Bescheid als über unsere Erde, vor allem was die Struktur und die Vorgänge in ihrem Inneren betrifft, denn eine Gaskugel ist physikalisch einfacher zu verstehen als ein fester Körper wie die Erde.

Schauen wir uns also die Sonne etwas genauer an. Lange Zeit war es völlig rätselhaft, wie sie die unvorstellbaren Energiemengen erzeugt, die sie nun schon seit 4 ½ Milliarden Jahren Tag für Tag ausstrahlt. Selbst wenn sie ganz aus Kohle bestehen würde, wären die Vorräte bereits nach wenigen tausend Jahren verheizt gewesen. Auch die Gravitationsenergie, die sie angesammelt hat, als sie vor langer Zeit durch die Kontraktion der großen »Urwolke« entstanden ist, hilft nicht viel weiter. Der Durchbruch zum Verständnis kam erst in den 30er Jahren, als man mehr über die Atome und ihre Struktur gelernt hatte. Im Zentrum der Sonne verschmelzen die Kerne von Wasserstoffatomen, d. h. Protonen, zu Atomkernen des nächstschwereren Elements Helium. Es ist derselbe Prozeß, mit dem die Wasserstoffbombe ihre zerstörerische Kraft entwickelt. Auf der Erde kann er ohne kräftige Zufuhr von Energie nicht in Gang gesetzt werden, da die dazu notwendigen hohen Temperaturen von vielen Millionen Grad in der Natur nicht vorkommen. Deshalb wurde bei der Wasserstoffbombe eine konventionelle Atombombe vorgeschaltet. In mehreren wissenschaftlichen Instituten in Europa, den USA und der Sowjetunion versucht man seit gut 30 Jahren, diesen in der Bombe unkontrolliert ablaufenden Vorgang zu zähmen und die Kernverschmelzung von Wasserstoff für die Energiegewinnung auszunutzen. Ob und wann es gelingen wird, die überaus großen technischen Schwierigkeiten zu meistern und zu einer wirtschaftlichen Nutzung zu kommen, steht allerdings noch nicht fest. Bei der Kernverschmelzung wird ein kleiner Teil der Materie in Energie umgewandelt. Diese Materie wird nicht im geläufigen Sinn verbrannt, sondern nach dem *Einsteinschen Gesetz*, daß Masse und Energie gleichwertig sind, vollständig in Energie »verwandelt«. Die Energieausbeute bei diesem komplizierten Prozeß ist enorm: Einem Gramm Wasserstoff entspricht die Energiemenge von 170 000 Kilowattstunden.

Die Sonne verliert auf diese Weise in jeder Sekunde etwa vier Millionen Tonnen. Angesichts der 28stelligen Anzahl von Tonnen ihrer Gesamtmasse ist das allerdings seit ihrem Entstehen ein Verlust von weniger als einem Tausendstel ihrer Masse, also etwa der gleiche Bruchteil, den ein Mensch beim Verlust von 30–50 Gramm seines Körpergewichts einbüßen würde.

Die Sonnenoberfläche

Die im Zentrum der Sonne erzeugte Energie wandert als *Strahlung* nach außen. Das ist ein langer, beschwerlicher Weg, bei dem die Strahlungsteilchen, die *Photonen*, ständig von den Gasteilchen der Sonnenmaterie absorbiert und wieder ausgestrahlt werden, so daß es mehrere hunderttausend Jahre dauert, bevor sie auf ihrem Zickzackkurs die äußeren Sonnenschichten erreichen. Auf der letzten Strecke unterhalb der Photosphäre übernimmt ein anderer Spediteur den Transport, nämlich die *Konvektion*, d. h. die Turbulenz, die wir gut aus dem täglichen Leben kennen. Auf diese Weise wird die Luft in unseren Zimmern durch die Wärme in den Rippen der Heizkörper aufgeheizt oder die Atmosphärenluft, wenn der Wind sie über warme Meeresgebiete treibt. Die Konvektion in der Sonne können wir direkt sehen. In der äußeren Gasschicht steigen die wärmeren Gase in langen Säulen hoch und bilden an der Oberfläche die hellen, heißen Zellen der schon erwähnten Granulation, während die dunklen Zellen niedersteigende, kühle Gase anzeigen. Auch die großen Sonnenflecken sind etwa 1700° C kühler als die sie umgebende Photosphäre. Sie bilden sich dort, wo starke Magnetfelder, die im Sonneninneren entstehen, nach außen treten.

Wenn man die Drift der Sonnenflecken über die Scheibe aufmerksam verfolgt, dann stellt man fest, daß sie am östlichen Sonnenrand erscheinen und nach etwa 13 bis 14 Tagen am westlichen Rand wieder unsichtbar werden. Das ist ein sichtbares Zeichen für die schon von Galilei postulierte langsame Rotation der Sonne, die sich im Laufe von knapp vier Wochen einmal um ihre Achse dreht. Mit dieser Rotation bewegen sich die Flecken parallel zum Sonnenäquator weiter und scheinen so quer über die Sonnenscheibe zu laufen.

Die Sonne ist also alles andere als eine ruhig und stetig vor sich hin strahlende Gaskugel. Zeitweise werden Fontänen heißer Gase viele tausend Kilometer emporgeschleudert; wir sehen sie am Sonnenrand als große Bögen, als *Protuberanzen*. Zeitrafferfilme lassen eindrucksvoll erkennen, wie die Materie von den unsichtbaren Fäden der Magnetfelder mitgerissen wird und in einem gigantischen Halbkreis wieder absinkt. Auf der Sonnenoberfläche werden – häufig in Verbindung mit Sonnenflecken – helle Stellen, die *Fackeln*, beobachtet. Dunkle fadenartige *Filamente* und helle *Flocculi* reichen bis in höhere Schichten. Sie sind nur bei bestimmten Wellenlängen beobachtbar. Besonders intensive, kurzlebige Eruptionen wirken sich durch die in den Raum geschleuderte Materie bis hin zur Erde aus, wo sie Störungen des Erdmagnetfeldes bewirken. Die Aktivität der Sonne mit ihren verschiedenen Erscheinungen folgt einem zeitlichen Rhythmus von zehn bis zwölf Jahren, in dem sich Perioden einer »ruhigen Sonne« mit wenigen oder gar keinen Sonnenflecken mit sehr aktiven Perioden abwechseln. Diesen Zyklus finden wir auf der Erde in den Jahresringen von Bäumen wieder, die sich mit der gleichen Periode verändern. Ob dies aber tatsächlich mit dem Aktivitätszyklus der Sonne zusammenhängt oder doch nur ein Zufall ist, wurde nie mit Sicherheit nachgewiesen.

Die Sonnenatmosphäre

Die einige tausend Kilometer dicke *Chromosphäre* bildet den Übergang zwischen der Photosphäre und der mehrere Millionen Kilometer in den Raum reichenden extrem dünnen Gashülle der *Korona*. Über diese Schichten war bis vor kurzem nur wenig bekannt, da man sie normalerweise nur während einer totalen Sonnenfinsternis beobachten kann. Zwar läßt sich eine künstliche Finsternis dadurch erzeugen, daß man in »Koronographen« genannten Instrumenten eine Scheibe in das Fernrohr einbaut, die die Rolle des Mondes bei einer Finsternis übernimmt und die helle Scheibe der Photosphäre abdeckt. Allerdings ist diese um 1930 von Bernard Lyot in Frankreich entwickelte Anordnung nur unvollkommen, denn das in der Erdatmosphäre und im Instrument entstehende Streulicht ist kaum ganz auszuschalten, wenn man nicht auf hohe Berge geht, wo die Luft schon sehr dünn ist.

Korona-Untersuchungen sind durch die Beobachtung von erdumkreisenden Satelliten aus stark gefördert worden. Es stellte sich heraus, daß diese äußerste Atmosphärenschicht der Sonne sehr intensiv im kurzwelligen Röntgenbereich strahlt. Diese Strahlung kann man nicht nur außerhalb der Sonnenscheibe, sondern direkt davor beobachten, da die Photosphäre in dem betreffenden Bereich »dunkel« ist. Dasselbe gilt für Beobachtungen im Bereich der Radiowellen, die man vom Erdboden aus mit den großen Radioteleskopen registrieren kann. Hätten wir »Radioaugen«, so würde uns die Sonne als riesige helle Scheibe erscheinen, deren Durchmesser den der normalen Sonne um das Mehrfache überträfe. Die ungewöhnlichen Eigenschaften der Korona erklären sich aus ihrer extrem niedrigen Dichte in Verbindung mit sehr hohen Temperaturen. In der tiefer liegenden Übergangsschicht der Chromosphäre fällt die Gasdichte sehr plötzlich steil ab, während die Temperatur fast sprunghaft auf mehrere 100000 °C ansteigt und in der eigentlichen Korona schließlich über eine Million Grad erreicht. In diesem heißen, dünnen Gasgemisch werden aus den Atomen Elektronen herausgerissen, so daß positiv geladene Ionen entstehen, durchmischt mit den nun frei beweglichen Elektronen. Von hier nimmt der *Sonnenwind* seinen Ausgang, ein Gemisch von Protonen und Elektronen, die, von aus der Sonne stammenden Magnetfeldern begleitet, bis weit hinaus in den Raum strömen. Wir registrieren den Sonnenwind in Erdnähe normalerweise mit einer Geschwindigkeit von 400 km pro Sekunde; während großer Sonneneruptionen kann er aber bis zu 1000 km/s schnell werden. In der Ionosphäre, der höchsten, oberhalb von 100 km liegenden elektrisch leitenden Schicht der Erdatmosphäre, kann dieser Teilchenstrom Störungen auslösen, die den Funkverkehr auf der Erde beeinträchtigen; in den Polargebieten entstehen dann besonders schöne Polarlichter. Die Wirkung des Sonnenwindes sehen wir außerdem in der Ausrichtung der schmalen Kometenschweife (vgl. S. 106). So bestehen Verbindungen zwischen der Sonne, der Erde und anderen Objekten des Sonnensystems, die – für uns unsichtbar – weit über das Licht und die Wärme der Sonne hinausgehen, die wir unmittelbar empfinden.

DRITTER TEIL

Das Reich der Sterne

1. Der Aufbau des Kosmos

Sterne und Weltinseln

Nach unserer Wanderung durch das Planetensystem wollen wir uns nun den weit entfernten Bereichen der Fixsterne zuwenden. Um ein etwas besseres Gefühl dafür zu bekommen, auf welch weite Reise wir uns dabei begeben, sollen am Anfang ein paar Überlegungen über den Aufbau dieser Welt und über ihre Dimensionen stehen.

Alle Sterne, die wir am Himmel sehen, gehören wie die Sonne zu dem großen System der *Galaxis*. Seine äußere Form ist die einer stark abgeflachten, diskusförmigen Scheibe mit einer zentralen Verdickung und nach außen verlaufenden spiralförmigen Ausläufern, den *Spiralarmen*. Für einen Beobachter von außerhalb würde dieses Gebilde etwa so aussehen wie die fernen Sternsysteme, die wir von vielen großartigen Himmelsphotographien kennen. Das bekannteste Beispiel ist das System in der Richtung des Sternbilds Andromeda.

Wenn wir von unserem Standpunkt aus mitten im Sterngetümmel der Galaxis an dieser tellerartigen Fläche entlang in den Raum hinausblicken, sehen wir die Projektion all dieser Sterne als ein großes leuchtendes, bogenförmiges Band am Firmament: die *Milchstraße*. Sie sieht mit ihren unregelmäßigen Rändern, Ausbuchtungen und dunkleren Stellen tatsächlich wie eine gigantische Lache verschütteter Milch aus. Ihr weißer Glanz ist nichts anderes als das Licht vieler Milliarden Sterne, die so weit entfernt sind, daß wir sie einzeln nicht mehr wahrnehmen. Nur die nächsten Sterne im Vordergrund können wir mit freiem Auge sehen; es sind nicht mehr als einige tausend. Blicken wir mehr senkrecht zur Scheibenebene in den Raum, so sehen wir in die sternärmeren Bereiche außerhalb der Konzentration im »Teller« (vgl. S. 189/190). In diesen Richtungen versperrt uns das Licht der eigenen Sterne und die Materie zwischen ihnen nicht die Sicht in noch fernere Räume, und die Augen der leistungsfähigsten Teleskope haben dort viele Millionen von Sternsystemen ähnlich dem unseren entdeckt. Man hat sie früher als »Nebel« bezeichnet, da sie sich in kleinen Teleskopen nur als verwaschene Lichtfleckchen zu erkennen geben.

127

Schon vor längerer Zeit vermuteten allerdings einige Wissenschaftler, es könnte sich um Ansammlungen von Sternen handeln, und Alexander von Humboldt prägte dafür die sehr anschauliche Bezeichnung »Weltinseln«. Aber erst in den 20er Jahren unseres Jahrhunderts gelang Edwin Hubble der *Beweis*, daß es sich wirklich um Ansammlungen von Sternen handelt, deren Zahl bis zu über 200 Milliarden betragen dürfte.

Nur die drei nächsten *Galaxien* – so die heutige Bezeichnung für die »Weltinseln« – sind mit bloßem Auge zu erkennen: die schon erwähnte *Andromedagalaxie* und die beiden unregelmäßig geformten *Magellanschen Wolken* tief am Südhimmel, die von unseren Breiten nicht sichtbar sind. Sie tragen ihren Namen zur Erinnerung an den portugiesischen Seefahrer Ferdinand Magellan, der sie 1520 bei seiner Weltumseglung wohl als erster Mensch der Alten Welt bewußt gesehen hat, als er an der südamerikanischen Küste auf Feuerland zu segelte. Magellan selbst ist von dieser Reise nicht zurückgekehrt; er wurde 1521 auf einer zu den Philippinen gehörenden Insel erschlagen.

Es ist unmöglich, eine wirkliche Vorstellung von den Entfernungen zu vermitteln, mit denen wir es im Reich der Sterne und Galaxien zu tun haben. Anschaulicher werden sie vielleicht durch Vergleiche mit uns etwas vertrauteren Strecken. Als praktische Maßeinheit wird häufig das *Lichtjahr* benutzt. Es ist die Strecke, die das Licht in einem Jahr zurücklegt. Da die Lichtgeschwindigkeit rund 300 000 km pro Sekunde beträgt – etwa 1¼ Lichtsekunden sind es bis zum Mond –, bezeichnet ein Lichtjahr eine Strecke von knapp 10 Billionen km oder das 63240fache des Abstands Erde–Sonne. Der nächste Stern ist 4,3 Lichtjahre von uns entfernt; eine Raumsonde, die etwa ½ Jahr bis zur Sonne unterwegs wäre, hätte eine Reise von rund 150 000 Jahren vor sich, nur um unseren nächsten Sternnachbarn zu erreichen, ganz zu schweigen von vielen hellen Sternen, die, wie z. B. *Deneb* im Schwan, bis zu über 1000 Lichtjahre entfernt sein können. Das gibt zugleich eine Vorstellung davon, wie unglaublich intensiv einige Sterne strahlen – unsere Sonne wäre in dieser Entfernung längst nicht mehr mit freiem Auge sichtbar. Außerdem wird deutlich, daß Reisen von Stern zu Stern, wie sie sich Science-fiction-Autoren gern ausdenken, ein schier unmögliches Unternehmen sein dürften.

Besucher von fremden Sternen müßten schon mit einem riesigen Energieaufwand verbundene Techniken beherrschen, um mit sehr viel größeren Geschwindigkeiten zu fliegen. Andernfalls müßten sie sich für viele Generationen in ihren Weltraumfahrzeugen einrichten oder über ein für uns unvorstellbares Lebensalter verfügen, und auch das kostet Energie.

Gegenüber der Größe des gesamten Sternsystems unserer Galaxis sind aber auch die Entfernungen zwischen den Sternen lächerlich klein. Die Galaxis hat einen Durchmesser von etwa 110 000 Lichtjahren. Wir befinden uns mehr in ihrem äußeren Bereich, etwa 28 000 Lichtjahre vom Zentrum der Scheibe entfernt, die eine Dicke von nur einigen hundert Lichtjahren hat.

Wieder ganz andere Größenordnungen gelten im Reich der Galaxien. Bis zu unseren nächsten Nachbargalaxien im All sind es einige Millionen Lichtjahre; die entferntesten Objekte, die wir mit ausgeklügelten Beobachtungsmethoden noch wahrnehmen können, sind bis zu 15 Milliarden Lichtjahre entfernt. Das heißt zugleich: Wir sehen diese Objekte so, wie sie in der Frühzeit unseres etwa 15 Milliarden Jahre alten Universums ausgesehen haben. Die Beobachtung stößt damit auch an die gegenwärtigen räumlichen Grenzen des sich ständig ausdehnenden Universums. Niemand kann sich solche Dimensionen und solche Zeiträume wirklich vorstellen, auch die Astronomen nicht, die zwar mit diesen großen Zahlen rechnen und sich dabei irgendwie daran gewöhnen – aber das ist auch alles.

Bleiben wir aber vorerst in unserer Galaxis, denn mit ein paar Ausnahmen gehört ja alles, was wir mit bloßen Augen nachts am Himmel sehen, in diesen Bereich. Die Sterne liegen wie winzige Inseln in einem unermeßlichen Raum, und die Abstände zwischen ihnen sind verglichen mit ihrer eigenen Größe gewaltig. Es ist, als wenn kirschgroße Kugeln durch einige tausend Kilometer voneinander getrennt wären. Der Raum zwischen den Sternen ist allerdings keineswegs leer, sondern mit stark verdünntem Gas und fein verteilten, winzigen staubartigen Partikeln erfüllt (vgl. S. 191). Diese *interstellare Materie* ist so dünn, daß das beste in einem Labor erzeugte Hochvakuum damit verglichen noch sehr dicht wäre. Trotzdem ist wegen des riesigen Volumens der Anteil dieser Materie an der Gesamtmasse der Galaxis nicht so gering, wie man bei dieser extremen Verdünnung denken könnte; sie trägt immerhin einige Prozent dazu bei und macht sich sowohl in Form von dunklen Gebieten bemerkbar, die das Licht dahinterstehender Sterne schwächen, als auch durch leuchtende Gas- und Staubansammlungen, die uns wie unregelmäßige Nebelflecken erscheinen. Der große Orionnebel unterhalb der drei Sterne, die den Gürtel dieses schönen Wintersternbilds bilden, ist ein Beispiel dafür. Wir werden ähnlichen Gebilden bei unseren anschließenden Wanderungen am Himmel begegnen.

Bei alledem sollten wir nicht vergessen, daß die übliche, auch in diesem Buch vorgenommene Zweiteilung Planetensystem–Fixsternbereich nur eine scheinbare ist, bedingt durch die ganz unterschiedlichen Dimensionen und Entfernungen. Wir kennen zwar bisher nur *ein* Planetensystem, nämlich das unsere, das zu dem Fixstern Sonne gehört und von ihm geprägt ist. Es ist aber fast mit Sicherheit anzunehmen, daß viele andere Fixsterne in ähnlicher Weise von Planeten umgeben sind – wir sind nur so weit von ihnen entfernt, daß wir die schwach leuchtenden Objekte in der Nähe der hellen Zentralsterne bislang nicht beobachten können. In den letzten Jahren mehren sich allerdings, bedingt durch immer bessere Instrumente, die Anzeichen dafür, daß man bei mehreren Sternen planetenartige Objekte identifiziert hat. Ob und wie viele solche fernen Planeten irgendwelche Lebensformen enthalten, ist eine andere Frage, über die viel spekuliert wird. Sicheres läßt sich darüber heute noch nicht sagen (vgl. hierzu das letzte Kapitel dieses Buches).

Kosmische Meßlatten

Angesichts der gewaltigen kosmischen Entfernungen taucht natürlich die Frage auf, wie man überhaupt so große Strecken messen kann. Entfernungsbestimmungen im Weltraum sind tatsächlich auch ein sehr schwieriges Problem, das hier nicht ausführlich dargestellt werden kann, aber doch jedenfalls skizziert werden soll. Die Astronomen verwenden dabei schon vom Prinzip her sehr unterschiedliche Methoden, die auf einem fortlaufenden Aufbauen von näheren Objekten, deren Distanzen man schon kennt, zu immer entfernteren beruhen.

Unsere Nachbarschaft, das Planetensystem, läßt sich noch relativ einfach und direkt ausloten. Hier können ähnliche Methoden angewendet werden, wie wir sie aus der Erdvermessung als *Triangulation* kennen. Dabei wird ein entferntes Objekt von zwei verschiedenen Orten aus anvisiert. Die bekannte Distanz zwischen diesen Orten, die Basis der Messung, definiert mit den beiden gemessenen Richtungen zu dem entfernten Objekt ein Dreieck, dessen zwei andere Seiten aus der Basis und den Richtungswinkeln berechnet werden können. Es ist eine einfache geometrische Aufgabe, die in den Lehrplänen der Schulen vorkommt. Das Verfahren ist um so genauer, je länger die Basisstrecke verglichen mit der Entfernung des Objekts ist, da in diesem Fall die beiden Richtungswinkel deutlich voneinander verschieden sind. Bei der Anwendung im Kosmos sind die zu messenden Entfernungen allerdings immer sehr groß gegen die Basis, und der Winkel an der Spitze des Dreiecks, auf dessen Bestimmung es letztlich ankommt, wird sehr klein. Das stellt hohe Anforderungen an die Meßgenauigkeit und bildet die eigentliche Anwendungsbegrenzung der Triangulation in der Astronomie.

Schon im Altertum versuchten griechische Gelehrte, die Entfernungen von Mond und Sonne mit solchen geometrischen Methoden zu bestimmen. Die ersten Untersuchungen dieser Art sind uns von Aristarchos von Samos aus dem dritten vorchristlichen Jahrhundert überliefert. Wir haben diesen einfallsreichen Gelehrten schon im ersten Kapitel durch sein heliozentrisches Weltbild kennengelernt. Seine Ergebnisse waren allerdings wegen zu ungenauer Beobachtungen noch falsch. Etwa 400 Jahre später leitete Claudius Ptolemäus einen Wert für die Mondentfernung ab, der dem richtigen Wert schon erstaunlich nahe kam. Weniger Glück hatte er bei der sehr viel schwieriger zu bestimmenden Sonnenentfernung, deren Wert bei ihm um das Zwanzigfache zu klein war. Das hatte zur Folge, daß man auch die Größe der Sonne, die sich aus dem Winkeldurchmesser der Sonnenscheibe am Himmel und der Entfernung ergibt, weit unterschätzte. Es sollte bis in die Neuzeit dauern, bevor bessere Werte abgeleitet wurden – sowohl Copernicus als auch Kepler hielten noch die von Ptolemäus überlieferten Werte für richtig.

Über die Entfernungen der Planeten hatte man sich lange Zeit wenig Gedanken gemacht. Hier führten die Gesetzmäßigkeiten, die Kepler um 1600 gefunden hatte, zu einem Durchbruch. Da die Entfernungen der Planeten von der Sonne durch das dritte Keplersche Gesetz mit ihren jeweiligen Umlaufzeiten fest verknüpft sind, genügt es, nur *einen* Planetenabstand zu kennen, um daraus alle anderen mit Hilfe der leicht zu messenden Umlaufzeiten zu errechnen.

Um möglichst genaue Meßwerte zu erhalten, ist es günstig, einen Planeten als Ausgangspunkt zu wählen, welcher der Erde besonders nahe kommt. Das trifft für die Venus zu, wenn sie sich zwischen Sonne und Erde schiebt. Normalerweise ist sie dann – wie der Neumond – nicht sichtbar, aber in den seltenen Fällen, wo sie genau vor der Sonne vorbeiläuft, kann man sie mit einem Fernrohr als dunkles Pünktchen sehen, das sich über die helle Sonnenscheibe bewegt. Wenn man einen solchen *Venusdurchgang* von zwei in Nord-Süd-Richtung weit auseinanderliegenden Stellen der Erde aus beobachtet (deren Entfernung voneinander hier quasi die Basis der Triangulation bildet), läßt sich aus dem etwas unterschiedlichen Weg der Venus ihre Entfernung und schließlich auch der mittlere Abstand der Erde von der Sonne berechnen. Welch große Bedeutung dieser Bestimmung beigelegt wurde, geht z. B. daraus hervor, daß die britische Royal Society dem Seefahrer James Cook einen Astronomen mit auf seine Erkundungsreise in südliche Breiten gab, der den Venusdurchgang im Jahre 1769 vermessen sollte. (Bei dieser Reise erforschte Cook das schon 1606 entdeckte Tahiti und die übrigen »Gesellschaftsinseln« im Pazifik, die ihren Namen der Royal Society, der Königlichen Gesellschaft, verdanken.)

Die auf Tahiti durchgeführten Messungen brachten allerdings noch nicht den erhofften Erfolg, erst bei dem letzten Venusdurchgang im Jahre 1882 wurden zuverlässigere Werte bestimmt. Heute ist die mittlere Entfernung Sonne–Erde als eine Art kosmisches Urmeter, die *Astronomische Einheit*, dank modernster Technik aus Radar- und Satellitenmessungen bis auf viele Stellen genau bekannt. Ihr Wert – rund 149,6 Mio. km – läßt sich auch als 0,000016 Lichtjahre oder 8,3 Lichtminuten ausdrücken.

Im Planetensystem bilden Entfernungsbestimmungen heute keine Schwierigkeiten mehr. Anders sieht es aus, wenn wir auch nur bis zu den nächsten Fixsternen vordringen wollen. Man muß sich hier nach einer viel längeren Basis für die Triangulation umsehen. Schon sehr alt ist der Gedanke, dafür den *Durchmesser der Erdbahn*, also die doppelte Astronomische Einheit, auszunutzen. Der Grundgedanke war einfach: Wenn man einen bestimmten Stern im zeitlichen Abstand von einem halben Jahr beobachtet, müßte sich die kleine Änderung in der Visierrichtung als eine Verschiebung des Sterns gegen die entfernteren Hintergrundsterne zu erkennen geben (vgl. Fig. 11). Lange fand man keinerlei Anzeichen für solche *Parallaxen* genannte Verschiebungen, was zunächst sogar als ein Hinweis darauf verstanden wurde, daß die Erde doch unbeweglich im Mittelpunkt des Planetensystems steht. Denn nur der Lauf der Erde um die Sonne kann ja eine solche Verschiebung eines Sterns an der Fixsternsphäre bewirken. Erst vor gut 150 Jahren, im Herbst 1838, gelang dem damaligen Direktor der Königsberger Sternwarte Friedrich Wilhelm Bessel nach langem, geduldigem Beobachten mit einem hervorragenden Fraunhoferschen Fernrohr die erste Messung einer Parallaxe bei einem nicht sehr hellen Sternchen im Sternbild Schwan. Die gesamte Verschiebung (der Winkel 2π in der Figur 11) betrug nur 0,6 Bogensekunde, das entspricht dem Durchmesser eines Markstücks aus einer Entfernung von 4 km. Fast gleichzeitig stellte Wilhelm Struve in Dorpat (Estland) bei dem Stern *Wega* im Sternbild Leier eine noch kleinere Verschiebung fest. Die Entfernung des Besselschen Sterns berechnete sich zu 10 Lichtjahren, die Entfernung von Wega, die nachträglich aufgrund von Beobachtungen von Wilhelm Struves Sohn Otto noch etwas korrigiert werden mußte, zu 26 Lichtjahren. Beide Sterne gehören damit zu unserer unmittelbaren kosmischen Nachbarschaft.

Die Entdeckung war damals von ungeheurer Wichtigkeit, brachte sie doch den Beweis für eine Annahme, nach dem man seit Jahrhunderten gesucht hatte, und beseitigte den letzten Einwand gegen das heliozentrische Weltbild. Sie war aber erst mit der Entwicklung leistungsfähiger Teleskope im 19. Jahrhundert möglich geworden. Sofort setzte damals an vielen anderen Sternwarten eine eifrige Tätigkeit auf diesem Gebiet ein, mit dem Erfolg, daß bald die Entfernungen einer ganzen Reihe von Sternen bekannt waren. Unter den ersten war der vom Kap der Guten Hoffnung

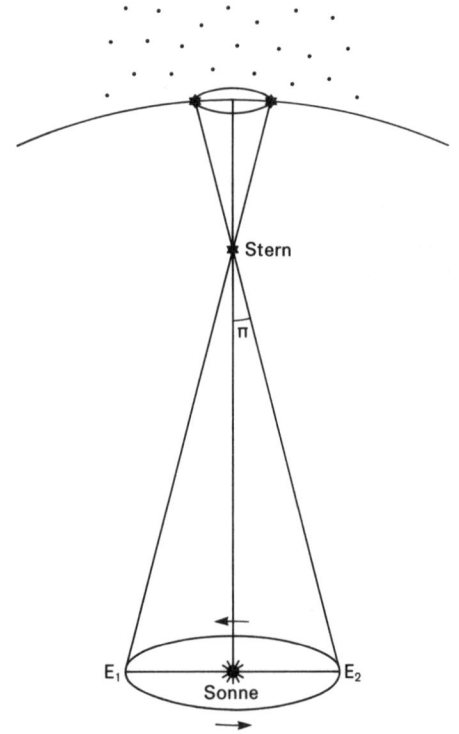

Fig. 11 *Messung einer Sternentfernung durch Triangulation. Basis der Messung ist der Erdbahndurchmesser $E_1 E_2$, um den die Erde ihre Position im Laufe eines halben Jahres verändert. Ein naher Stern erscheint dadurch gegenüber weiter entfernten Sternen um einen kleinen Winkel verschoben. Der* Parallaktische Winkel π *bezieht sich auf den Radius der Erdbahn, die Astronomische Einheit, als Basis. Man bezeichnet diese in Bogensekunden angegebene Entfernung als Sternparallaxe. Einer Bogensekunde entspricht die Distanz von 3,2615 Lichtjahren. Alle Fixsternparallaxen liegen unterhalb von einer Bogensekunde.*

aus entdeckte Südhimmelstern *Alpha Centauri*. In seiner Nähe steht mit einer Entfernung von 4,28 Lichtjahren der uns nächste, aber sehr schwache Stern. Er erhielt den lateinischen Namen *Proxima*, die Nächste.

Die eben beschriebene, vom Prinzip her einfache und sehr direkte Methode, die eigentlich nicht anders arbeitet als unsere beiden Augen, die uns das räumliche Sehen ermöglichen, reicht leider nicht allzu weit hinaus in das Reich der Fixsterne. Die größten so ermittelten Entfernungen liegen bei einigen hundert Lichtjahren, also in einem Gebiet, das gerade die nahen Bereiche unseres Milchstraßensystems umfaßt. Immerhin konnten auf diese Weise bisher die Entfernungen von mehreren tausend Sternen bestimmt werden. Allerdings sind viele Ergebnisse noch sehr ungenau. Erhebliche Verbesserungen erhofft man sich von dem Forschungssatelliten *Hipparcos* der Europäischen Raumfahrtagentur (ESA), der am 10. August 1989 gestartet wurde. Leider ist es nicht gelungen, ihn in die vorgesehene geostationäre Kreisbahn 36000 km über dem Erdäquator zu bringen, und er wird nur ein etwas reduziertes Programm durchführen können. Der Name des Satelliten soll in erster Linie an den großen griechischen Astronomen Hipparchos erinnern. Zugleich zeigt die Buchstabenfolge aber auch den Zweck des Satelliten an: *Hi*gh *P*recision *Par*allax *Co*llecting *S*atellite (Satellit zur Ansammlung sehr genauer Parallaxen).

Das Problem der Entfernungsbestimmung naher Sterne mit trigonometrischen Methoden ist deshalb so wichtig, weil alle anderen indirekten Methoden, die weiter in den Raum hinausreichen, mit diesen Werten geeicht werden und sich dadurch die gesamte Entfernungsskala im Kosmos daran festmacht. Diese aber ist ausschlaggebend für die Kosmologie, die Lehre vom Bau und von der Entwicklung des Universums.

Die nächste Methode, die bis in sehr viel größere Distanzen hinausreicht, benutzt als Grundlage die Spektren der Sterne, in denen ihr Licht in seine Regenbogenfarben zerlegt erscheint. Dem bunten Band des Spektrums sind charakteristische, von bestimmten chemischen Substanzen erzeugte Linien aufgeprägt, aus deren Lage, Stärke und Form sich wichtige physikalische Eigenschaften der Sternoberflächen ableiten lassen. Unter anderem läßt sich daraus die *Leuchtkraft* eines Sterns ermitteln, d. h. die pro Sekunde von ihm ausgestrahlte Energie. Sie ist eine echte physikalische Kenngröße eines Sterns, während die *Helligkeit*, in der er uns erscheint, sowohl von der Leuchtkraft als natürlich auch von der Entfernung abhängt. Die Leuchtkräfte der verschiedenen Sterntypen sind nun ganz unterschiedlich. Deshalb beeinflussen sie die Helligkeiten erheblich. Ein starkes Flutlicht, das uns ebenso hell erscheint wie ein schwaches Lämpchen, muß sehr viel weiter entfernt sein als dieses.

Aus dem Vergleich von Leuchtkraft und scheinbarer Helligkeit eines Sterns läßt sich nach einem allgemeinen physikalischen Gesetz seine Entfernung unmittelbar bestimmen. Nach diesem Gesetz nimmt die Helligkeit einer Lichtquelle um das Vierfache ab, wenn man sie in doppelter Entfernung sieht, und um das Hundertfache in zehnfacher Entfernung: Die Helligkeit verringert sich mit dem Quadrat des Abstands.

Mit dieser Methode lassen sich Sternentfernungen bis in viel größere Distanzen bestimmen als mit der vorher beschriebenen geometrischen Methode. Aber auch hiermit ist es zu Ende, wenn die Sterne so weit entfernt und entsprechend schwach sind, daß man keine brauchbaren Spektren mehr erhält. Dann hilft eine bestimmte Gruppe von Sternen, die ihre Leuchtkraft in einem festen Rhythmus von einigen Tagen bis Wochen verändern, da sie sich periodisch aufblähen und wieder zusammenziehen oder »pulsieren«. Es handelt sich um eine Untergruppe der zahlreichen *Pulsationsveränderlichen*; nach ihrem Prototyp im Sternbild Cepheus nennt man sie *Cepheiden* (oder Delta-Cephei-Sterne) (vgl. S. 180). Bei ihnen nimmt die Leuchtkraft nach einem festen Gesetz mit der Periode ihres Lichtwechsels zu. Kennt man diesen Zusammenhang – und man kann ihn an nahen Sternen bekannter Entfernung eichen –, so lassen sich die Distanzen der weiter entfernten Sterne unmittelbar aus der gemessenen Periode ablesen. Da diese Sterne zum Glück zu den sehr leuchtkräftigen »Flutlichtern« gehören, hat man auf diese Weise sogar die Entfernungen einiger naher Galaxien, in denen man Cepheiden fand, ermitteln können. Die Andromedagalaxie ist beispielsweise danach etwa 2 Millionen Lichtjahre entfernt.

Noch weiter nach außen wird die Entfernungsbestimmung immer schwieriger und auch ungenauer. Einen gewissen Anhaltspunkt geben die scheinbaren Durchmesser und die Gesamthelligkeiten ganzer Galaxien, deren Leuchtkräfte nicht so unterschiedlich sind wie die der Einzelsterne.

Bis an die Grenzen des beobachtbaren Universums reichen die Spektren ganzer Galaxien. Aus der Lage der Spektrallinien, die sich zu größeren Wellenlängen verschieben, wenn sich die Licht-

quellen – hier die Galaxien – von uns weg bewegen (der sogenannten Rotverschiebung der Spektrallinien), läßt sich diese
Fluchtgeschwindigkeit bestimmen. Ihre Größe hängt wiederum
von ihrer Entfernung ab: Je weiter eine Galaxie entfernt ist, desto schneller »flieht« sie. Für diese als *Dopplereffekt* bekannte
Linienverschiebung gibt es ein aus dem Alltag bekanntes Analo-
gon. Der Ton einer Sirene von einem sich entfernenden Polizei-
auto ist tiefer, als wenn das Auto steht oder gar auf uns zu
kommt, da die Schallwellen sich bei der Entfernung zu größeren
Wellenlängen hin verschieben, und das bedeutet tiefere Töne.

Der Grund für die mit zunehmender Entfernung größer werdende kosmische Fluchtgeschwindigkeit der Galaxien liegt in
einer Expansion des gesamten Weltalls, die aus der Relativitätstheorie folgt und sich aus der Entstehung des Universums im *Urknall* vor 15–20 Milliarden Jahren erklären läßt.

Neben diesen in ihren Grundzügen skizzierten Methoden, die
allerdings in ihrer praktischen Durchführung nicht so einfach
und zuverlässig sind, wie das hier vielleicht erscheint, gibt es weitere Modifikationen und statistische Methoden, die in manchen
Fällen weiterhelfen. Es sollte hier nur ein Eindruck davon vermittelt werden, auf wie unterschiedliche Weise es den Astronomen gelingt, ihre Meßlatten immer weiter bis an die Grenzen des
Universums vorzuschieben, so daß wir heute einen recht zuver-
lässigen Überblick über den Aufbau und die Dimensionen des
Kosmos haben.

2. Sternbilder

Historisches

Anders als heute haben die Sternbilder in früheren Zeiten eine
große Rolle im Alltag der Menschen, vor allem der als Nomaden
lebenden Hirtenvölker, gespielt. Man lernte, die Reisewege nach
dem Lauf der Sterne auszurichten. Aber auch für die Einteilung
des Jahres in Zeitabschnitte, nach denen sich Saat und Ernte rich-
eten, war die Kenntnis der Erscheinungen am Himmel wichtig.

So ist die Gruppierung der Sterne zu einzelnen Konstellationen sehr alt.

Bei dieser Bedeutung des Sternhimmels lag es nahe, das Firmament mit allerhand Göttern und Sagengestalten zu bevölkern. Die Bezeichnungen, die wir im wesentlichen noch heute in ihrer lateinischen Form verwenden, gehen zum Teil auf die Babylonier zurück, denen wir vor allem die Namen der Tierkreisbilder verdanken. Auch bei Homer, dem Dichter der *Ilias* und *Odyssee*, kommen einige bekannte Sternbilder schon vor. In alten Sternkarten finden wir phantasievolle Illustrationen der an den Himmel versetzten Symbolgestalten in das Muster der Sterne eingezeichnet, durch die man den Zusammenhang mit den zugehörigen Sternbildern deutlich machen wollte. Besonders wertvoll ist eine bis heute erhaltene karolingische Bilderhandschrift aus der Mitte des 9. Jahrhunderts. Darin sind Teile einer poetischen Darstellung wiedergegeben, die der im dritten vorchristlichen Jahrhundert am makedonischen Königshof lebende Dichter Aratos nach der Beschreibung des Eudoxos verfaßt hat. In dieser als *Aratea* bezeichneten Handschrift wurde das in der Römerzeit ins Lateinische übertragene Gedicht mit prachtvollen ganzseitigen Darstellungen der einzelnen Sternbilder geschmückt, die ihrerseits auf spätrömische Vorlagen zurückgehen. Die Aratea ist heute der wertvollste Besitz der Universitätsbibliothek in Leiden (Holland).

Uns modernen Menschen fällt es zwar bei den meisten Sternbildern nicht leicht, eine Verbindung zu den Vorbildern zu erkennen, nach denen sie bezeichnet wurden. In einigen Fällen, wie bei dem (in unseren Breiten nur zur Hälfte sichtbaren) Skorpion, dem Schwan, dem Orion oder den Zwillingen, leuchtet ein Zusammenhang allerdings unmittelbarer ein.

Der Almagest des Ptolemäus verzeichnete im zweiten Jahrhundert n. Chr. insgesamt 48 Sternbilder, die den vom Mittelmeerraum sichtbaren Teil des Firmaments überdecken. In der Neuzeit kamen nach und nach 40 weitere Sternbilder dazu, nachdem seit dem 15. Jahrhundert die südlichen Meere und Küsten entdeckt worden waren und einzelne Astronomen damit begonnen hatten auch den Südhimmel systematisch zu erforschen.

Zwei holländische Seefahrer, Piet Keyser und Frederick de Houtman, beobachteten auf einer Ostindienfahrt im Jahre 159 zwölf neue Sternbilder und gaben den meisten die Namen von tropischen Tieren. Johannes Bayer, ein Augsburger Rechtsgelehrter, der sich mit großem Eifer astronomisch betätigte, hat sie in seiner 1603 erschienenen *Uranometria* aufgeführt. Dazu gehören der *Pfau*, der *Paradiesvogel*, der *Tukan*, das *Chamäleon*, aber auch das *Kreuz des Südens* und der mythologische *Phönix*. In dem Werk *Prodromus astronomiae* des Danziger Bürgermeisters und Astronomen Johannes Hevelke (genannt Hevelius) aus dem Jahre 1690 finden wir sieben neue kleinere Sternbilder, mit denen der Verfasser Lücken am Nordhimmel überdecken wollte, darunter den *Kleinen Löwen*, die *Jagdhunde*, das *Füchslein* und den *Luchs*. Besonders reich war der Beitrag zum Südhimmel, den der französische Abbé Nicolas de Lacaille um die Mitte des 18. Jahrhunderts während seines längeren Aufenthalts am Kap der Guten Hoffnung leistete. In seinem Werk *Coelum australe stelliferum* aus dem Jahr 1763 sind 14 Südsternbilder verzeichnet, mit deren Namen er Instrumenten und Geräten der Astronomen und der Seefahrer ein Denkmal am Himmel setzte. Darunter ist das *Fernrohr*, die *Pendeluhr*, der *Chemische Ofen*, der *Grabstichel* sowie der *Tafelberg*, in dessen Nähe er seine Beobachtungen durchführte.

Die früher unregelmäßig verlaufenden Grenzlinien zwischen den heute insgesamt 88 Sternbildern wurden 1930 von der Internationalen Astronomischen Union geradlinig festgelegt.

Was ist ein Sternbild?

Lange Zeit galten die Sternbilder als Zusammenfassung von räumlich benachbarten Gestirnen, sie wurden also als reale Sternansammlungen angesehen. In der Antike stellte man sich das Firmament als eine Hohlkugel vor, an deren Innenseite die Sterne wie leuchtende Stecknadeln befestigt waren, alle in gleicher Entfernung von der Erde. Eine andere Meinung war, daß der Schein eines großen Feuers wie durch einen löcherigen Vorhang in das Innere der Himmelssphäre dringe. Erst vor etwa 150 Jahren wurde mit der Messung der ersten Fixsternentfernungen der Nachweis erbracht, daß es solch ein Himmelsgewölbe nicht gibt, sondern daß die Sterne über einen weiten Raum verteilt in ganz unterschiedlichen Entfernungen von uns stehen. So sind die Sternbilder zwar sinnvoll als Einteilung, sie haben aber keinerlei reelle Bedeutung. Wir sehen in ihnen nur die *Projektion heller Sterne* an den dunklen Vorhang der Sphäre.

Einige Beispiele sollen das illustrieren. Das ausdrucksvolle Frühjahrsbild des Löwen hat unten rechts seinen hellsten Stern *Regulus* als »Vorderpfote«; die Spitze seines Schweifs wird durch den zweithellsten Stern *Denebola* markiert; der dritthellste *Algieba* (arabisch »Löwenmähne«) steht oberhalb von Regulus etwa an der Schulter des Himmelslöwen (vgl. Fig. 17). Mit gut 40 Lichtjahren Entfernung ist Denebola uns am nächsten, knapp doppelt so weit ist Regulus entfernt, und fast die vierfache Distanz hat Algieba. Die drei Sterne haben räumlich nichts miteinander zu tun, wir sehen sie nur etwa in der gleichen Richtung. Auch die fünf hellen Sterne der Kassiopeia, die ein so schönes »W« bilden, gehören räumlich nicht zusammen. Vier von ihnen sind uns näher als 150 Lichtjahre, mit knapp 50 Lichtjahren ist der am weitesten rechts stehende zweithellste Stern *Caph* der nächste. Der Stern ganz links oben hat allerdings eine Distanz von mehreren 100 Lichtjahren, das »W« fällt also im Raum völlig auseinander (vgl. Fig. 22). Etwas anders ist es mit den sieben Wagensternen des Großen Bären. Fünf davon gehören mit Entfernungen zwischen 70 und 80 Lichtjahren noch lose zusammen, sie bewegen sich auch im Raum in die gleiche Richtung. Der obere rechte Kastenstern *Dubhe* ist deutlich weiter entfernt, und in großem Abstand von mehreren 100 Lichtjahren leuchtet ganz vorn an der Deichsel *Benetnasch* (vgl. Fig. 15). Wie es sich für Zwillinge gehört, sind *Castor* und *Pollux* ziemlich nahe benachbart.

Vor allem die fernen Sternsysteme, die Galaxien, haben nichts mit den Sternen zu tun, zwischen denen wir sie sehen. So sollte man eigentlich nicht sagen, daß die berühmte Spiralgalaxie »im Sternbild Andromeda« steht, sondern korrekter: in der Richtung dieses Sternbildes, denn sie ist rund 10000mal weiter von uns entfernt als die Andromedasterne. Sternbilder kennzeichnen demnach *Richtungen*, und mit ihrer Hilfe kann man sich bequem über die Lage verschiedener Objekte am Himmel verständigen.

Nur die hellsten Sterne haben Eigennamen, die fast alle arabischen Ursprungs sind. Von dem schon erwähnten Johannes Bayer stammt der Vorschlag, die Sterne innerhalb eines Bildes mit griechischen Buchstaben, in der Regel in der Reihenfolge abnehmender Helligkeiten, zu kennzeichnen, so daß der jeweils hellste Stern die Bezeichnung »Alpha« bekam. Eine Ausnahme finden wir z. B. im Orion, wo der hellste Stern *Rigel* »Beta Orionis«, die etwas dunklere rötliche *Beteigeuze* aber »Alpha Orionis« ist.

Mit dem ständigen Anwachsen der Sternkataloge reichte das griechische Alphabet bald nicht mehr aus, darum wurden lateinische Doppelbuchstaben und schließlich auch mehrstellige Zahlen zur Kennzeichnung der Objekte verwendet. Man wird etwas an die Nummernschilder von Kraftfahrzeugen erinnert. Es ist also nicht das den Wissenschaftlern häufig nachgesagte nüchterne Denken, sondern schiere Notwendigkeit, wenn die meisten Sterne bei den Astronomen nur als Nummern existieren. Das Verfahren ist übrigens vor allem im Zeitalter der großen Computer sehr praktisch. In ihren Speichern läßt sich der Inhalt ganzer Kataloge aufbewahren, in denen neben der Nummer der Objekte auch deren genauer Ort am Himmel vermerkt ist. In den modernen Observatorien braucht nur noch die Kenn-Nummer eines zu beobachtenden Sterns in den Rechner eingegeben zu werden, der dann selbständig die großen Teleskope auf das gewünschte Objekt ausrichtet.

Markierungen auf der Himmelskarte

Zur Festlegung der Positionen von Himmelsobjekten verwenden die Astronomen ein schon lange gebräuchliches System. Man hat die Himmelskugel ähnlich wie den Erdglobus mit einem Gradnetz überzogen, das die unmittelbare Projektion der geographischen Längen- und Breitenkreise an die Sphäre darstellt. Darin entspricht der *Himmelsäquator* in seiner Lage dem Äquator der Erde, und die beiden *Himmelspole* markieren die Verlängerung der Erdachse zwischen Nord- und Südpol. Allerdings spricht man am Himmel nicht von Breiten und Längen. Der geographischen Breite entspricht die *Deklination*, die den Winkelabstand eines Gestirns vom Himmelsäquator angibt, auch hier gezählt von 0° (Äquator) bis 90° (Pole) nördliche und südliche Deklination. Den Längenkreisen, die durch die geographischen Pole gehen und den Äquator senkrecht schneiden, sind die *Stundenkreise* analog. Sie wandern mit den Sternen wegen der täglichen Drehung der Erde einmal in 24 Stunden von Ost nach West über den Himmel und werden gezählt in *Rektaszension* von 0 bis 24 Stunden, was den geographischen Längen von 0° bis 180° Ost bzw. West entspricht. Eine Rektaszensionsdifferenz von einer Stunde ist daher gleichbedeutend mit einem Winkelunterschied von 15°. Mit der Angabe seiner Rektaszension und Deklination ist die Position eines Sterns ebenso beschrieben wie ein Ort auf der Erde durch seine Länge und Breite.

Ebenso wie auf der Erde muß der Nullkreis als Anfang der Rektaszensionszählung festgelegt werden. Der Längenkreis von 0° geht durch das altehrwürdige Observatorium von Greenwich, heute einem Vorort von London. Die Rektaszension 0^h (h für lateinisch »hora«, Stunde) ist durch einen Punkt im Sternbild Fische definiert, in welchem der Himmelsäquator die scheinbare Sonnenbahn, die Ekliptik, kreuzt. Die Sonne durchläuft diesen Punkt zu Frühlingsanfang beim Übergang von der südlichen zur nördlichen Hemisphäre, weshalb er als *Frühlingspunkt* bezeichnet wird.

Allerdings ist auch dieser Punkt nicht wirklich fest; seine Lageveränderung macht sich aber erst in größeren Zeiträumen bemerkbar. Der Grund dafür ist eine *Präzessionsbewegung*, die die Erdachse sehr langsam um die Achse ihrer jährlichen Bahnbewegung dreht. Jeder, der als Kind mit einem Kreisel gespielt hat, kennt dieses Phänomen: Der Kreisel bleibt nicht ganz aufrecht stehen, wenn man ihm einen kleinen seitlichen Stoß versetzt, sondern dreht sich um das Lot auf seiner Unterlage (z. B. dem Fußboden) und »torkelt« herum. Die Polachse erleidet eine solche Störung durch die Anziehungskraft von Sonne und Mond, die ein wenig am Äquatorwulst der Erde ziehen. Durch die Präzession beschreibt der Himmelsnordpol im Laufe von 25 700 Jahren einen Kreis am Himmel um den *raumfesten Pol der Ekliptik* im Sternbild Drache (eine spiegelbildliche Bewegung führt gegenüber am Himmel der Südpol aus). Augenblicklich fällt er fast genau mit dem *Polarstern* im Kleinen Bären zusammen, um das Jahr 8400 wird er zwischen den Sternbildern Cepheus und Schwan liegen, und etwa um 14 500 wird Wega in der Leier in der Nähe des Himmelsnordpols leuchten. Für den Kreuzungspunkt zwischen Äquator und

Ekliptik, den Frühlingspunkt, wirkt sich das so aus, daß dieser langsam auf der Ekliptik durch die Tierkreisbilder zurückgleitet. In der Antike vor gut 2000 Jahren lag der Frühlingspunkt im Sternbild Widder, und die Bezeichnung »Widderpunkt« hat sich bis heute erhalten. Jetzt ist er bis in den westlichen Teil der Fische zurückgewichen und schiebt sich allmählich – alle 36 Jahre um etwa eine Vollmondbreite – weiter zum Wassermann. (Dies ist auch der Grund, warum die Astrologen, die ihre Horoskope noch nach der Situation von vor über 2000 Jahren aufstellen, mit ihren Stern*zeichen* von den astronomisch gültigen Stern*bildern* abweichen.)

Die oben beschriebenen Fixsternkoordinaten sind nur mit dieser Einschränkung (abgesehen von der Eigenbewegung der Sterne) konstant. Die Astronomen, die ihre Instrumente genau auf ein Objekt ausrichten wollen, müssen jeweils bestimmte Korrekturen an die in den Sternkatalogen angegebenen Koordinaten anbringen. Damit die Abweichungen nicht zu sehr anwachsen, werden die Kataloge alle 50 Jahre mit den entsprechenden Berichtigungen neu herausgegeben. Langsam verschiebt sich so das über den Himmelsglobus gelegte Koordinatennetz. – Die Sonne, die Planeten und der Mond, die sich gegenüber den Sternen bewegen, ändern ständig ihre Koordinaten wie ein über den Ozean fahrendes Schiff. Ihre wechselnden Positionen lassen sich im voraus genau berechnen und werden zusammen mit den Positionen von Sonne und Mond in Jahrbüchern veröffentlicht. Früher waren das langwierige und mühsame Rechnungen, heute erledigen Computer sie mit beliebiger Genauigkeit und in kurzer Zeit.

Dies alles mag beim ersten Lesen etwas verwirrend erscheinen, und tatsächlich ist es auch ein großes Problem, bei den vielen unterschiedlichen Bewegungen der Himmelskörper sowie der Erde ein einigermaßen feststehendes Bezugssystem zu finden. Den Sternfreund, der sich abends am Himmel umsieht, muß das allerdings nicht allzu sehr bekümmern. Es genügt, wenn er sich an die guten alten Sternbilder hält, die sich im Lauf eines Menschenlebens nicht merklich verändern. Sie sind deshalb heutzutage den Amateurastronomen oft besser vertraut als manchem »Profi«.

3. Fixsterne in Bewegung

Die Uhren der Astronomen gehen schneller

Wenn man den Jahreslauf der Sterne verfolgt, abends immer andere im Osten aufgehen und im Westen unter den Horizont sinken sieht, drängt sich leicht der Eindruck auf, daß der Sternhimmel sich wirklich von Tag zu Tag verändert. Schuld an diesem scheinbaren Wandel ist aber allein die Sonne. Sie sorgt bei ihrem Jahreslauf durch den Tierkreis dafür, daß immer andere Sterne gleichzeitig mit ihr am Taghimmel stehen und dann für eine gewisse Zeit unsichtbar sind. Da wir unseren Tagesrhythmus auf den Lauf der Sonne einstellen, haben wir die Zeiteinteilung zweckmäßigerweise nach der Sonne ausgerichtet und nicht nach den Sternen.

Ein Tag, das ist die Zeit zwischen zwei Gleichständen der Sonne, z. B. von Mittag zu Mittag – ein Sonnentag. Diese Zeitspanne ist etwas länger als eine volle Drehung der Erde um ihre Polachse, die sie wieder in die gleiche Stellung zu den Sternen bringt. Die Sonne ist ja in diesen 24 Stunden eine kleine Strecke weiter am Himmel vorgerückt – ein Spiegelbild des Jahresumlaufs der Erde. Es dauert daher etwas länger als eine volle Erdrotation, bis auch sie wieder in der gleichen Stellung zur Erde steht. Eine Erddrehung, der *Sterntag*, ist 3 Minuten 56,56 Sekunden kürzer als der *Sonnentag*; in einem Jahr addiert sich diese Differenz gerade zu einem vollen Tag. Die Astronomen brauchen die so definierte *Sternzeit*, um ihre Instrumente auf ein bestimmtes Himmelsobjekt auszurichten. Sie benutzen deshalb Uhren, die etwas schneller gehen und diese Sternzeit anzeigen. Nach ihnen steht ein bestimmter Stern zur selben Uhrzeit immer an derselben Stelle am Himmel: Wir würden, wenn wir uns nach diesen Uhren richteten, (Stern-)Tag für Tag zur gleichen Uhrzeit den gleichen Anblick haben. (So steht z. B. Sirius immer um 6.45 Uhr Sternzeit im Süden.) Der gleiche Sonnenstand, z. B. der Mittag, bewegt sich allerdings im Laufe des Jahres durch alle (Stern-)Uhrzeiten. Umgekehrt verfrüht sich der Auf- und Untergang der Sterne täglich um diese knapp 4 Minuten, wenn unsere Uhren die gewohnte Sonnenzeit anzeigen. Das fällt von einem Tag zum nächsten nicht auf, aber man merkt, daß nach einem Monat ein markantes Sternbild zwei Stunden früher im Osten erscheint.

Sterne, die nie untergehen

Welchen Teil des gesamten Himmels können wir überhaupt von einem bestimmten Ort auf der Erde aus sehen? Das hängt allein von der geographischen Breite des Standorts ab. Jedem muß auffallen, daß der Sternhimmel in südlichen Breiten anders aussieht, daß z. B. der Große Bär tiefer steht und bei uns nicht sichtbare Sternbilder im Süden auftauchen. Vor allem finden wir den Polarstern, der den Himmelsnordpol markiert, um so näher am Horizont, je weiter wir nach Süden kommen, und zwar gibt uns die *Höhe des Polarsterns* direkt die *geographische Breite* unseres Standorts an. Mit einem Globus kann man sich das leicht deutlich machen: Am Nordpol der Erde würde man den Himmelsnordpol senkrecht über sich sehen, und alle Sterne würden im Laufe eines Sterntages einmal auf kleinen und größeren Kreisen um ihn herumwandern. Am Äquator liegt der Nordpol im Nordpunkt des Horizonts, der Südpol genau gegenüber im Süden, und alle Gestirne gehen senkrecht auf und unter. Das gilt natürlich auch für die Sonne; sie steigt daher am Äquator rasch hoch und gewinnt schneller an Höhe als bei uns. Daraus erklären sich die kürzeren Dämmerungszeiten in Äquatornähe.

Nun läßt sich auch leicht beantworten, welche Sterne bei uns zu sehen sind. Wegen der Erddrehung beschreiben ja alle Sterne Kreise um den in Deutschland rund 50° hoch stehenden Polarstern. Wer eine Kamera mit einem Stativ auf den Polarstern ausrichtet und lange genug belichtet, wird feststellen, daß jeder Stern die Spur eines kurzen Kreisbogens mit dem Polarstern als Zentrum auf dem Film hinterlassen hat. Bis zu einer gewissen Entfernung vom Pol verlaufen diese Kreise ganz über dem Horizont. Die *Zirkumpolarsterne* in diesem Bereich gehen deshalb nie unter. In unseren Breiten gehören der Kleine und Große Bär, der Drache, Cepheus und Kassiopeia dazu. Schwan und Leier, Fuhrmann, Perseus und Andromeda streifen den Horizont in ihrer tiefsten Stellung im Norden, die noch weiter vom Pol entfernten Sternbilder gehen täglich auf und unter (vgl. Fig. 12).

Ein gleichgroßer Bereich um den Südpol des Himmels, der den nördlichen Zirkumpolarsternen gegenüberliegt, ist von unseren Breiten aus niemals sichtbar.

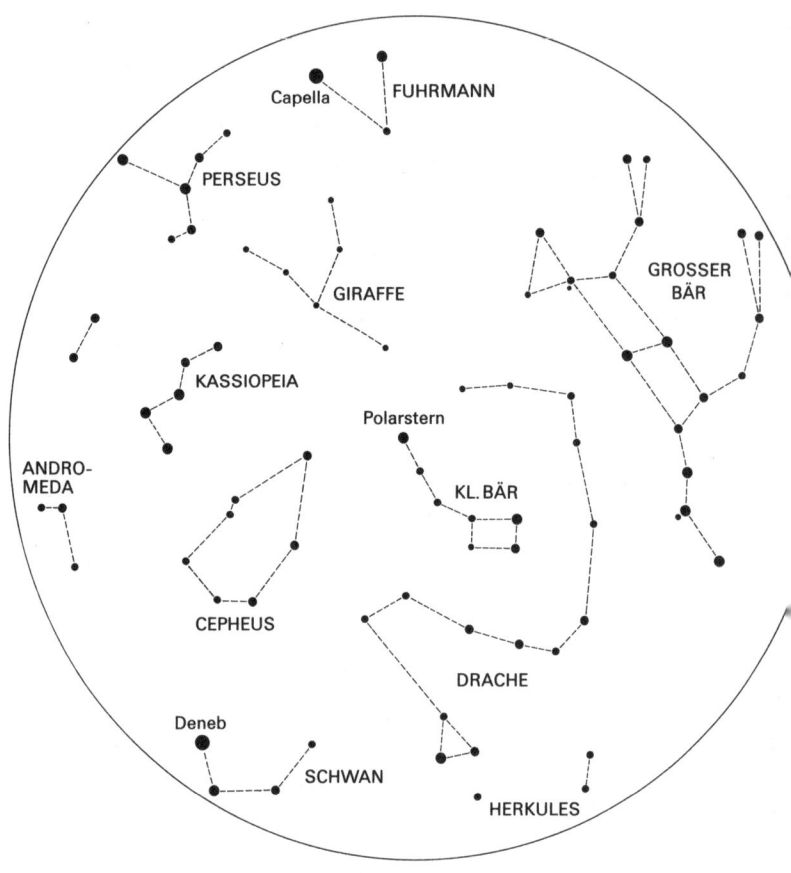

Fig. 12 Die Zirkumpolarsterne für eine geographische Breite von 50°. Sie beschreiben infolge der täglichen Drehung der Erde konzentrische Kreise um den Nordpol des Himmels, der durch den in seiner Nähe stehenden Polarstern leicht zu finden ist. Der Pol steht fest über dem Nordhorizont, seine Höhe ist gleich der geographischen Breite des Beobachtungsortes. Die Zirkumpolarsterne tauchen wegen ihrer Nähe zum Pol niemals unter den Horizont, sind also zu allen Jahreszeiten während der ganzen Nacht sichtbar. So steht der Große Bär im April/Mai abends in seiner Höchststellung fast im Zenit, während er im Oktober/November um die gleiche Tageszeit dicht über den Nordhorizont zieht.

146

Je weiter man nach Norden kommt, desto größer wird das Gebiet der Zirkumpolarsterne. Am Pol ist stets der halbe Sternhimmel zu sehen, die andere Hälfte bleibt immer unsichtbar. Am Äquator gibt es dagegen überhaupt keine zirkumpolaren Objekte. Dort dreht sich das *gesamte* Firmament jeden Tag um den Betrachter, jedes Gestirn steht 12 Stunden über und 12 Stunden unter dem Horizont. Auch die Sonne macht davon keine Ausnahme. Allerdings ist der Sonnenlauf komplizierter als die Bahnen der Sterne. Sie bewegt sich ja auf der Ekliptik weiter; im Frühjahr und Sommer verhält sie sich wie ein Stern des Nordhimmels, während der anderen Jahreshälfte steht sie am Südhimmel. Nördlich des Polarkreises gehört sie in den Sommermonaten zu den zirkumpolaren Objekten, und die dortigen Bewohner erleben die Mitternachtssonne. Dafür müssen sie im Winter, wenn unser Tagesgestirn in Gebieten um den Südpol nicht untergeht, für eine gewisse Zeit ganz auf das Sonnenlicht verzichten.

Der Tanz der Sterne

Bisher wurde immer betont, daß die Sterne in einem festen Muster am Himmel stehen und sich gegeneinander nicht bewegen. Schließlich nennt man sie deshalb ja auch »Fixsterne«. Allerdings handelt es sich auch hier, wie bei vielen anderen Erscheinungen am Himmel, um einen scheinbaren Effekt. Die großen Entfernungen der Sterne bringen es mit sich, daß die z. T. erheblichen Geschwindigkeiten, mit denen sie im Raum herumsausen, sich in der kurzen Zeit eines Menschenlebens für uns nicht bemerkbar machen; nur mit feinen Instrumenten kann man die dadurch verursachten Ortsveränderungen, die *Eigenbewegungen* der Sterne, nachweisen. So wußte man lange nichts von ihnen, denn selbst im Laufe mehrerer Jahrhunderte fallen sie noch nicht auf, und das Firmament präsentierte sich den Menschen in der Antike fast ebenso wie heute. Beobachtungen viele Jahrtausende hindurch würden aber erkennen lassen, daß die Sterne sich gegeneinander verschieben. Vor einigen zehntausend Jahren hätte z. B. niemand in den sieben hellen Sternen des Großen Bären einen Kastenwagen mit Deichsel erkennen können, und nach einigen zehntausend Jahren wird die Konstellation wieder anders aussehen.

Auch die Sonne mit ihren Planeten nimmt an diesem Tanz teil. Schon gegen Ende des 18. Jahrhunderts stellte William Herschel fest, daß wir – d. h. das gesamte Sonnensystem – uns auf einen Punkt in der Richtung des Sternbilds Herkules am Nordhimmel zu bewegen. Man verwendet in der Fachliteratur für diesen Zielpunkt die Bezeichnung *Apex*. Nun muß jede Bewegung im Kosmos auf bestimmte Objekte oder Punkte bezogen werden, denn einen absoluten Fixpunkt gibt es im Weltraum nicht. So beträgt die Bahngeschwindigkeit der Erde relativ zur Sonne knapp 30 km/s oder 207000 km/h. Gemeinsam mit der Sonne und den anderen Planeten bewegt sie sich außerdem relativ zu den Sternen unserer kosmischen Umgebung mit 19 km/s auf den Apex zu. Alle diese Sterne führen ähnlich schnelle, aber in ganz verschiedene Richtungen zielende Eigenbewegungen aus, und mit ihnen gemeinsam rasen wir mit 250 km/s wie ein riesiger Mückenschwarm um das Zentrum unseres Milchstraßensystems. Trotzdem braucht die Sonne rund 200 Millionen Jahre zu einem Umlauf um die 28000 Lichtjahre entfernte Mitte. Die jeweilige Umlaufgeschwindigkeit der Sterne ist in komplizierter Weise von ihrem Abstand vom Zentrum abhängig. Es ist weder die »starre Rotation« einer Töpferscheibe noch die Abhängigkeit, die wir in ihrer einfachen Form aus den im Sonnensystem gültigen Keplerschen Gesetzen kennen. Hier umkreisen nicht – wie die Planeten die Sonne – einzelne Objekte eine auf einen kleinen Zentralbereich konzentrierte Masse, sondern eine Vielzahl von Sternen, die sich ungleichmäßig über die gesamte Scheibe des Systems ausbreiten, laufen um das Zentrum. So wirken auf jeden Stern aus allen Richtungen verschiedene Schwerkräfte ein, und von der gesamten Massenverteilung hängen die Umlaufgeschwindigkeiten wesentlich ab. Daß es bei all diesem ganzen Durcheinander nicht zu Zusammenstößen zwischen zwei Sternen kommt, liegt daran, daß die Distanzen zwischen ihnen im Verhältnis zu ihrer eigenen Größe gewaltig sind. Die Erde kann also die kosmische Reise zusammen mit der Sonne beruhigt fortsetzen.

4. Die Sterne im Jahreslauf I: Der Winterhimmel

In den folgenden Kapiteln werden wir mehrere ausführliche Wanderungen am Abendhimmel unternehmen und beobachten, welche Sternbilder und Himmelsobjekte im Laufe des Monats über uns hinwegziehen. Dabei sollen viele Eigenschaften der Fixsterne, ihr Entstehen und Vergehen, ihre Entfernungen und Dimensionen besprochen werden. Auch andere kosmische Objekte wie die Materie zwischen den Sternen oder die weit entfernten großen Galaxien werden wir kennenlernen. Mythen und Sagen, die sich seit Jahrtausenden um viele Sternbilder ranken und ihnen ihre Bezeichnungen gegeben haben, sind ein Ausdruck dafür, daß die Menschen immer eine enge Verbindung zu den Erscheinungen des Himmels hatten. Sie sollen deshalb auch nicht vergessen werden.

Monat für Monat rückt die Sonne im Jahresverlauf im Tierkreis weiter, und damit kommen ständig andere Sternbilder an den Abendhimmel, während die vorher sichtbaren verschwinden. Deshalb sollen die Himmelsbeschreibungen nach den Jahreszeiten in vier Abschnitte eingeteilt werden, beginnend mit dem Teil des Firmaments, den wir in den ersten drei Monaten des Jahres in unseren Breiten abends sehen können.

Die Sternbilder um den Orion und ihre Bedeutung im Altertum

Das Jahr spielt gleich einen Trumpf aus, denn kein anderer Abschnitt des gesamten Himmels kann sich mit dem abendlichen Winterhimmel messen, wo sich im Osten und Süden die schönsten Sternbilder versammelt haben. Die häufig sehr klare Luft kalter Winternächte bringt diese funkelnde Pracht besonders zur Geltung. Also hinein in den warmen Mantel, die Mütze über die Ohren gezogen und das Auto aus der Garage geholt, denn bei den Lichtern einer Ortschaft oder gar dem Lichtermeer einer großen Stadt kann man nicht viel sehen.

Am Jahresanfang steht der *Orion* im Südosten im Mittelpunkt der Sternenbühne. Schon Homer hat vor nahezu 3000 Jahren diese Konstellation mit der Gestalt eines riesigen Jägers verbun-

Zu den Sternkarten:
Die vier Karten (S. 151, 170, 183, 200) zeigen die bekanntesten Sternbilder und helleren Sterne. Sie sollen nicht mehr sein als eine kleine Orientierungshilfe am Himmel und geben die Stellungen jeweils um die Mitte der vier Jahreszeiten gegen 21 Uhr wieder. Da sich das Firmament (abgesehen von der täglichen Drehung) im Laufe eines Jahres einmal um den Himmelsnordpol zu drehen scheint, sind zu einem früheren Datum einige Sternbilder im Osten noch nicht aufgetaucht, während im Westen noch Bilder zu sehen sind, die die Karte nicht mehr enthält, da sie bereits untergegangen sind. Planeten können nicht eingetragen werden, da sie ihre Positionen unter den Sternen ständig ändern.

Beim Gebrauch der Sternkarten muß man sich vor Augen halten, daß man nicht wie bei einer Landkarte von außen auf eine Kugel schaut, sondern sich im Inneren des Himmelsgewölbes befindet. Deshalb erscheinen Osten und Westen spiegelbildlich. Man macht sich das am besten klar, wenn man die Sternkarte über sich hält; dann sind alle Himmelsrichtungen deckungsgleich mit den Richtungen am Horizont. Bei der Benutzung lege man die Sternkarte immer so vor sich, daß die jeweilige Blickrichtung mit der am unteren Kartenrand angegebenen Richtung übereinstimmt (so muß die Karte z. B. bei Blickrichtung Norden um 180° gedreht werden). Dann sieht man die Sternbilder in dieser Richtung bis zum Zenit ebenso, wie sie am Himmel erscheinen.

Wer sich für den jeweiligen genauen Stand der Sterne von Monat zu Monat interessiert, sei auf eine ganze Reihe von Büchern verwiesen, die den Anblick des Nachthimmels im Jahreslauf detailliert und genau wiedergeben (z. B. das bewährte Büchlein »Welcher Stern ist das?« von Walter Widmann und Karl Schütte). Zu empfehlen sind auch drehbare Sternkarten, auf denen der Stand der Sterne an jedem beliebigen Datum und zu jeder Tageszeit abgelesen werden kann.

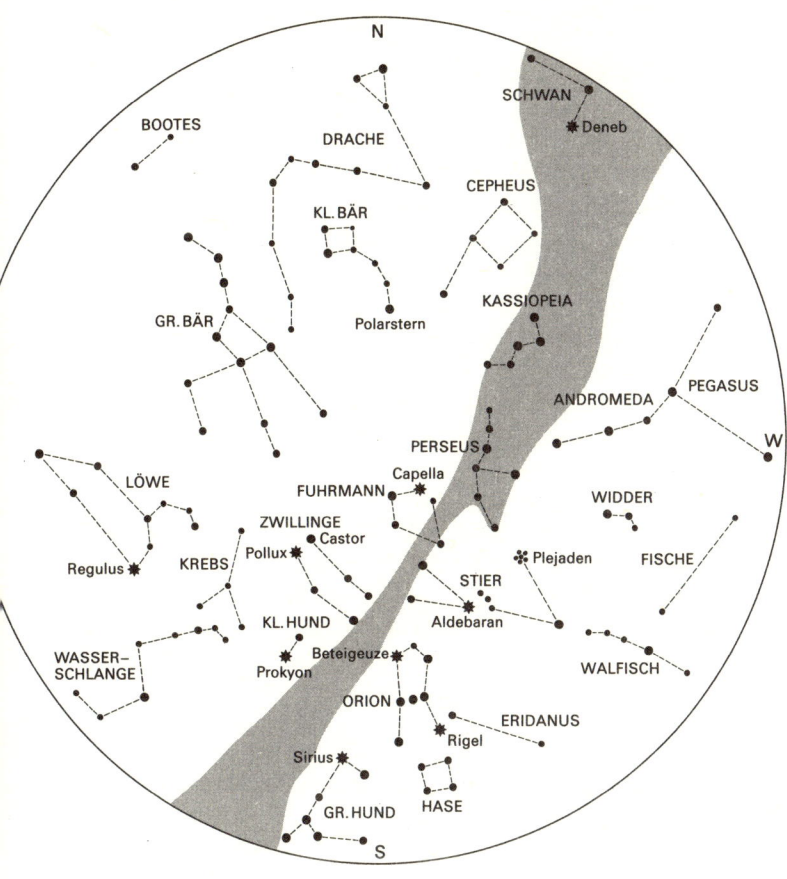

Fig. 13   Der Stand der Sterne für etwa 50° nördl. Breite und 10° östl. Länge
        am 15. Januar   gegen 23 Uhr
        am 15. Februar   gegen 21 Uhr
        am 15. März   gegen 19 Uhr

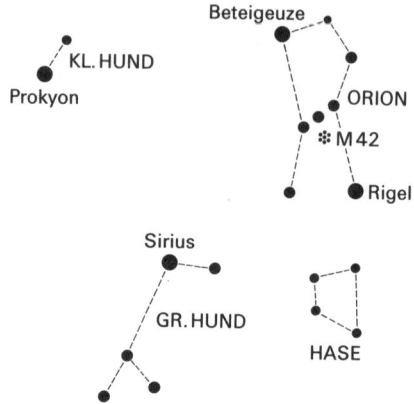

Fig. 14 Orion und seine Umgebung am abendlichen Winterhimmel.

den. Die breiten Schultern werden von zwei Sternen markiert; bekannt ist vor allem der linke, die rötliche *Beteigeuze*. Es ist ein Riesenstern, der am Ort der Sonne stehend die ganze Erdbahn und sogar die des Mars in sich einschließen würde, und er strahlt mehr Licht aus als zehntausend Sonnen. Ein dritter Stern, der »Kopf«, bildet mit den beiden Schultersternen ein flaches Dreieck. Als Gürtelschmuck trägt Orion drei nahe beieinander stehende Sterne um seine Mitte. Sie liegen fast genau auf dem Himmelsäquator und sind daher von allen Gebieten der Erde außer den Polarzonen gut zu sehen. Die Gürtelsterne gehen genau im Ostpunkt des Horizonts auf und im Westpunkt unter. – Wie ein Schwertgehänge ist unter ihnen ein dichtes Sternenbündel erkennbar. In einem Fernglas sieht man, daß es in einen ausgedehnten, diffus leuchtenden Gasnebel eingebettet ist, den berühmten *Orionnebel*. Noch tiefer unten bezeichnen zwei Sterne die Knie des Riesenjägers. Der rechte, *Rigel*, ist das hellste Objekt der Konstellation und gehört wie Beteigeuze zu den zehn hellsten Sternen am Himmel. Der bläuliche Rigel ist allerdings längst nicht so groß wie Beteigeuze, seine hohe Oberflächentemperatur, der er auch seine andere Farbe verdankt, macht ihn aber zu einem der leuchtkräftigsten Sterne.

Um den Himmelsjäger Orion schlingt sich ein ganzer Kranz mythologischer Geschichten, die sich zum Teil ergänzen, zum Teil aber auch, wie viele antike Sagen, mehrdeutig sind. Der direkt aus der

Erde entstandene Riese Orion wurde auf der Insel Chios von dem dort herrschenden König geblendet, da er dessen Tochter Merope nachgestellt hatte. Wir finden diese auch unter den *Plejaden*, einer Schar von Mädchen, die vor Orion geflohen sind und sich wie ein Taubenschwarm (griechisch *pleiades* = Tauben) am Himmel niedergelassen haben, wo Orion sie auf ewig verfolgt. Der Sonnengott Helios gab Orion später sein Augenlicht zurück. Über seine Versetzung an den Himmel gibt es mehrere Versionen, alle hängen mit Artemis, der Göttin der Jagd, zusammen. Sie beschloß, Orion zu töten, da dieser, um sich an dem König zu rächen, allen Tieren auf Chios nachstellte, als deren Beschützerin die Göttin galt. Sie soll deshalb einen riesigen Skorpion herbeigerufen haben, der Orion mit seinem Giftstachel zum Verhängnis wurde. Auch den Skorpion finden wir am Himmel wieder, und zwar an einer ganz anderen Stelle, so daß er stets unter dem Horizont bleibt, wenn Orion zu sehen ist. Auf diese Weise können sich die beiden Widersacher nie begegnen.

Wie jeder richtige Jäger hat Orion zwei Hunde um sich, die einen *Hasen* jagen, ein kleines, unscheinbares Sternbild, das sich zu Füßen des Jägers versteckt. Den *Kleinen Hund* mit *Prokyon*, der ebenfalls zu den zehn hellsten Sternen gehört, können wir besser sehen als den *Großen Hund*, der schon ein gutes Stück südlich des Himmelsäquators steht. Prokyon geht etwa 1 ½ Stunden später auf als die Sterne des Orion und wird erst Ende Januar gut am Abendhimmel sichtbar. Mit einer Entfernung von 11 Lichtjahren ist uns der Stern recht nahe. – *Sirius*, der Hauptstern des Großen Hundes, ist der hellste Stern am Himmel und daher auch einer der bekanntesten. Er verdankt wie Prokyon seine große Helligkeit weniger einer intensiven Leuchtkraft als seiner Nähe: Nur 9 Lichtjahre trennen ihn vom Sonnensystem. Im alten Ägypten wurde er verehrt, denn sein »heliakischer Aufgang« – sein Wiedererscheinen kurz vor der Morgendämmerung nach einer längeren Pause der Unsichtbarkeit am Taghimmel – kündigte im Sommer das baldige Einsetzen der Nilschwemme und damit die fruchtbare Jahreszeit an. Eigens dazu ausgewählte Priester hatten die Aufgabe, nach ihm Ausschau zu halten und das wichtige Ereignis sofort zu melden. Noch heute erinnern unsere »Hundstage« im Sommer an diese Bedeutung des Sirius.

Der zum Tierkreis gehörende *Stier* schräg oberhalb von Orion ist nicht nur ein sehr schönes, sondern auch ein sehr interessantes Sternbild. Sein rötliches »Auge« *Aldebaran* ist wie Beteigeuze ein Riesenstern, wenn auch längst nicht so groß wie diese und und uns mit 70 Lichtjahren erheblich näher, denn alle hellen Orionsterne sind etwa 1000 Lichtjahre entfernt. Bekannt sind ferner die beiden aus einigen hundert Sternen bestehenden »Offenen Sternhaufen«, die schon erwähnten *Plejaden* (auch Siebengestirn genannt) und die nicht so hellen *Hyaden* (oder das Regengestirn) unmittelbar neben Aldebaran. Die hellsten sechs Plejadensterne sind bei klarem Wetter deutlich mit bloßem Auge zu erkennen, wenn der Mond nicht gerade in ihrer Nähe leuchtet. Sie liegen genau auf seinem Weg, und hin und wieder verdeckt er einen Teil der Sterngruppe, die etwa so groß erscheint wie die Vollmondscheibe. Auf länger belichteten Photographien wird ein zart beleuchteter Schleier erkennbar, der einige der Plejadensterne umhüllt (Abb. VII). Es sind winzige Staubteilchen und dünn verteiltes Gas, das noch aus der Zeit ihrer Entstehung stammt, denn sie stecken kosmisch gesehen noch in ihren Kinderschuhen.

Auch die Plejaden – in der griechischen Mythologie die Töchter des Atlas – hatten in der Antike ähnlich wie Sirius ihre Bedeutung für die Jahreszeiten und damit für die Landarbeit. Der altgriechische Dichter Hesiod beschreibt dies im achten vorchristlichen Jahrhundert (in »Werke und Tage«) mit den folgenden Versen:

> Wenn das Gestirn der Plejaden, der Atlastöchter,
> emporsteigt,
> Dann beginne die Ernte, doch pflüge, wenn sie hinabgehn.
> Vierzig Tage und Nächte sind diese verborgen,
> Doch wenn im kreisenden Laufe des Jahres sie wieder
> erscheinen,
> Dann beginne, die Sichel zu neuer Ernte zu wetzen.

Auch für die Seefahrer hatte Hesiod einen astronomischen Ratschlag bereit:

Wenn das Plejadengestirn die mächtige Kraft des Orion
Flieht und sich niedersenkt in des Meeres umdunstete
Tiefe,
Alle Winde erheben sodann ihr wirbelndes Wehen,
Laß dann die Schiffe nicht länger auf dunklem Meere
verweilen!

Die letzte Abendsichtbarkeit der Plejaden im Frühjahr war danach ein Anzeichen für die einsetzenden Stürme.

Zu den interessantesten Himmelsobjekten gehört aber zweifel-
los der Krabben- oder *Crabnebel*, so genannt nach seiner Form,
die im Fernrohr Ähnlichkeit mit den Umrissen einer Meeres-
krabbe hat (Abb. 7). Ohne Fernglas ist dieser schwache Lichtfleck
am östlichen Rand des Stiers nicht zu sehen. Es handelt sich um
die im Raum mit hoher Geschwindigkeit expandierenden Überreste eines im Jahre 1054 explodierten Sterns, einer *Supernova*.
Bei einem solchen seltenen Ereignis gehen manche Sterne in
einem letzten gigantischen Aufflackern ihrem Ende entgegen. Für
kurze Zeit muß dieser Stern so hell gewesen sein, daß man ihn am
Taghimmel sehen konnte. Mythologisch erinnert das Sternbild
Stier an den Gott Zeus-Jupiter, der die phönizische Königstochter
Europa in Gestalt eines weißen Stiers nach Kreta entführte. Als
Minotaurus ist ein Stier auch eng mit der mythologischen Vergan-
genheit dieser Insel verknüpft.

Über dem Stier steht im Winter die Figur des *Fuhrmanns* hoch
am Himmel. Sein Hauptstern *Capella*, das »Zicklein«, erreicht im
Januar/Februar in den Abendstunden fast Zenithöhe. Capella ist
ein der Sonne ähnlicher Stern, etwa 45 Lichtjahre von uns entfernt. Er gehört zu den bei uns zirkumpolaren Sternen und ist ein
halbes Jahr später tief im Norden gerade noch über dem Horizont
zu finden; der südlichere Teil des Sternbildes ist dann unter dem
Horizont. Der Fuhrmann enthält zwei sehr interessante veränderliche Sterne, sogenannte Bedeckungsveränderliche. Das sind
nahe beieinander stehende Sternpaare, die auf Ellipsenbahnen
umeinander laufen. Während des Umlaufs verdeckt der eine Stern
zeitweise den anderen, so daß die Gesamthelligkeit des Systems
abnimmt. Wir werden solchen Objekten noch häufiger am Himmel begegnen (vgl. S. 178/179).

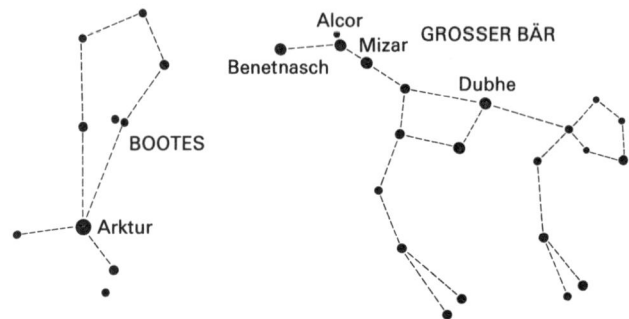

Fig. 15   Das zirkumpolare Sternbild Großer Bär mit dem benachbarten Bootes.

Der lateinische Name des Sternbildes, *Auriga*, ist mit »Fuhrmann« nicht ganz treffend übersetzt. Besser wäre die Bezeichnung
»Wagenlenker«, denn diesen in der Antike gefeierten Helden
wollte man damit ein Denkmal am Himmel setzen. Das Zicklein
ist wahrscheinlich das Relikt einer älteren Bezeichnung.

Als nördlichstes Bild des Tierkreises, das die Sonne im Hochsommer durchläuft, gehören auch die *Zwillinge* zu den auffallen-
den Kennzeichen des abendlichen Winterhimmels. Sie schließen
sich südöstlich an den Fuhrmann an. Ihre beiden hellen Sterne,
Castor und *Pollux*, sind bereits aufgegangen, wenn es dunkel wird.
In hohem Bogen laufen sie über den Südosthimmel und erreichen
noch vor Mitternacht ihre höchste Stellung im Süden. Die beiden
Sterne stehen auch räumlich nicht allzu weit voneinander. Der
etwas hellere Pollux ist 35 Lichtjahre von uns entfernt, und
10 Lichtjahre weiter weg ist Castor, ein System, das sich aus sechs
eng beieinander stehenden Einzelsternen zusammensetzt. – Die
Zwillinge erinnern an die Geschichten um Helena, wegen deren
Schönheit der Trojanische Krieg entbrannte. Sie gilt wie ihre Brü-
der, die Dioskuren Castor und Pollux, als Kind des Zeus und der
Leda.

Am nördlichen Teil des Firmaments drehen sich die bei uns nie
untergehenden Zirkumpolarsterne um den *Polarstern*. Dieser
steht das ganze Jahr über an derselben Stelle und weist uns die
Nordrichtung.

In den Wintermonaten strebt der *Große Bär* von Nordosten her
immer größeren Höhen zu. Kein Sternbild ist wohl so bekannt wie

dieses, denn an seinen sieben Sternen, die die Form eines Kastenwagens mit einer leicht gebogenen Deichsel bilden, ist es gut zu erkennen. Dazu kommt, daß man es während des ganzen Jahres sehen kann. Es wird häufig auch als »Großer Wagen« bezeichnet, obwohl die sieben Wagensterne nur ein Teil der viel größeren Konstellation »Großer Bär« sind. In der Drehrichtung um den Pol geht der Kasten des Wagens voran, er wird gewissermaßen von der Deichsel her »geschoben«. Vier Sterne bilden den Kasten, drei die leicht gekrümmte Deichsel. Die beiden vorangehenden Kastensterne weisen in ihrer Verlängerung direkt auf den Polarstern. Der mittlere Deichselstern gilt als Augenprüfer: Wer gut sehen kann, wird dicht neben dem Stern *Mizar* den sehr viel schwächeren *Alcor* entdecken. Man bezeichnet diesen auch als »Reiterlein«. In Wirklichkeit haben die beiden Sterne räumlich nichts miteinander zu tun. In einem kleinen Fernrohr spaltet sich Mizar allerdings in zwei Komponenten eines echten Doppelsternpaars auf, die durch die Schwerkraft aneinander gebunden sind und umeinander kreisen (vgl. S. 174). Das gesamte Sternbild Großer Bär dehnt sich nach Westen, d. h. in Drehrichtung, sowie nach Süden noch viel weiter aus. Vor dem Kasten, in dem man sich den Rumpf des Bären vorstellen muß, stehen die Sterne des Kopfes und der Vorderpfoten, unter dem Kasten die Hinterbeine. Eine Menge Phantasie gehört wie in fast allen Fällen schon dazu, um in der Konstellation das Vorbild zu erkennen.

Dem Kasten des Großen Bären ist der *Kleine Bär* in seiner Form sehr ähnlich. Dieses Bild besteht eigentlich nur aus den sieben Sternen, die die Umrisse eines kleinen Wagens nachzeichnen. Der äußere Deichselstern ist der Polarstern. Er steht unmittelbar neben dem Himmelsnordpol, um den sich alles zu drehen scheint. Von dem griechischen Wort *arktos* (Bär) leiten sich die Bezeichnungen »Arktis« und »Antarktis« für die beiden Polargebiete der Erde ab. Allerdings wandert der Himmelspol infolge der Präzessionsbewegung der Erdachse langsam weiter, und im Laufe des nächsten Jahrtausends wird der Polarstern seine Rolle als Indikator für den Himmelsnordpol immer mehr verlieren (vgl. S. 142). Der Polarstern gehört nicht zu den ganz hellen Sternen, er ist aber das hellste Objekt im Kleinen Bären und deutlich in mittlerer Höhe über dem Nordhorizont sichtbar. Mit etwa 600 Lichtjahren ist er recht weit von uns entfernt und entsprechend leuchtkräftig. Die Sonne würden wir in dieser Entfernung ohne optische Hilfsmittel längst nicht mehr sehen können. Am Südhimmel fehlt ein Gegenstück zum Polarstern; der Südpol liegt in dem unscheinbaren Sternbild Oktant, und in Polnähe steht nur ein ganz schwaches Sternchen.

Im Altertum waren beide Bären-Sternbilder von großer Wichtigkeit für die Seefahrt; man konnte sie zu jeder Zeit sehen und mit dem Polarstern bequem die Himmelsrichtungen feststellen. Aratos weist in seiner Beschreibung auf diese Bedeutung hin. Er bezeichnet den Großen Bären als »der Achäer Leitgestirn auf hoher See«, während die wohl kühnsten Seefahrer der Antike, die Phönizier, sich mehr nach dem Kleinen Bären ausgerichtet hätten.

Zwischen dem Großen und dem Kleinen Bären windet sich langgestreckt der *Drache*. Sein aus drei Sternen gebildeter Kopf steht in den Wintermonaten noch recht tief im Norden bzw. Nordosten; seine Zeit wird erst im Sommer gekommen sein.

Eigentlich ist der Große Bär – wie auch der Kleine – eine Bärin, denn der lateinische Name der beiden Sternbilder lautet »Ursa Maior« bzw. »Ursa Minor«. So sind seit der Antike auch allerhand Geschichten mit dem Großen Bären verknüpft, in dem man eine verwandelte weibliche Gestalt an den Himmel versetzt glaubte. Nach einer bekannteren Version hat Artemis, die jungfräuliche Göttin der Jagd, ihre Gefährtin Kallisto (wir kennen sie schon als einen der großen Jupitermonde) in eine Bärin verwandelt, da Kallisto dem Zeus einen Sohn geboren und damit ihr Keuschheitsgelübde gebrochen hatte. Zeus soll sie zusammen mit ihrem Sohn Arkas an den Himmel versetzt haben, um sie der Rache seiner eifersüchtigen Gemahlin und Schwester Hera zu entziehen. Diese hat der armen Bärin einen Ort am Himmel zugewiesen, wo sie (als zirkumpolares Sternbild) niemals »in den blauen Fluten des Okeanos« ein erfrischendes Bad nehmen kann. – Eine andere Geschichte verknüpft den Himmelswagen mit Demeter, der Erdgöttin und Beschützerin von Haus und Ernte. Man stellte sich unter der Konstellation eine Art Erntewagen, beladen mit allerhand Feldfrüchten, vor, aber auch als Sinnbild der Pflugschar wurde der Wagen angesehen. Im Englischen gibt es noch heute die Bezeichnung »plough« (Pflug) für den Großen Wagen.

Die Sternbilder, die im Januar im Südwesten zu sehen waren, sind im März zum größten Teil, wenn es dunkel wird, unter dem Horizont verschwunden. Dazu trägt noch der immer spätere Sonnenuntergang bei. Das betrifft z. B. den *Walfisch*, der bei Jahresanfang gegen 19 Uhr im Süden steht und im März schon in der Abenddämmerung untergeht. Der ihm nachfolgende, sehr ausgedehnte *Eridanus*, ein mythologischer Fluß, steht dann tief im Südwesten. Auch die *Fische* gehen in den Abendstunden ihrem Untergang entgegen, denn am 21. oder 22. März kreuzt die Sonne den Himmelsäquator im Frühlingspunkt, der in diesem Tierkreisbild liegt. Etwas höher sind noch die drei Sterne des *Widders* zu sehen, der den Fischen folgt. Alle diese Bilder weisen keine besonders hellen Sterne auf.

Weiter im Westen sinken die im Januar noch recht hoch stehenden Sternbilder Perseus, Andromeda und Pegasus im Laufe der ersten drei Monate des Jahres tiefer. Sie sind in den Herbstmonaten besonders gut zu sehen und sollen deshalb im letzten dieser vier Abschnitte ausführlicher besprochen werden. Auch die darüber leuchtenden zirkumpolaren Konstellationen Kassiopeia – erkenntlich an den fünf ein »W« bildenden Sternen – und Cepheus wandern nun an den Nordwesthimmel. Immer mehr nähern sich die beiden hellen Sommersterne Deneb und Wega dem Nordhorizont.

Während die Wintersternbilder um den Orion im ersten Jahresviertel zum Südwesten weiterrücken, nehmen andere Bilder ihren Platz ein. Als Verkünder des Frühlings erhebt der Löwe schon im Januar wieder abends sein Haupt über den Osthorizont, ihm folgen die Sterne der Jungfrau und schließlich gegen Mitternacht die des Bootes. Sie werden im Frühjahr zu bequemerer Zeit, gleich wenn es dunkel geworden ist, zu sehen sein.

5. Die Sterne im Licht der Physik

Sternzahlen

Ein Blick an den Himmel in einer klaren Nacht zeigt uns eine Fülle von Sternen, die in unregelmäßigen Mustern angeordnet, sich zu dichteren Gruppen häufend oder lose verstreut auf uns herableuchten. Ihre Helligkeiten sind sehr unterschiedlich, und je schwächer sie sind, um so größer ist ihre Zahl, weil wir in immer entferntere Räume blicken. Das wird besonders deutlich, wenn man ein Fernglas oder Fernrohr zu Hilfe nimmt, und je größer das Objektiv ist, je mehr Licht es sammelt, um so mehr Sterne heben sich gegen den dunklen Nachthimmel ab.

»Weißt du, wieviel Sternlein stehen...?« Die alte Frage in diesem Kinderlied läßt sich nicht genau, aber doch in groben Zügen beantworten. Zwar hat sie niemand gezählt, aber aus Beobachtungen, Statistiken und der Interpretation ihrer Bewegungen kann man sich heute doch jedenfalls von unserem Milchstraßensystem ein recht gutes Bild machen. Die Zahl der mit bloßem Auge sichtbaren Sterne ist gar nicht so groß, wie man vielleicht beim Anblick des sternenübersäten Firmaments annehmen könnte: Es sind etwa 5000 an der gesamten Sphäre. Da von unseren Breiten der Bereich um den Südpol des Himmels nicht zu sehen ist, mögen es bei uns etwa 3000 bis 4000 Sterne sein, die im Laufe eines Jahres sichtbar werden. Es sei daran erinnert, daß die Menschen bis zur Erfindung des Fernrohrs vor knapp 400 Jahren nur von diesen Sternen wußten – abgesehen von dem matt schimmernden Band der Milchstraße, dessen Licht ja von vielen Milliarden weit entfernter Sterne stammt, die wir einzeln nicht mehr wahrnehmen können. Aber das wußte man natürlich damals noch nicht, und so waren auch die Vorstellungen vom räumlichen Aufbau des Kosmos lange Zeit sehr unvollkommen.

Die Zahl der Sterne nimmt schnell zu, wenn man in immer tiefere Räume vordringt. Mit einem lichtstarken Fernglas werden schon an die 30 000 Sterne sichtbar; mit den größten Teleskopen und modernen elektronischen Bildverstärkern sind es mehrere Milliarden. Aber auch das lotet unser Milchstraßensystem noch nicht annähernd aus, weil riesige Wolken aus interstellarer Mate-

Abb. 1: *Zum ersten Mal wurde beim Vorbeiflug der Giotto-Raumsonde am Halleyschen Kometen am 13./14. März 1986 der Kern eines Kometen sichtbar gemacht.
Dieses Bild wurde aus sechs Einzelaufnahmen zusammengesetzt; es zeigt den dunklen, unregelmäßig geformten Kern, aus dem helle Fontänen emporschießen. Sie entstehen an der von der Sonne erwärmten Oberfläche, wo Gase und Staub verdampfen
und im Sonnenlicht leuchten.*

Abb. 2: *Der Komet Tago-Sato-Kosaka war im Januar 1970 vor allem von der Süd-halbkugel aus zu sehen. Diese Aufnahme wurde an der Sternwarte von Bloom-fontein (Südafrika) gemacht; sie zeigt den langen, schmalen, reich strukturierten Gasschweif, der vom Sonnenwind in den Raum geblasen wird.*

Abb. 3: *Der Offene Sternhaufen Messier 16 im Sternbild Schlange schwimmt in einer leuchtenden Gaswolke. Er ist etwa 2 Mio. Jahre alt, kosmisch gesehen also noch sehr jung.*

Abb. 4: *Der Pferdekopfnebel, ein Teil des großen Orionnebels, braucht seinen Namen nicht zu erklären: Wie der Kopf eines Pferdes ragt eine vorgelagerte dichte Dunkelwolke aus interstellarem Staub in die leuchtenden Gasmassen des größeren Nebels hinein.*

Abb. 5: *Der Lagunennebel im Sternbild Schütze ist ein Gebiet, in dem sehr junge Sterne stehen und wo noch heute Sterne entstehen. Es gibt viele ähnliche Gebiete mit dichten Staub- und Gaswolken am Himmel, die Kinderstuben von Sternen sind.*

Abb. 6: *Der Trifidnebel im Sternbild Schütze ist ein besonders schön strukturierter Gasnebel. Er besteht aus ionisierten Wasserstoffatomen und erscheint auf Farbphotos rötlich.*

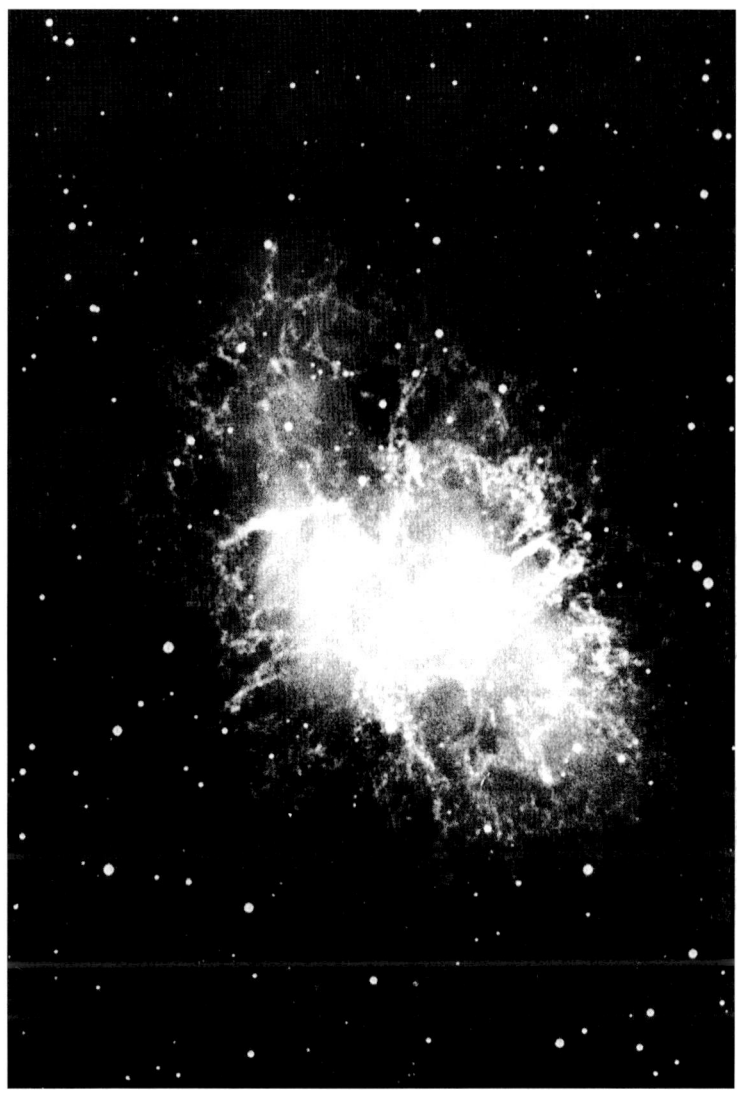

Abb. 7: *Der Krabben- oder Krebsnebel (Messier 1) im Sternbild Stier ist die Gashülle einer Supernova, die im Jahre 1054 aufleuchtete, und eines der meistuntersuch-
ten Objekte am Himmel. Die von einem sterbenden Riesenstern ausgestoßene Hülle
hat sich mit einer Geschwindigkeit von etwa 1500 km/s weit in den Raum ausgebreitet. Der Sternrest, ein kleiner Neutronenstern, sendet im Zentrum sowohl im sichtbaren Licht als auch in anderen Wellenlängenbereichen (Radio- und Röntgenstrahlung) rasche Lichtblitze aus; man nennt solche Sterne deshalb auch »Pulsare«.*

Abb. 8: *Der Kugelhaufen Messier 13 im Sternbild Herkules ist das hellste in unseren Breiten sichtbare Objekt seiner Art. Dieser Haufen besteht aus mehreren 100 000 Einzelsternen, die zum Haufenzentrum .in immer dichter gedrängt stehen. Seine Entfernung beträgt rund 30 000 Lichtjahre, und seine Sterne sind über doppelt so alt wie die Sonne.*

Abb. 9: *Das Bild zeigt den sternreichsten Teil der Milchstraße um das Sternbild Schütze in Richtung zum Zentrum unserer Galaxis. Allerdings können selbst die leistungsfähigsten Teleskope nicht bis in das Herz unseres Sternsystems blicken, da das Licht der entfernten Objekte von vorgelagerten Wolken der interstellaren Materie verschluckt wird. Radioteleskope und Infrarotempfänger können jedoch so weit »sehen«.*

Abb. 10: *Die Andromedagalaxie (Messier 31) ist die uns nächste Spiralgalaxie; ihre Entfernung beträgt gut 2 Mio. Lichtjahre. Wir sehen sie unter einem ziemlich kleinen Winkel, so daß ihre Spiralstruktur nicht voll zur Geltung kommt. Die Andromeda-galaxie wird von zwei kleinen Satellitensystemen begleitet, wie unsere Galaxis von den beiden Magellanschen Wolken.*

Abb. 11: *Wir blicken fast senkrecht auf diese schöne Spiralgalaxie im Sternbild Jagdhunde (Messier 51). An diesem System wurde vor etwa 150 Jahren zum ersten Mal die Spiralstruktur solcher »Nebelflecken« entdeckt. Die kleine Begleitgalaxie scheint durch eine Materiebrücke mit der großen verbunden zu sein.*

Abb. 12: *Eine weit entfernte Spiralgalaxie im Sternbild Jungfrau, die Ähnlichkeit mit der im Text erwähnten »Sombrero-Galaxie« am Südhimmel hat. Wir sehen direkt auf die Kante des Systems. Ein dunkler Gürtel aus Staub und Gas absorbiert das Licht der weiter im Zentrum stehenden Sterne und scheint das Objekt in der Mitte zu durchtrennen. Wegen des lichtschwachen Objekts wurde für diese Aufnahme eine Belichtungszeit von über drei Stunden benötigt.*

rie in manchen Richtungen die Durchsicht versperren. So können wir das Zentrum des Systems auch mit den größten optischen Fernrohren nicht sehen. Die langwellige Radiostrahlung durchdringt allerdings diese Schichten aus fein verteilten Staubteilchen, und mit den Radioteleskopen können wir daher auch in diese bis vor kurzem gänzlich unbekannten Gebiete hineinschauen. Man weiß heute, daß unsere Heimatgalaxis etwa 200 Milliarden Sterne enthält.

Wollen wir die wirkliche Verteilung der Sterne um uns genauer kennenlernen, dann dürfen wir allerdings nicht allein von den (entfernungsabhängigen) Helligkeiten ausgehen, sondern müssen auch die unterschiedlichen *Leuchtkräfte* berücksichtigen, die ja die Helligkeiten, die wir auf der Erde wahrnehmen, erheblich mit beeinflussen. Wie von riesigen Scheinwerfern erreicht uns das Licht einiger Sterne über große Distanzen von über 1000 Lichtjahren. Beispiele dafür sind die hellen Orionsterne. Der besonders leuchtkräftige Rigel strahlt pro Sekunde etwa vierzigtausendmal soviel Energie aus wie die Sonne. Wenn er uns so nahe wäre wie die nächsten Sterne, würde er alle anderen und selbst den Planeten Venus weit in den Schatten stellen und am Taghimmel sichtbar sein. Dagegen gibt es in unserer unmittelbaren Nachbarschaft bis zu einigen Lichtjahren viele schwache Himmelslämpchen, die wir nicht mehr ohne Fernglas oder Fernrohr sehen können. Sie sind ungleich viel häufiger als die Flutlichter des Himmels.

Davon vermitteln die Sternzahlen in unserer kosmischen Umgebung bis zu einer Distanz von 16 Lichtjahren ein eindrucksvolles Bild. Von den insgesamt 40 Sternen in diesem Umkreis sind nur 10 mit bloßem Auge sichtbar, darunter Sirius, Prokyon, Atair und der Südhimmelstern Alpha Centauri, der bei uns nicht über den Horizont kommt. Noch deutlicher wird die Zahl der schwachen Objekte, wenn man die 40 Nachbarsterne nach ihren Leuchtkräften ordnet. Die Sonne, ein Stern mittlerer Leuchtkraft, wird nur von den schon aufgezählten vier Sternen übertroffen. Der zwanzigmal stärker strahlende Sirius ist der leuchtkräftigste unter unseren Nachbarn – verglichen mit Sternen wie Rigel ist seine Ausstrahlung allerdings recht kümmerlich. Dagegen erreicht ein Viertel der Nachbarsterne nicht einmal ein Tausendstel der Sonnenleuchtkraft.

Die Helligkeit ist nicht das einzige Merkmal, wodurch sich die Sterne schon beim bloßen Hinschauen voneinander unterscheiden. Bei unserem Gang über den Winterhimmel haben wir bereits ganz unterschiedlich gefärbte helle Sterne kennengelernt. Bei den schwächeren Sternen fallen solche Unterschiede weniger auf, weil die Farbempfindlichkeit unserer Augen bei geringeren Lichtreizen stark abnimmt – bei Nacht sind, wie das Sprichwort sagt, alle Katzen grau. Nun ist die Farbe eine sehr aufschlußreiche Eigenschaft der Fixsterne, denn sie zeigt uns unmittelbar die Temperatur der obersten Sternschichten an, aus denen die Strahlung kommt. Wie ein glühendes Stück Eisen seine Farbe von Dunkelrot zu Hellrot, Gelb und Weiß bis ins Bläuliche verändert, wenn man immer weiter erhitzt, so nimmt auch bei den Sternen die Temperatur in der gleichen Reihenfolge zu. Zwar bestehen Sterne nicht aus glühendem Eisen; es sind heiße, zum größten Teil aus Wasserstoff bestehende Gaskugeln, für die aber qualitativ die gleichen Merkmale gelten.

Rötliche Sterne, zu denen *Beteigeuze* im Orion und *Antares* im Skorpion gehören, haben Oberflächentemperaturen von 2000 °C bis 4000 °C, die gelben wie *Capella* im Fuhrmann sind bis zu 6000 °C heiß. Zu diesen gehört auch unsere Sonne. *Sirius* ist ein hellgelber Stern mit etwa 10000 °C Temperatur, die weiße *Spika* in der Jungfrau bringt es auf fast 30000 °C und *Rigel* im Orion »nur« auf 12000 °C. Im allgemeinen ist die Farbe eines Sterns auch ein Maß für seine Leuchtkraft: Ein heißer Stern strahlt stärker als ein kühler. Es gibt allerdings viele Ausnahmen von dieser Regel, denn die Sterne sind unterschiedlich groß. Gerade unter den kühlen, roten Sternen finden wir wahre Riesen, deren Durchmesser mehrere hundertmal größer ist als der der Sonne. Man nennt sie deshalb auch *Rote Riesen*; Beteigeuze ist einer ihrer bekanntesten Vertreter. Andererseits kennen wir auch *Weiße Zwerge*, sehr heiße Sterne, die nur so groß sind wie ein Planet. Sie senden so wenig Licht aus, daß man sie ohne optische Hilfsmittel kaum sehen kann. Der helle Sirius wird von solch einem Weißen Zwerg begleitet.

Wichtige Kennzeichen der Sterne sind außer Leuchtkraft und Temperatur ihre Größen und Massen. Beide kann man nicht direkt »messen«, denn selbst in den größten Fernrohren erscheinen alle Sterne nur als Lichtpünktchen ohne Ausdehnung, und »wiegen« kann man einen Stern auch nicht. Trotzdem ist es mit z. T. komplizierten indirekten Methoden gelungen, die Durchmesser und Massen vieler Sterne zu bestimmen. Ein wichtiges Hilfsmittel ist dabei die Analyse der Sternspektren. Bei der Massenbestimmung sind es vor allem die umeinander kreisenden Doppelsterne, die weiterhelfen (vgl. S. 174/175). Die Ergebnisse können dann durch gewisse Analogien auch auf Einzelsterne übertragen werden.

Auch bezüglich der Größen und Massen der Sterne nimmt die Sonne mit einem Durchmesser von 1,4 Mio. km und einer Masse von $2 \cdot 10^{27}$ Tonnen (eine 2 mit 27 Nullen) eine Mittelstellung ein. Die größten Riesensterne – wie die schon mehrfach genannte Beteigeuze – sind mehrere hundert- bis tausendmal größer als die Sonne. Am anderen Ende der Skala gibt es Sternkugeln von nur etwa 30 km Durchmesser. Sie sind vor allem im Radiobereich nachweisbar, strahlen häufig aber auch im Bereich der Röntgen-Wellenlängen große Energiemengen aus. Sehr viel weniger unterscheiden sich die Sternmassen voneinander. Abgesehen von einigen Ausnahmen liegt die obere Grenze bei 30–50 Sonnenmassen, die untere bei etwa $\frac{1}{10}$ Sonnenmasse. Sterne von mehr als 10 Sonnenmassen sind allerdings selten.

Wenn die Massenunterschiede so viel kleiner sind als die Unterschiede in den Sterngrößen, kann das nur bedeuten, daß die Sterne eine ganz unterschiedliche Struktur haben. Die kleinsten Sterne müssen sehr kompakt sein, wenn sie in einer Kugel von etwa 30 km Durchmesser ebensoviel Masse enthalten wie die 50 000mal größere Sonne, deren Volumen über hundertbillionenmal größer ist. In einem Kubikzentimeter eines solchen exotischen Sterns sind fast 1 Milliarde Tonnen Materie zusammengepreßt, das entspricht etwa der Masse eines Eiswürfels mit einer Kantenlänge von 1 km! So ein Stern besteht nicht mehr aus normalen Atomen wie alles Material auf der Erde. Durch den ungeheuren Druck sind in den Atomen die Elektronen, die den Kern in größerem Abstand umkreisen, in diesen hineingedrückt und haben sich mit den positiv geladenen Protonen des Atomkerns zu Neutronen verbunden, die ohne die sonst großen Zwischenräume zwischen den einzelnen Atomen dicht gepackt sind. Deshalb werden solche Sterne auch als *Neutronensterne* bezeichnet. Die Roten Riesen haben dagegen ausgedehnte atmosphärenartige Hüllen aus Wasserstoffgas, das sich nach außen hin stark verdünnt, so daß die mittlere Dichte des gesamten Sterns millionenmal geringer sein kann als die der Sonne oder auch der Erde.

Diese außergewöhnlichen Verhältnisse treffen allerdings nur auf einen kleinen Teil der Sterne zu. Bei den meisten herrscht eine gut überschaubare Ordnung, da bei ihnen die verschiedenen physikalischen Kenngrößen eng miteinander verknüpft sind. Die Beobachtung einer Vielzahl von Sternen hat gezeigt, daß im allgemeinen die Leuchtkraft in bestimmter Weise von der Oberflächentemperatur abhängt, so daß mit der einen Größe auch die andere bekannt ist. Ferner wachsen mit der Leuchtkraft die Gesamtmasse und der Durchmesser, während die mittlere Dichte abnimmt.

Da Masse und Größe eines Sterns nur selten direkt bestimmbar sind, haben sich diese Zusammenhänge als wichtiges Hilfsmittel bei vielen astrophysikalischen Problemen herausgestellt. Ihre Gültigkeit ist allerdings nicht ein Kennzeichen für eine bestimmte *Sorte* von Sternen, sie charakterisiert vielmehr eine bestimmte *Phase*, die alle Sterne im Laufe ihrer Entwicklung durchmachen und in der sie sich während der längsten Zeit ihres Lebens befinden. Denn Sterne sind ja keine statischen, unveränderlichen Objekte, sondern durchlaufen in Zeiträumen von vielen Millionen bis zu mehreren Milliarden Jahren zwischen Entstehen und Vergehen eine lange Entwicklung. Der Himmel erscheint uns nur darum so gleichbleibend, weil wir die Veränderungen während eines kurzen Menschenlebens nicht wahrnehmen. Allerdings gibt es Momente im Leben der Sterne, wo sie sehr plötzlich in gewaltigen Lichtausbrüchen aufleuchten und wir für kurze Zeit eine *Nova* oder gar eine besonders helle *Supernova* an einer Stelle des Himmels sehen, wo vorher kein Stern sichtbar war.

Der Ablauf eines Sternlebens

Kombiniert man den augenblicklichen Zustand eines Sterns, den man von der Beobachtung her kennt, mit plausiblen Annahmen über seine anfängliche Beschaffenheit, dann läßt sich heute mit Hilfe der Großrechner seine Evolution in den wichtigsten Zügen verfolgen. Die theoretische Physik liefert die allgemeinen Gesetze, nach denen auch die Vorgänge im Inneren der Sterne ablaufen. So läßt sich die Weiterentwicklung eines Sterns rechnerisch nachvollziehen. Indem man die errechneten Zwischenwerte immer wieder mit den Beobachtungsdaten vergleicht, kann man schließlich durch entsprechende Variationen der Anfangswerte die Rechnungen den wirklichen Verhältnissen anpassen. Eine besondere Rolle spielen dabei die Modellrechnungen von der Ursonne bis zur Sonne in ihrem heutigen Zustand.

Die Kinderstuben der Sterne befinden sich in dichten Wolken von interstellarer Materie. In dieser turbulenten Mischung aus Wasserstoff, Helium und einigen Spurengasen sowie kleinen staubartigen Partikeln bilden sich Klumpen, die sich beim Überschreiten einer gewissen Grenzdichte infolge ihrer eigenen Schwerkraft zusammenziehen und dabei sehr heiß werden. Sind im Zentrum die Temperaturen erreicht, bei denen Kernreaktionen ablaufen können, so ist ein Stern entstanden. Wie sein Leben abläuft, hängt wesentlich davon ab, wieviel Masse der Klumpen enthält, der sich aus dem »Teig« der interstellaren Materie isoliert hat. Auch die Zutaten zu diesem Teig spielen eine Rolle. Da die Zusammensetzung aber überall sehr ähnlich ist – rund 70 % Wasserstoff, 27 % Helium und quasi als Gewürze etwa 3 % andere Elemente –, entscheidet hauptsächlich die Masse über den Verlauf eines Sternlebens. Als Beispiel wollen wir hier die Entwicklung der Sonne und sonnenähnlicher Sterne von ihrer Geburt bis zu ihrem Ende verfolgen, das zwar unausweichlich ist, aber beruhigenderweise für die Sonne selbst noch in weiter Ferne liegt, denn sie steht erst etwa in der Mitte ihres Lebens.

»Kreißsäle« der Sterne können wir an vielen Stellen des Himmels beobachten (Abb. 5). Es sind die Gebiete in den leuchtenden interstellaren Wolken, wo sich kleine dunkle Flecken, sogenannte *Globulen*, zeigen, die vermutlich Sternenembryos sind. Im

Orionnebel gibt es zum Beispiel solche zu Protosternen verdichteten Kugeln mit Durchmessern von etwa einem Lichtjahr. Wenn diese Kugeln auf Sonnengröße zusammenschrumpfen, beginnen sie infolge der dabei als Wärme freiwerdenden Energie zunächst im Infrarotlicht zu strahlen. Nach einigen 10 Millionen Jahren ist dann die Temperatur in ihrem Zentrum auf mehrere Millionen Grad angewachsen. Damit wird ein Kernkraftwerk in Gang gesetzt, das durch Umwandlung von Wasserstoff in Helium die Energie erzeugt, mit der etwa die Sonne nun schon seit langer Zeit fast gleichmäßig strahlt. Die Zündung des stellaren Kernkraftwerks markiert gewissermaßen die Geburt eines Sterns, denn von diesem Zeitpunkt an sendet er Licht aus und wird für uns sichtbar. Die heiße Gaskugel der Sonne mit einer Oberflächentemperatur von etwa 5500 °C befindet sich jetzt in einem Gleichgewichtszustand, bei dem die Schwerkraft, die die Materie weiter zusammenziehen möchte, durch den nach außen wirkenden Druck des heißen Gases kompensiert wird.

Etwa 9 bis 10 Milliarden Jahre lang kann die Sonne in diesem Zustand ungestört existieren, und 4,6 Milliarden Jahre davon hat sie bisher durchlebt. In dieser Zeit hat sich auf dem Planeten Erde das Leben in all seiner Vielfalt entwickeln können. Die Erde und die anderen Planeten haben sich aus dem Restmaterial des Urnebels gebildet, das bei der Kontraktion der Sonne übriggeblieben ist. Obwohl wir bei anderen Sternen noch keine Planeten beobachtet haben, muß man davon ausgehen, daß die Entwicklung in den meisten Fällen ähnlich verlaufen ist. Über kurz oder lang werden unsere Instrumente solche fernen Planetensysteme finden, deutliche Anzeichen dafür hat man bereits beobachtet.

Nach Ablauf dieser ruhigen, an die 10 Milliarden Jahre dauernden Phase geht das sorgenfreie Leben der Sonne zu Ende. Dann hat sie ihren Vorrat an Wasserstoff im Zentrum aufgebraucht, und als »Asche« ist Helium übriggeblieben. Während in einer Schale um den Heliumkern weiterhin Wasserstoff zu Helium verschmolzen wird, zieht sich der Kern selbst zusammen und wird heißer. Die äußere Hülle dagegen kühlt sich ab und dehnt sich gewaltig aus: Die Sonne ist drei Milliarden Jahre später zu einem Roten Riesen mit einer Oberflächentemperatur von 3000 °C geworden, der tausendmal stärker strahlt als zuvor. Spätestens das ist das

Ende allen Lebens auf der Erde. Sie wird in der Hitze dieser roten Sonne verbrannt. Wenn die Zentraltemperatur 100 Mio.°C erreicht, zündet in einem plötzlichen »Blitz« ein neuer Kernreaktor, in dem sich das Helium zu Kohlenstoff und Sauerstoff umwandelt. (Dieser Heliumblitz macht sich allerdings nach außen hin nicht bemerkbar, da die entstehende Energie bereits im Sterninneren wieder absorbiert wird.) Während einiger Zwischenphasen schrumpft der Rote Riese wieder, und schließlich stößt er seine Hülle ab, die sich als leuchtende Gaswolke in den Raum ausbreitet. Der kleine, aber sehr heiße und kompakte Kern beendet schließlich als Weißer Zwerg von nicht viel mehr als Erdgröße sein Dasein. Seine enorm verdichtete Materie bringt es auf einige 100 kg pro Kubikzentimeter. Dieses stark vereinfachte Schema gilt in seinen Grundzügen für alle Sterne, nur die Endstadien können sehr unterschiedlich sein.

Die Zeitskala, in der die einzelnen Phasen der Sternentwicklung ablaufen, hängt stark von der Anfangsmasse des Sterns ab. Objekte mit sehr viel Masse werden in ihrem Inneren heißer und verbrennen ihre großen Vorräte an Kernbrennstoff viel schneller. Dies sind die besonders leuchtkräftigen blauen und weißen Sterne. Sie umgeben sich wie barocke Fürsten mit Glanz und Pracht, um dann allerdings ihr Hab und Gut schon bald verpraßt zu haben. Sehr heiße Sterne, die es auf eine Oberflächentemperatur von 40 000 bis 60 000° C bringen, enden schon nach einigen 10 Millionen Jahren ihr Dasein in einer gigantischen Explosion, die wir als *Supernova* sehen können. Übrig bleibt von der ganzen Herrlichkeit nur ein winziger, etwa 30 km im Durchmesser großer Neutronenstern oder sogar ein unsichtbares Schwarzes Loch. Auf der anderen Seite werden die anfangs kleineren Sterne im Inneren nie so heiß, daß das Helium sich entzündet. Ihnen ist ein sehr langes Leben beschieden.

In diesem Prozeß von Werden und Vergehen wird die Materie im Kosmos ständig durchmischt, und zwar auf folgende Weise: In den Sternen entstehen ständig neue chemische Elemente. Außer Helium, das bei der Wasserstoffverschmelzung gebildet wird, werden in verschiedenen Prozessen weitere »leichte« Elemente (z. B. Kohlenstoff, Sauerstoff, Stickstoff) aufgebaut. Die »schweren« Elemente (von Eisen an aufwärts) entstehen größtenteils während der kurzen, aber mit einem enormen Energieausstoß verbundenen Explosionsphasen massereicher Sterne, dem Supernova-Ausbruch. Bei der Bildung solcher schweren Elemente wird nicht, wie bei den leichten, Energie frei; der Prozeß verbraucht vielmehr große Energiemengen, wie sie bei solchen gewaltigen Sternexplosionen für kurze Zeit zur Verfügung stehen. Alle diese Substanzen strömen gegen Ende eines Sternlebens in das interstellare Medium zurück, aus dem sich dann wieder neue Sterne bilden.

Ohne diesen Kreislauf gäbe es die meisten chemischen Elemente nicht, die für das Leben notwendig sind. Wir sind dadurch sehr eng mit dem Kosmos verbunden, denn viele Atome, aus denen wir bestehen, sind in einem Stern entstanden und haben einen komplizierten Weg im Kosmos durchlaufen, bis sich die Sonne und mit ihr die Planeten bildeten. Die einzige Ausnahme macht als einfachstes Element der Wasserstoff; er kann noch direkt aus dem Urknall stammen, in dem das Universum seine Existenz begann.

6. Die Sterne im Jahreslauf II: Der Frühlingshimmel

Löwe, Jungfrau und die Taten des Herkules

Orion war der Mittelpunkt des abendlichen Winterhimmels. Seine Rolle übernimmt im Frühjahr der *Löwe*. Nicht ganz so prächtig wie der Himmelsjäger mit seinen vielen hellen Sternen ist er, aber der Königsstern *Regulus*, mit dem der König der Tiere die himmlische Arena betritt, gehört doch zu den sehr hellen Sternen, wenn auch nicht zur ersten Garnitur. Er liegt fast genau auf dem Großkreis der Ekliptik, der scheinbaren Jahresbahn der Sonne. Aber noch ist sie weit vom Löwen entfernt. Mit Frühlingsanfang überschreitet sie im Sternbild Fische den Himmelsäquator, und damit werden auf der Nordhalbkugel der Erde die Tage wieder länger als die Nächte; den Löwen wird sie erst im August erreichen. Der Mond aber läuft jeden Monat nahe an Regulus vorbei, und hin und wieder schiebt er sich sogar genau zwischen den Stern und die Erde. Es ist die gleiche Situation, die wir von einer Sonnenfinsternis kennen. Auch die Planeten bewegen sich in der Nähe der Sonnenbahn und ziehen gelegentlich an Regulus vorbei – eine Bedeckkung ist allerdings extrem selten.

Anfang April steht der Löwe schon ein gutes Stück über dem Osthorizont, wenn es dunkel wird. Das Viereck seines »Körpers« zeigt von der Schwanzspitze, markiert durch den zweithellsten Stern *Denebola*, schräg nach oben. Der Löwe läuft hinter dem noch höher stehenden *Krebs* her, einem unscheinbaren kleinen Sternbild, das einen sehr schönen, vor allem mit einem Fernglas gut sichtbaren Sternhaufen enthält. Es ist *Praesepe*, die Krippe, eine lockere Ansammlung von etwa 300 Sternen, ungefähr so groß wie die Plejaden, aber längst nicht so hell. Das Licht dieser Sterne, das wir heute sehen, ist zur Zeit des Copernicus auf die Reise gegangen, denn die Entfernung beträgt etwa 500 Lichtjahre.

Im Südosten schlängelt sich unterhalb von Krebs und Löwe ein Sternbild hin, das zunächst erst in den späten Abendstunden in seiner ganzen Länge sichtbar wird. Es ist *Hydra*, die Wasserschlange, die noch südlich der Jungfrau bis zur Waage reicht. Sie hat keine besonders hellen Sterne aufzuweisen; der Hauptstern *Alphard* ein Stück unterhalb von Regulus ist etwa ebenso hell wie Denebola.

Mit den drei Sternbildern ist ein Teil der Herkulessage an den Himmel versetzt worden. *Herkules* selbst hält sich allerdings zunächst noch verborgen und kommt erst wie das Ende der Wasserschlange am Spätabend über den Nordosthorizont, während Hydra im Südosten steht. Das Sternbild wurde ursprünglich als »der Kniende« bezeichnet, denn in den trapezförmig angeordneten Sternen glaubte man einen auf seinem rechten Bein knienden Mann zu erkennen, der seine Arme hochreckt. Wir werden noch sehen, warum er mit Herkules identifiziert wurde. Der hellste Stern der Konstellation, *Ras Algethi*, gehört zu den Doppelsternen; die eine Komponente ist ein Roter Riese von mehrhundertfachem Sonnendurchmesser und (mit etwa 3000°) relativ »kühler« Oberfläche. Er steht in einem Abstand von rund 500 Lichtjahren. Der zweite Stern des Paars ist ein bläulicher heißer

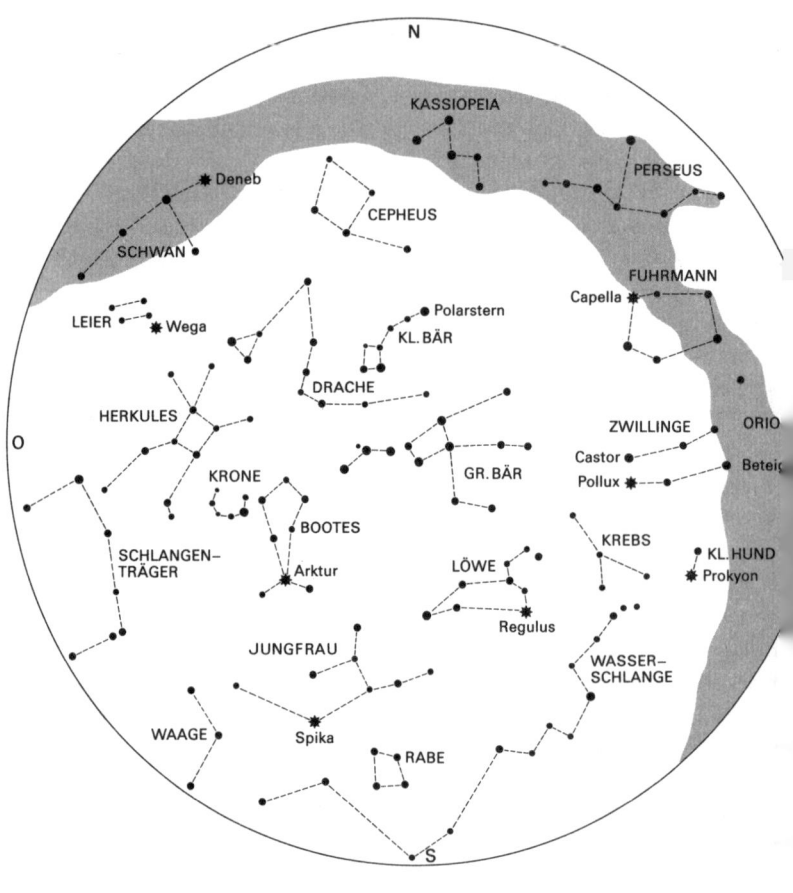

Fig. 16 Der Stand der Sterne für etwa 50° nördl. Breite und 10° östl. Länge (vgl
S. 150)

am 15. April	gegen 23 Uhr
am 15. Mai	gegen 21 Uhr
am 15. Juni	gegen 19 Uhr

Alle Zeiten sind MEZ, für die Sommerzeit ist jeweils eine Stunde zu addieren.

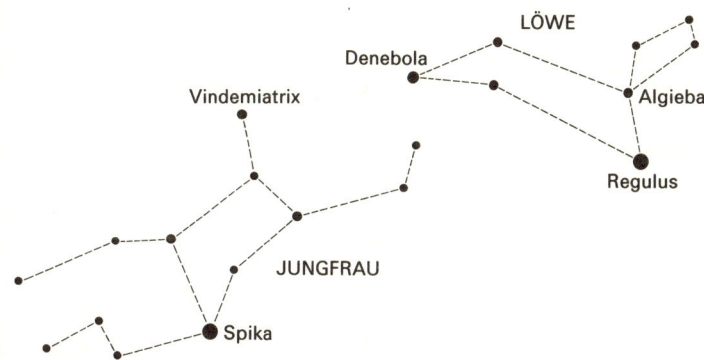

Fig. 17 Der Löwe und die Jungfrau am südöstlichen bis südlichen Frühjahrs-himmel.

Riesenstern, allerdings längst nicht so groß wie der andere. Das Sternbild ist wegen zweier Kugelsternhaufen bekannt, die mit einem Fernglas gut zu sehen sind, vor allem der südlichere mit der Nummer 13 in dem alten, von dem Franzosen Charles Messier gegen Ende des 18. Jahrhunderts aufgestellten und noch heute benutzten Katalog von »Nebelflecken«. In einer klaren Nacht kann man »M 13« sogar mit bloßem Auge erkennen.

Herkules – oder nach seinem griechischen Namen Herakles – stammt der Sage nach von dem Helden Perseus ab, der ebenfalls am Himmel steht, durch den Polarstern von ihm getrennt. Als Mutter des Herakles gilt Alkmene, der sich Zeus in Gestalt ihres Gatten Amphitryon genähert hatte. Die Episode ist in vielen Theaterstücken von Plautus bis Giraudoux dargestellt worden. Heinrich von Kleists bekannte Komödie diente sogar als Vorlage für einen überaus erfolgreichen Film mit der unvergeßlichen Adele Sandrock. Während seines bewegten Lebens – er soll unter anderem in 50 aufeinanderfolgenden Nächten mit 50 Töchtern eines Königs 50 Söhne gezeugt haben – mußte Herakles viele Heldentaten vollbringen und mehrere verderbenbringende Untiere töten. Dazu gehörte ein Löwe, der in einer Höhle bei Nemea im Norden der Peloponnes hauste und wegen seines glatten, harten Fells als unbesiegbar galt. Mit List und Kraft gelang es Herakles schließlich, das Untier zu erwürgen. Seitdem wird er häufig mit einem übergeworfenen Löwenfell dargestellt (z. B. auf einem der

171

kostbaren Gobelins im Herkulessaal der Münchener Residenz)
Eine weitere Aufgabe bestand darin, der vielköpfigen Wasser
schlange zu Leibe zu rücken, die nicht weit davon in den Sümpfe
von Lerna hauste. Sie hatte die von Drachen bekannte unange
nehme Eigenschaft, daß ihr für jedes abgeschlagene Haupt zwe
neue wuchsen, deren Mäulern tödlich giftiger Atem entströmte
Herakles leistete zusammen mit einem jungen Verwandten, de
er zu Hilfe gerufen hatte, perfekte Arbeit: Er schlug der Hydr
einen Kopf nach dem anderen ab, während der Jüngling mit gro
ßen Fackeln die Wunden der Riesenschlange sofort ausbrannte
Als Hera, die Gattin des Zeus, merkte, daß es mit der Hydra z
Ende ging, schickte sie einen riesigen Krebs, der ihren ungeliebte
»Stiefsohn« Herakles in die Ferse beißen und dadurch de
Schlange helfen sollte; der Held tötete ihn jedoch mit einem ge
zielten Fußtritt.

Auch das Sternbild *Drache* hat seinen Platz in der Herkules
sage. Ein Drache bewachte mit seinen zahlreichen Augen – den
auch er hatte mehrere Köpfe und schlief niemals – die goldene
Äpfel der Hesperiden. Diese Äpfel sollte Herakles stehlen. Nu
gehörte der Baum, den die Hesperiden, Töchter des Atlas, pfleg
ten, der Göttin Hera, die dem Herakles, wie bereits erwähnt
nicht sehr gewogen war. Wieder half diesem eine List sowie ein
gute Tat, die er unterwegs zu den Gärten der Hesperiden verrich
tete. Er befreite nämlich den von Zeus zur Strafe für den Dieb
stahl des Feuers an einen Felsen geschmiedeten Titanen Prome
theus, einen Bruder des Atlas. Jeden Tag kam ein Adler und fra
dem Prometheus ein Stück aus der Leber, das während der Nach
wieder nachwuchs. Herakles tötete den Adler mit einem Pfei
und Prometheus war gerettet. Aus Dankbarkeit überredete Pro
metheus den Atlas zur Mithilfe bei der Beschaffung der goldene
Äpfel. Atlas, der das Himmelsgewölbe auf seinen Schultern trug
war bereit, die Äpfel von seinen Töchtern zu holen. Er bat Hera
kles, inzwischen seine Last zu übernehmen; in dieser Pose, knien
und mit hoch erhobenen Armen, sieht man Herakles in dem nac
ihm benannten Sternbild. So kam schließlich der Held zu den Äp
feln, und es gelang ihm auch, dem Atlas die Weltkugel wiede
aufzubürden. Dieser hatte sich nämlich heimlich davonmache
wollen.

Ein weiteres Sternbild, das man am südöstlichen Frühjahrshimmel nicht übersehen kann, ist die *Jungfrau*. Sie folgt im Tierkreis auf den Löwen. Ihre mythologische Bedeutung ist nicht ganz klar. Mit der babylonischen Ähre für den Hauptstern Spika entstand die Bezeichnung »Jungfrau« für das ganze Sternbild; sie trägt eine Ähre, den Stern *Spika*, in der Hand. Spika ist ein sehr leuchtkräftiger blauer Stern, der zu den hellsten am Himmel gehört, obwohl er etwa 200 Lichtjahre entfernt ist. Seine Oberfläche ist fast 30 000 °C heiß. Die höher im Sternbild stehende *Vindemiatrix* (lat. »vindemia« = Weinlese) erinnert an den Weinbau. Ihr erster morgendlicher (heliakischer) Aufgang nach einer Periode der Unsichtbarkeit war in der Antike das Zeichen für den Beginn der Weinlese; der Stern hatte damit eine ähnliche Funktion wie Sirius im alten Ägypten. Die Jungfrau erreicht im Frühjahr ihre Höchststellung im Süden zwischen Mitternacht (Mitte April) und 21 Uhr (Ende Mai).

Über der Jungfrau leuchtet *Bootes* hoch im Südosten. Sein Hauptstern *Arktur* ist ein Riesenstern mit 23fachem Sonnendurchmesser; seine orangerot leuchtende Oberfläche ist mit 4200 °C kühler als die der Sonne. Er ist der vierthellste Stern am Himmel, obwohl er nicht zu den leuchtkräftigsten gehört. Dafür ist er uns mit 35 Lichtjahren relativ nahe. »Bootes« bedeutet so etwas wie »Ochsentreiber«, und man hat sich wohl früher darunter auch einen Mann vorgestellt, der den Himmelswagen zieht. Denn die Deichsel des Wagens weist direkt auf Bootes. Andererseits hat »Arkturus« die Bedeutung eines Bärenhüters und paßt damit zum Sternbild Großer Bär, von dem der Wagen ein Teil ist. Der Große Bär steht im April abends bei uns hoch im Zenit.

Im Nordosten marschieren im Mai die ersten Sommerbilder auf, nämlich die Leier und der Schwan. Im Norden gehen die zirkumpolaren Sterne des Cepheus, der »W«-förmigen Kassiopeia und des Perseus durch ihre Tiefststellung, und auch der Fuhrmann steht tief im Nordwesten. Der Winter verabschiedet sich endgültig mit den Zwillingen und dem Kleinen Hund; Orion ist ab Ende April unter dem Horizont verschwunden, und auch der Stier ist dann nicht mehr zu sehen: Die Sonne ist ihm zu nahe gerückt.

7. Sternpaare und Veränderliche Sterne

Doppelsterne

Bei der Beschreibung des Großen Bären wurde bereits der Stern *Mizar* in der Deichsel des Himmelswagens erwähnt, den Beobachter mit guten Augen als ein eng benachbartes Sternpaar, einen Doppelstern, erkennen können. Allerdings handelt es sich hier nicht um ein »echtes« Paar, denn die beiden Sterne stehen nur zufällig in derselben Richtung, sind aber im Raum voneinander getrennt. Solche relativ seltenen *optischen Doppelsterne* sind schon lange bekannt; bereits im *Almagest* des Ptolemäus sind zwei solche Sterne im Sternbild Schütze aufgeführt.

Überaus häufig sind dagegen die auch räumlich eng benachbarten Doppelsterne, die in den meisten Fällen so nahe beieinander stehen, daß sie nur in Ferngläsern oder Fernrohren getrennt erscheinen. Man bezeichnet sie als *physische Doppelsterne*. Sie sind ungefähr ebenso zahlreich wie die Einzelsterne, zu denen unsere Sonne gehört. Ein kleiner Teil der Sterne steht sogar in Mehrfachsystemen mit bis zu sechs Komponenten zusammen.

Doppelsterne haben sich nicht zufällig im Raum getroffen; sie sind gemeinsam entstanden und bilden ein stabiles System, dessen Komponenten durch die gegenseitige Schwerkraft fest aneinander gebunden sind. Sie bewegen sich nach denselben Gesetzen umeinander wie die Planeten um die Sonne. Nur sind hier in den meisten Fällen die Massen der Komponenten von ähnlicher Größenordnung, so daß sich nicht ein kleines Objekt um ein sehr viel größeres dreht, sondern sich zwei ähnlich große Partner um den gemeinsamen Schwerpunkt bewegen. (Genaugenommen führt auch die Sonne eine kleine Drehung um den Schwerpunkt des gesamten Planetensystems aus, der aber wegen der übergewichtigen Sonne noch im Sonnenkörper liegt.)

Aus den Eigenschaften der Doppelsternbahnen (ihren Bahnformen und ihren Perioden) lassen sich nach den Gesetzen der Himmelsmechanik häufig Aufschlüsse über die Gesamtmasse beider Sterne ableiten, in günstigen Fällen (bei bekannter Entfernung und Bahnlage im Raum) auch die Einzelmassen. Massen von Einzelsternen lassen sich dagegen nie direkt berechnen, sondern nur durch Umwege über bestimmte andere Eigenschaften dieser Sterne grob abschätzen. Deshalb sind Beobachtungen von Doppelsternen für die Astronomen sehr wichtig.

Ein Beispiel für zwei sehr ungleiche Komponenten eines Paars ist der Hundsstern Sirius mit seinem kleinen Begleiter, der zu den Weißen Zwergen gehört. Dieser sehr viel lichtschwächere Stern wird von dem hellen Sirius so stark überstrahlt, daß man ihn zunächst nicht gesehen hat. Seine Gegenwart verriet sich durch eine minimale Schlängelbewegung im Lauf des Sirius, eine Beobachtung, die Friedrich Bessel bereits im Jahre 1844 machte. Erst 18 Jahre später wurde der Siriusbegleiter im Fernrohr entdeckt. Der Weiße Zwerg läuft in 50 Jahren um seinen Hauptstern. Die Analyse der über viele Jahre beobachteten Bahn hat ergeben, daß Sirius 2,27 Sonnenmassen besitzt und der Begleiter etwas weniger Masse hat als die Sonne. Ein ganz ähnliches System bildet Prokyon im Kleinen Hund mit seinem Begleiter, dessen Existenz Bessel aus denselben Gründen vermutete. Der Stern, ebenfalls ein Weißer Zwerg, wurde 1896 mit einem Fernrohr entdeckt.

Manche Sterne stehen so nahe zusammen, daß sie sich auch im Fernrohr nicht mehr trennen lassen. Nur aus gewissen Eigenschaften ihres Spektrums geben sie sich als Doppelsterne zu erkennen. Ein prominentes Beispiel für ein Sechsfachsystem ist der Zwillingsstern Castor. Im Fernrohr erkennt man zwei helle Komponenten mit einem schwächeren Begleiter. Die Spektren der drei Sterne zeigen, daß jeder noch einen unsichtbaren Begleiter hat. Bei einigen Systemen stehen die Sterne so dicht beieinander, daß Materie von der einen Komponente auf die andere hinüberfließt und sich um diese eine Art Wulst von Gas und Staub bildet, eine sogenannte *Akkretionsscheibe*. Bei einem solchen Diebstahl, bei dem sich im Laufe der Zeit der Bestohlene sein Eigentum auch wieder zurückerobern kann, gibt es sehr interessante Prozesse, die man anhand der Sternspektren studieren kann und die Einblicke in die Entwicklung der Sterne geben.

Sterne, deren Licht sich ändert

Als der ostfriesische Landpfarrer David Fabricius am 13. August 1596 vor der Morgendämmerung den Planeten Jupiter beobachten wollte, sah er im Süden im Sternbild Walfisch einen hellen Stern, der ihm niemals vorher aufgefallen war. Einige Wochen später war der Stern wieder verschwunden, und es gelang Fabricius vorläufig auch nicht, ihn wieder aufzuspüren. Erst 11 ½ Jahre später, im Februar 1608, war er plötzlich wieder da, an derselben Stelle im Walfisch wie vorher, und wieder verschwand er nach einiger Zeit. Johannes Kepler, dem Fabricius seine Beobachtung mitgeteilt hatte, schrieb später in sein Notizbuch: »Diesen Stern habe ich umb den Neumond im August darauf mit Fleiß gesucht, aber nit gefunden.«

Eine merkwürdige Sache war das in einer Zeit, als sich am Himmel noch andere auffällige Dinge ereigneten. Im Jahre 1572 hatte Tycho Brahe auf seiner Sternwarte in Dänemark einen plötzlich hell aufleuchtenden Stern gesehen. Ein ähnlicher tauchte kurz nach seinem Tode im Jahre 1604 auf; diese Erscheinung hat Kepler eingehend beschrieben. Die beiden *Supernovae*, wie man diese sehr seltenen superhellen »neuen Sterne« nennt, verhielten sich aber ganz anders als der Stern des Fabricius. Sie blieben nach ihrem einmaligen spektakulären Auftritt am Himmel verschwunden, während der Walfisch-Stern, den man *Mira*, die »Wunderbare«, nannte, wieder aufgetaucht war. Wir wissen heute, daß es sich bei einer Supernova um einen explodierenden Stern handelt, von dem nur noch ein winziger Kern und eine riesige expandierende Hülle übrigbleibt (vgl. hierzu S. 196).

Mira entpuppte sich später als ein Stern, dessen Leuchtkraft in einem Zeitraum von im Mittel 332 Tagen so stark schwankt, daß er von einem hellen zu einem mit bloßem Auge nicht mehr sichtbaren Objekt wird und dann wieder zu seiner urprünglichen Helligkeit anwächst. Man hätte ihn damals gar nicht aus den Augen verlieren müssen, wenn man ihn weiter systematisch beobachtet hätte. Das wäre möglich gewesen, denn seit dem Jahre 1609 gab es ja Fernrohre, und viele schwache Himmelsobjekte wurden im frühen 17. Jahrhundert entdeckt. Aber natürlich dürfen wir die damalige Zeit nicht mit unserem Jahrhundert der koordinierten Beobachtungen und raschen Kommunikationsmöglichkeiten vergleichen, und so hatte man die Sache zunächst nicht weiter verfolgt. Dazu kommt, daß Mira im Maximum nicht immer die gleiche Helligkeit erreicht. Besonders auffallend soll sie 1639 gewesen sein, als mehrere Astronomen sie beobachteten und dann auch bald die Periodizität des Lichtwechsels feststellten.

Im Jahre 1669 entdeckte Geminiano Montanari, Rechtsgelehrter und Professor der Mathematik und Astronomie an den Universitäten von Bologna und Padua, daß das Licht des »Teufelssterns« *Algol* im Perseus in einem sehr regelmäßigen Rhythmus von knapp drei Tagen kurzfristig ab- und wieder zunimmt. Der Name des Sterns leitet sich von dem arabischen »Râs al Ghûl« her und bedeutet »Haupt des Dämonen«. Wahrscheinlich hatte man schon früher das ungewöhnliche Verhalten dieses Sterns bemerkt. Zwei weitere spektakuläre Entdeckungen machte 1784 der junge taubstumme Engländer John Goodricke, der zwei Jahre später im Alter von 22 Jahren starb. Er fand die Helligkeitsänderungen der beiden Sterne *β Lyrae* (Beta in der Leier) und *δ Cephei* (Delta im Cepheus).

Der hellere Leier-Stern wechselt sein Licht mit einer Periode von knapp 13 Tagen, bei δ Cephei vergehen 5⅓ Tage zwischen zwei Lichtmaxima. Goodricke war auch der erste, der vor allem die beiden Sterne Mira und Algol systematisch beobachtete und feststellte, daß die Periode von Algol sehr regelmäßig war, während Mira sich etwas unzuverlässiger verhielt. Auch eine Vermutung über den Grund der plötzlichen Lichtabnahme äußerte er bereits; sie sollte sich später in ihren Grundzügen als richtig herausstellen.

Um die Mitte des 19. Jahrhunderts setzte endlich eine sehr intensive Erforschung dieser merkwürdigen und gar nicht seltenen Sterne ein, die so wenig in das Bild eines beständigen Himmels paßten, wie man es sich jahrtausendelang gemacht hatte. Besonders der damalige Direktor der Bonner Sternwarte, Friedrich Wilhelm Argelander, bekannt durch seine Arbeiten zur Bestimmung von Sternhelligkeiten, nahm dabei auch die Veränderlichen Sterne sehr genau unter die Lupe bzw. vor die Fernrohrlinse. Argelander war der Initiator eines großen Sternkatalogs, der *Bonner Durchmusterung*, und betreute die umfangreichen Arbeiten daran als Mitbegründer der seit 1863 bestehenden Astronomischen Gesellschaft, einer der ältesten Vereinigungen von Astronomen, die noch heute existiert und etwa 700 Mitglieder aus dem deutschen Sprachraum zählt.

Allmählich wurde die Liste der Veränderlichen Sterne länger. Argelanders Schüler und späterer Nachfolger Eduard Schönfeld veröffentlichte 1875 einen Katalog, der 143 Objekte verzeichnete. Auffallend ist, daß sich die einzelnen Objekte nicht nur in ihren Perioden stark unterscheiden – sie reichen von wenigen Stunden bis zu mehreren Jahren –, auch die Helligkeitsdifferenz zwischen Lichtmaximum und -minimum sowie der zeitliche Verlauf der Lichtänderung sind ganz unterschiedlich. Besonders deutlich ist der Fortschritt, den die verbesserte Beobachtungstechnik im 20. Jahrhundert möglich machte: Fast 300 Jahre liegen zwischen der Entdeckung des ersten Veränderlichen und dem Katalog von 143 Sternen aus dem Jahre 1875; heute, gut 100 Jahre später, sind rund 26 000 Veränderliche katalogisiert. Dazu hat die moderne Astrophysik Erklärungen für die verschiedenen, oft sehr komplizierten Mechanismen gefunden, die den Lichtwechsel hervorrufen. Sie sollen in ihren Grundzügen kurz beschrieben werden.

Zunächst zerfallen die Veränderlichen in zwei Hauptgruppen, die eigentlich nichts miteinander zu tun haben: die Bedeckungs- und die Pulsationsveränderlichen. Da die Sterne sich aber in ihrem Erscheinungsbild ähnlich sind, hat man erst spät gemerkt, daß es sich um ganz unterschiedliche Objekte handelt.

1. Die *Bedeckungsveränderlichen.* Die Sterne der kleineren, etwa 4000 Objekte umfassenden Gruppe tragen die Bezeichnung »Veränderliche« eigentlich zu Unrecht, denn es handelt sich um Paare von ganz normalen, beständig leuchtenden Sternen, die ihren Lichtwechsel einem Zufall verdanken: Die Ebene, in der die beiden Partner umeinander laufen, liegt genau in unserer Sichtlinie, so daß wir auf ihre Kante schauen. Bei jedem Umlauf deckt deshalb zeitweise der eine Stern den zweiten ab und umgekehrt. Dies und unterschiedliche Leuchtkräfte sowie Durchmesser bedingen den Verlauf der Helligkeitsänderung, die sogenannte *Lichtkurve.* Besteht das System z. B. aus einem sehr hellen und einem schwachen Stern, so wird das Licht stark abgeschwächt, wenn der dunkle Stern

den hellen verdeckt, während umgekehrt der helle vor dem schwächeren Stern nur eine geringe Lichtminderung erzeugt. Auch unterschiedliche Größen der Sterne beeinflussen die Lichtkurve, da es nur zu einer teilweisen Bedeckung kommt, wenn der kleine Stern sich vor den größeren schiebt. Derselbe Effekt tritt ein, wenn wir nicht genau auf die Kante der Bahnebene schauen.

So können die Lichtkurven eine Menge über die beiden Sterne aussagen. Die Periodenlänge gibt die Umlaufzeit der Komponenten in ihrer Bahn an, aus der in einigen Fällen mit Hilfe der Keplerschen Gesetze die Sternmassen errechnet werden können. Die Dauer des jeweiligen Lichteinbruchs gibt u. a. Hinweise auf die Durchmesser der Sternscheiben und, bei bekannter Entfernung, auf die Sterngrößen.

Bekannte Beispiele für solche Bedeckungsveränderliche – die englische Bezeichnung *eclipsing binaries* (sich verdeckende Doppelsterne) trifft die Sache etwas genauer – sind *Algol* im Perseus und *Beta Lyrae*. Außergewöhnlich ist vor allem *Epsilon Aurigae*, einer der schwächeren Sterne nahe bei Capella im Fuhrmann, mit der längsten bekannten Periode von 27 Jahren. Sein Lichtwechsel fällt daher wenig auf. Der Hauptstern dieses über 3000 Lichtjahre entfernten Systems ist ein hauptsächlich im Infraroten strahlender Riese, der zu den größten bekannten Sternen gehört. Der kleinere Begleitstern scheint zeitweise durch die dünne Gashülle des Riesen hindurch. Nicht weit davon leuchtet *Zeta Aurigae* mit einer Periode von 972 Tagen. Hier steht ein roter, kühler Stern bei einem heißen, blauen, der 30mal kleiner ist als der rote. Auf der anderen Seite der Skala steht mit dem kürzesten bekannten Lichtwechsel innerhalb von 82 Minuten ein Stern in dem kleinen Bild Pfeil, das über den Schwingen des Adlers liegt. Diese Werte sind aber die extremen Ausnahmen; die meisten Perioden liegen zwischen wenigen Stunden und etwa 10 Tagen.

2. Die *Pulsationsveränderlichen*. Die eigentlichen veränderlichen Sterne, deren Ausstrahlung sich auf Grund von Vorgängen in ihrem Inneren mehr oder weniger regelmäßig ändert, bilden eine sehr viel größere Gruppe. In einer bestimmten Phase ihrer Entwicklung, z. B. wenn der Kernbrennstoff Wasserstoff im Zentrum zur Neige geht und andere Prozesse der Kernverschmelzung einsetzen, ent-

stehen Instabilitäten, und die gesamte Gaskugel des Sterns beginnt rhythmisch zu schwingen. Der Stern dehnt sich dabei periodisch aus und zieht sich wieder zusammen: Er pulsiert. Deshalb hat man die sehr treffende Bezeichnung *Pulsationsveränderliche* für solche Sterne eingeführt. Mit der Größenänderung, die mehrere Prozent ihres Durchmessers ausmachen kann, ist eine Änderung der Temperatur verbunden: Während der Kontraktion erhitzt sich der Stern, da sich Gravitationsenergie in Wärme verwandelt, beim Expandieren kühlt er ab. Damit ändern sich auch andere Eigenschaften wie Druck und Dichte des Gases. Kurz – die Variationen breiten sich über den ganzen Stern bis in tiefere Schichten aus, was sich im Spektrum seines Lichtes, das uns erreicht, deutlich ausprägt.

Nun gibt es ja sehr unterschiedliche Sterne, keiner gleicht ganz dem anderen, und so verlaufen auch die Pulsationen sehr verschieden. Trotzdem lassen diese Veränderlichen sich in bestimmte Untergruppen einordnen. Ein wesentliches Merkmal ist die Dauer der Periode ihres Lichtwechsels, die deshalb eine geeignete Grundlage für die Einteilung bildet.

Die *RR Lyrae-Sterne* tragen ihre Bezeichnung nach einem sonst unauffälligen Stern in der Leier. Sie bilden eine aus rund 6000 sehr leuchtkräftigen Sternen bestehende Gruppe, die man bis in große Entfernungen sehen kann. Da sie alle fast die gleiche Leuchtkraft haben, ist die Helligkeit, mit der sie uns erscheinen, ein direktes Maß für ihre Distanz. Sie eignen sich deshalb zur Bestimmung von Entfernungen in den äußeren Bereichen der Galaxis, wo sie häufig vorkommen. Kenntlich sind sie an ihren kurzen Perioden, die bei reichlich einer Stunde bis zu etwas über einem Tag liegen; die Helligkeitsänderungen sind meist nicht sehr groß.

Etwas anders verhalten sich die *Delta Cephei-Sterne* mit Periodenlängen zwischen einem Tag und rund 50 Tagen. Ihre Leuchtkräfte hängen in ganz bestimmter Weise von der Dauer ihres Lichtwechsels ab. Je länger die Periode ist, desto leuchtkräftiger sind sie. Diesen als *Perioden-Leuchtkraft-Gesetz* bekannten Zusammenhang entdeckte die amerikanische Astronomin Henrietta Leavitt im Jahre 1912 bei der Beobachtung von etwa zwei Dutzend Cepheiden in der Kleinen Magellanschen Wolke, einer in der Nähe des Himmelssüdpols leuchtenden Nachbargalaxie, und es gelang ihr, den zahlenmäßigen Zusammenhang zwischen Periode und Leuchtkraft abzuleiten. Das Gesetz hat sich als ein wichtiges Hilfsmittel bei der Entfernungsbestimmung erwiesen und ist bis heute unentbehrlich. Da die sehr leuchtkräftigen Delta Cephei-Sterne auch in anderen Galaxien, z. B. in der Andromedagalaxie, zu sehen sind, lassen sich mit ihrer Hilfe Distanzen bis zu mehreren Millionen Lichtjahren auf sehr einfache Weise zuverlässig ableiten, denn im Grunde braucht man nicht mehr zu tun, als die Dauer ihres sehr regelmäßigen Lichtwechsels und ihre – scheinbare – Helligkeit zu messen.

Noch längere Perioden von 20 bis 150 Tagen hat eine zahlenmäßig recht kleine Gruppe von Veränderlichen, die nach einem Stern im Stier *RV Tauri-Sterne* genannt werden.

Begegnet sind uns schon einige der über 5000 *Mira*-Sterne, deren Perioden in dem weiten Bereich zwischen 30 Tagen und mehreren Jahren liegen und häufig sehr unregelmäßig sind. Es handelt sich um kühle, rötliche, große und sehr leuchtkräftige Sterne, weshalb man sie auch als *Rote Veränderliche* bezeichnet. Ihre Helligkeit schwankt oft erheblich. Mira verändert z. B. ihre Leuchtkraft zwischen Maximum und Minimum um mehr als das Tausendfache. Bei den RR Lyrae- und Delta Cephei-Sternen ist die Variation der Ausstrahlung und entsprechend auch die Differenz der Helligkeiten bedeutend kleiner, und das erklärt, weshalb man sie erst viel später entdeckt hat.

Nicht alle physischen Veränderlichen passen in diese grobe Einteilung, es gibt eine Menge Spezialfälle und Besonderheiten, wie es dem komplizierten Innenleben der Sterne entspricht. Das Grundschema einer Pulsation ist allerdings allen gemeinsam.

In gewisser Weise gehören auch die *Novae*, scheinbar erstmalig aufleuchtende »neue« Sterne, zu den Veränderlichen. Genauere Untersuchungen haben in vielen Fällen ihr Vorstadium in Gestalt eines schwachen Lichtpünktchens auf älteren Sternkarten zutage gefördert, und auch nach dem Ausbruch und dem allmählichen Helligkeitsabfall konnte man sie weiter beobachten. Anscheinend handelt es sich hier um zwei sehr unterschiedliche Sterne, die in engem Abstand umeinander kreisen, einen heißen Weißen Zwerg und einen kühlen Riesenstern. Unter bestimmten Bedingungen fließt Material von dem großen zu dem kleinen Stern hinüber, und um diesen bildet sich eine sehr heiße Gasscheibe, die energiereiche Ultraviolett- und Röntgenstrahlung aussendet. Dabei können die Gase sich an der Sternoberfläche stellenweise so stark erhitzen, daß Kernprozesse zünden und ein Teil des Materials explosionsartig weggeschleudert wird. Wir sehen dann einen innerhalb weniger Tage zu großer Helligkeit ansteigenden »neuen« Stern. Im Jahre 1975 leuchtete so eine Nova im Sternbild Schwan auf, die für jeden Beobachter, der die Konstellation gut kennt, nicht zu übersehen war. Wahrscheinlich ist ein solcher Ausbruch kein einmaliges Ereignis im Leben einer Nova, sondern wiederholt sich in Abständen von einigen 100 oder auch 1000 Jahren. Konsequenterweise muß man die Novae deshalb zu den periodischen Veränderlichen zählen, nur ist die Zeitspanne zwischen zwei Lichtausbrüchen so groß, daß wir den Eindruck der Einmaligkeit haben. Mit der gewaltigen Explosion einer Supernova, bei der erheblich größere Energiemengen beteiligt sind und der gesamte Stern zerstört wird, haben die Novae nichts zu tun. Novae sind auch sehr viel häufiger als Supernovae, die in unserer Galaxis nur wenige Male in einem Jahrtausend beobachtet wurden. Die letzte erlebte Kepler vor fast 400 Jahren.

8. Die Sterne im Jahreslauf III: Der Sommerhimmel

Der Skorpion und das Sommerdreieck

In den Sommermonaten, wenn die Sonne den nördlichsten Teil ihrer Bahn durchläuft, kommen bei uns in den kurzen Nachtstunden die südlichsten Tierkreisbilder über den Horizont. Im Juli leuchtet gegen Mitternacht der *Schütze* im Süden, flankiert im Westen vom *Skorpion* und im Osten vom *Steinbock*, der erst im August ganz sichtbar wird. Der Skorpion gehört zu den markantesten, schönsten Konstellationen am ganzen Firmament. Leider bleibt sein südlichster Teil in unseren Breiten unter dem Horizont verborgen. So sehen wir nur den Kopf, markiert durch den roten Riesenstern *Antares*, und die weit bis zur *Waage* ausscherenden

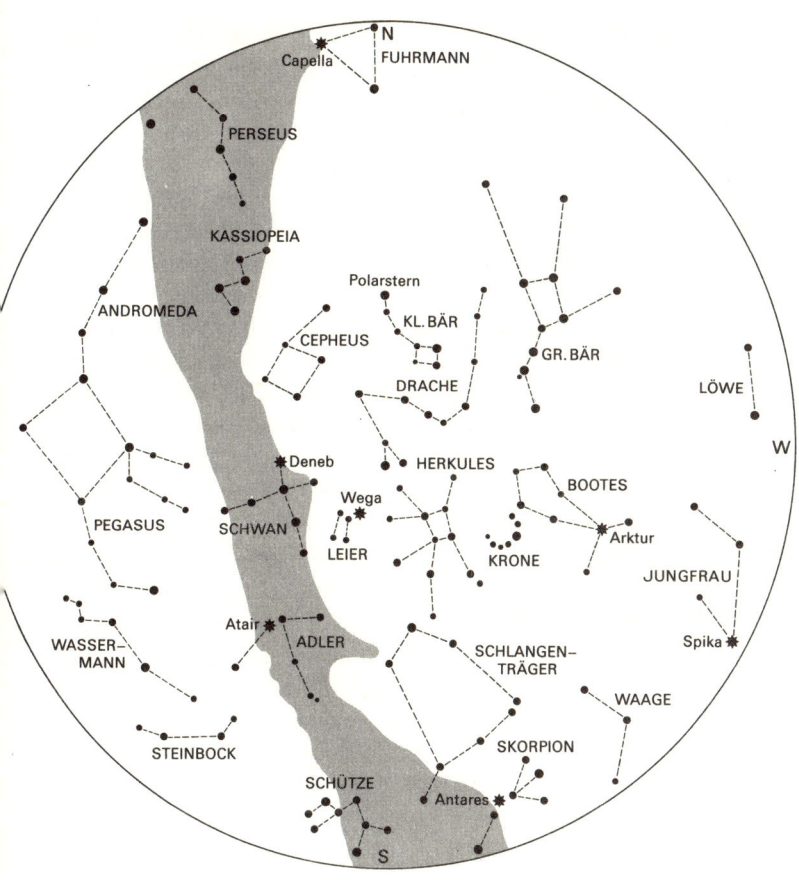

*Fig. 18   Der Stand der Sterne für etwa 50° nördl. Breite und 10° östl. Länge (vgl.
S. 150)*

am 15. Juli	*gegen 23 Uhr*
am 15. August	*gegen 21 Uhr*
am 15. September	*gegen 19 Uhr*

Alle Zeiten sind MEZ, für die Sommerzeit ist jeweils eine Stunde zu addieren.

Zangen. Die Waage war ursprünglich kein selbständiges Sternbild, ihre Sterne wurden mit zum Skorpion gezählt. Den Zusammenhang deuten noch die Namen der beiden hellsten Waagesterne an: *Zuben el Genubi* (südliche Schale) und *Zuben el Schamali* (nördliche Schale). Die Ähnlichkeit der schalenförmigen Zangen eines Skorpions mit den Schalen einer Waage hat hier wohl zu dem späteren Bezug geführt. Den in südlichere Länder Reisenden zeigt der Skorpion seinen hoch erhobenen Stachelschwanz, der das Tierkreisbild deutlich zu dem giftigen Tier ergänzt, dessen Name es trägt. Der Hauptstern Antares gehört mit einem Durchmesser von über 400 Mio. km zu den größten Sternen – er würde nicht einmal innerhalb der Marsbahn Platz haben. Wie die ihm ähnliche *Beteigeuze* im Orion ist er schwach veränderlich, außerdem hat er einen kleinen Begleiter von grünlicher Farbe. Natürlich haben die Griechen das Sternbild in ihrer Sagenwelt nicht vergessen. In den Geschichten um den Riesen Orion ist uns der Skorpion schon als der von Artemis ausgesandte Rächer begegnet, der Orion durch einen Stich mit seinem Giftstachel tötete.

Der Name des benachbarten Schützen ist wie fast alle Tierkreisbezeichnungen babylonischen Ursprungs. Das Sternbild gibt die Richtung zum Zentrum des Milchstraßensystems an, daher sehen wir hier in die sternreichsten Gebiete der Milchstraße (Abb. 9). In der verzweigten Anordnung mehrerer heller Sterne würde heute wohl niemand mehr einen Bogenschützen erkennen; die Phantasie der Menschen war früher der unseren offensichtlich weit überlegen. Am westlichen (rechten) Ende des Bildes haben wir uns den Bogen vorzustellen, markiert durch die drei Sterne *Kaus australis*, *Kaus meridionalis* und *Kaus borealis*, den südlichen, mittleren und nördlichen Bogenstern. Der südliche ist ein heißer, blauer Stern, der hellste im Schützen. Außer einigen weiteren Sternen vergleichbarer Helligkeit enthält das Bild mehrere Gasnebel und nicht weniger als sieben weit entfernte Kugelsternhaufen, die jeder aus mehreren 100 000 Sternen bestehen. Fünf offene Sternhaufen sind ein weiteres Zeichen für den großen Sternreichtum in dieser Richtung des Himmels.

Der sich nach Osten anschließende Steinbock wurde in alten Sternkarten häufig mit einem Fischleib versehen. Ein solches Fabelwesen taucht schon in altbabylonischen Darstellungen auf. In

Griechenland hat man das Sternbild auch mit dem gehörnten Hirtengott Pan in Verbindung gebracht. Früher enthielt es den südlichsten Punkt der Sonnenbahn, den sie zur Wintersonnenwende durchläuft. Der *Wendekreis des Steinbocks* erinnert daran, das Gegenstück zum *Wendekreis des Krebses*, der die Sommersonnenwende markiert. Wegen der Präzessionsbewegung der Erdachse ist der Winterpunkt inzwischen bis zum Schützen und der Sommerpunkt bis zu den Zwillingen zurückgewichen.

Über dem Skorpion nimmt der *Schlangenträger* in den Sommermonaten abends seine höchste Stellung im Süden ein. Sein ungewöhnlicher Name weist auf den griechischen Gott der Heilkunde Asklepios hin, dessen Wahrzeichen, eine Schlange, noch heute das Signum der Ärzte ist. Eine *Schlange* soll dem Asklepios Heilkräuter gebracht haben. Auch am Himmel finden wir sie in unmittelbarer Nähe des ausgedehnten Sternbildes. Sie umschlingt es im Westen und im Osten und bildet daher keine zusammenhängende Konstellation.

Der Schlangenträger gehört nicht zu den klassischen Tierkreisbildern, obwohl die Sonnenbahn gegenwärtig durch seinen südlichen Teil führt. Von Ende November bis Mitte Dezember bewegt sich die Sonne zweieinhalb Wochen lang durch dieses Sternbild, während sie sich vorher nur eine Woche im Skorpion aufhält. Im Altertum verlief dagegen die Sonnenbahn noch südlich des Schlangenträgers. Auch diese Veränderung ist eine Folge der Präzession.

Weder der westliche Teil der Schlange, ihr Haupt, noch der sich im Osten um den Schlangenträger windende Schwanz enthält auffallende Sterne. Dafür steht im Schlangenhaupt einer der hellsten Kugelsternhaufen (M 22). Er ist bei guter Sicht gerade noch mit bloßem Auge erkennbar. Seine Entfernung ist wie die aller Kugelhaufen mit 25 000 Lichtjahren sehr groß. Im Fernglas zeigt er sich als verwaschenes Lichtfleckchen.

Zu den helleren Sternen des Schlangenträgers gehört *Ras Alhague* am nördlichen Rand des Bildes. Nicht weit von ihm steht der etwas schwächere *Ras Algethi*, der schon zum oberhalb des Schlangenträgers sichtbaren Herkules gehört. Nicht mehr ohne Fernglas sichtbar ist ein Sternchen im Schlangenträger, das aber trotzdem erwähnt werden soll, weil es in unserer nächsten Nach-

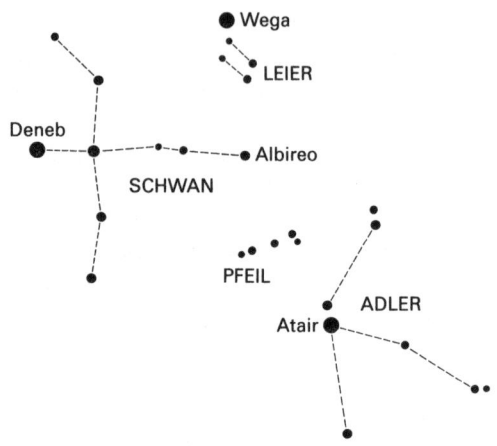

Fig. 19   Das »Sommerdreieck« der Sterne Wega (Leier), Deneb (Schwan) und Atair (Adler) an den späten Sommerabenden in großer Höhe am Himmel.

barschaft steht. Es ist *Barnards Stern* mit einer Entfernung von etwa 6 Lichtjahren. Seine Nähe macht sich unter anderem dadurch bemerkbar, daß seine Bewegung relativ zum Sonnensystem eine Verschiebung am Himmel von etwa 10,3 Bogensekunden pro Jahr bewirkt, die sich in 90 Jahren zu einer halben Vollmondbreite addiert. Es ist die größte Eigenbewegung, die bisher an einem Stern beobachtet wurde, und sie entspricht einer linearen Geschwindigkeit von 90 km pro Sekunde. Das ist weit mehr, als die anderen Sterne in Sonnenumgebung im Mittel aufweisen.

Das eigentliche Merkmal des Sommerhimmels ist ein großes, aus drei sehr hellen Sternen gebildetes Dreieck. Im Juli erreicht *Wega* in der *Leier*, der hellste der drei Sterne, ihre Höchststellung nicht weit vom Zenit. Der ihr nachfolgende *Deneb* am Schwanz des *Schwans* klettert in den späten Stunden der Augustabende noch etwas höher. *Atair*, der zweithellste Stern des Sommerdreiecks, leuchtet im Sternbild *Adler* unterhalb von Deneb. Wir sehen alle diese Sternbilder vor dem Hintergrund der Milchstraße.

Wega ist nach Sirius und Arktur der dritthellste der in unseren Breiten sichtbaren Sterne. Er ist der Erde mit 26 Lichtjahren Entfernung verhältnismäßig nahe und übertrifft bei einer Oberflächentemperatur von über 8000 °C die Sonne um das Fünfzigfache an Leuchtkraft. Mit etwa 1800 Lichtjahren ist Deneb sehr viel weiter von uns entfernt. Trotzdem sehen wir diesen Stern noch sehr hell, denn seine Leuchtkraft ist fast 100000mal größer als die der Sonne. Deneb ist ein Riesenstern mit großer Masse. Bescheidener gibt sich Atair in 16 Lichtjahren Entfernung. Er ist der Sonne ähnlicher als die beiden anderen, übertrifft unseren Heimatstern allerdings auch noch an Temperatur und Leuchtkraft.

Alle drei Sternbilder des Sommerdreiecks erhielten ihre Bezeichnungen bereits im Altertum. In der Leier sahen die Griechen das klassische Musikinstrument des Gottes Apollo. Er soll sie als Versöhnungsgeschenk von Hermes, dem Götterboten und Beschützer der Diebe, bekommen haben, weil dieser ihn bestohlen und belogen hatte. Apollo gab die Leier später dem Sänger Orpheus, der mit seiner Musik Menschen und Tiere und sogar die Schatten der Unterwelt bezaubern konnte. – Der Schwan erinnert uns an Zeus, der sich der schönen Leda in Schwanengestalt näherte. Aus der Verbindung soll Helena entstanden sein, um die dann der Trojanische Krieg entbrannte. – Der Adler, der mit weit ausgebreiteten Schwingen auf den Schwan zufliegt, wurde von Zeus an den Himmel versetzt. Es ist der Peiniger des an einen Felsen geschmiedeten Prometheus, der auf diese Weise dafür bestraft worden war, daß er für die Menschen das Feuer vom Himmel gestohlen hatte. Herakles tötete den Adler mit einem Pfeil, der am Himmel als kleines Bild aus drei hintereinander stehenden Sternen zwischen Adler und Schwan zu sehen ist.

Etwas östlich von Atair steht als rautenförmiges Viereck das kleine Sternbild *Delphin*. Es war ebenfalls schon im Altertum bekannt; der Delphin galt als der Sohn des Meeresgottes Triton. Zwei seiner nicht allzu hellen Sterne haben recht eigenartige Namen: *Sualocin* und *Rotanev*. Wenn man sie rückwärts liest, ergibt sich daraus Nicolaus Venator, der latinisierte Name des Italieners Niccolò Cacciatore, Assistent von Giuseppe Piazzi in Palermo und später dessen Nachfolger als Direktor der dortigen Sternwarte.

Im Südosten schließt sich mit dem *Wassermann* ein weiteres Tierkreisbild an den Steinbock an. Im Juli ist er erst gegen Mitternacht ganz über den Horizont gekommen, und er gehört schon mehr zu den Herbstbildern. – Im Westen ist der Löwe zwar noch zu sehen, aber doch schon recht tief zum Horizont gerückt. Im August verabschiedet er sich vom Sommerhimmel, und auch die

Jungfrau geht neben ihm etwa gleichzeitig unter. Bootes ist ebenfalls an den Westhimmel gewandert, deutlich erkennt man ihn an dem hellen *Arktur*, der im August gegen Mitternacht untergeht. Neben ihm zeichnet die Nördliche Krone ihr Halbrund an den Himmel; sie bildet den Übergang zu dem hoch im Südwesten stehenden *Herkules*. Die Krone symbolisiert einen Kranz, wie ihn in der Antike die Herrscher oder auch die gefeierten Sieger bei den Olympischen Spielen trugen. Solche Kränze waren manchmal aus Gold in feinster Arbeit gefertigt; man kann sie noch heute in einigen Museen bewundern. Der hellste Stern *Gemma* ist der Edelstein der Himmelskrone.

Der Tanz der Zirkumpolarsterne um den Himmelsnordpol hat im Sommer den *Drachen* abends in große Höhen gebracht. Sein Haupt steht an den Juliabenden fast senkrecht über uns. Auch Herkules reicht dann mit seinen oberen Sternen bis zum Zenit. Mit Riesenschritten eilt der Große Bär dagegen seiner Tiefststellung im Norden entgegen. Der Fuhrmann hat sie schon erreicht; nur noch sein nördlicher Teil mit der hellen *Capella* ist in den kurzen Sommernächten dicht über dem Nordhorizont zu sehen. Dafür sind *Cepheus* und *Kassiopeia* im Osten wieder höher gerückt. Unter ihnen bereitet der große Pegasus seine Stellung als Wahrzeichen des südlichen Herbsthimmels vor.

9. Unsere kosmische Heimat: Die Galaxis

Die Milchstraße und die galaktische Scheibe

An den Sommerabenden wölbt sich das Band der *Milchstraße* von Norden nach Süden hoch über den Himmel. Diese schimmernde Bahn fand bei den Griechen eine besonders skurrile Erklärung. Der Götterbote Hermes, das »Schlitzohr« des Olymps, soll der schlafenden Hera den Herakles als Säugling an die Brust gelegt haben. Das kräftige Kind sog die göttliche Milch so gierig, daß Hera erwachte und den verhaßten Bankert ihres Gemahls Zeus entsetzt von sich stieß. Dabei ergoß sich ein mächtiger Strahl Milch über den ganzen Himmel und zerfloß zur »Milchstraße«.

Natürlich war dies auch in der Antike nicht die landläufige Meinung. Die meisten ernsthaften Ansichten waren zwar auch noch weit von der Wirklichkeit entfernt, und nur Demokrit, gewissermaßen der »Vater der Atomtheorie«, lehrte um 400 v. Chr., daß sich das Licht der Milchstraße aus dem Leuchten zahlloser Einzelsterne zusammensetzt. Diese Meinung geriet jedoch in Vergessenheit, und erst im 18. Jahrhundert rückte sie wieder ans Licht, unter anderem durch den Königsberger Philosophen Immanuel Kant, der sich auch eingehend mit den Erscheinungen am Himmel beschäftigte. William Herschel in England war der erste, der aus systematischen Sternzählungen einen Beweis dafür lieferte, daß die Sonne mit ihren Planeten in eine riesige flache Sternenscheibe ähnlich einem Diskus eingebettet ist. Wenn wir an der Scheibenebene entlang blicken, sehen wir ringsum das Licht von vielen Milliarden Einzelsternen als das kreisförmige Band der Milchstraße an den Himmel projiziert, während in den Richtungen außerhalb der Scheibe nur Einzelsterne zu sehen sind (vgl. Fig. 20).

Die Scheibe des Milchstraßensystems, die *galaktische Scheibe*, hat einen Durchmesser von rund 110000 Lichtjahren. In ihrer Mitte verdickt sie sich zu einem mehr kugelförmigen Wulst, und weiter außen sind die Sterne in mehreren sich um das Zentrum windenden Spiralarmen angeordnet. Unser Sonnensystem befindet sich etwas oberhalb der Mittelebene in etwa 28000 Lichtjahren Entfernung vom Zentrum. Alle Sterne drehen sich mit von innen nach außen zunehmenden Geschwindigkeiten um die Mitte. Auch das Sonnensystem nimmt mit einer Geschwindigkeit von 250 km/s daran teil und wird in etwa 200 Millionen Jahren einmal um das Zentrum herumgeführt. Da alle Sterne in ihrer Umgebung sich fast ebenso schnell bewegen, fällt eine gegenseitige Verschiebung nicht auf. Die sichtbare Eigenbewegung, die wir z. B. bei *Barnards Stern* kennengelernt haben (vgl. S. 186), geht hauptsächlich auf individuelle Geschwindigkeiten der einzelnen Sterne zurück, die viel kleiner sind als die allgemeine Bahngeschwindigkeit um das Zentrum.

Wir können die Kernbereiche der Galaxis, die in Richtung des Sternbilds Schütze liegen, nicht direkt einsehen. Alles Licht, das wir von dort erhalten, stammt von uns näheren Objekten. Daran ist weniger die große Entfernung zum Zentrum schuld, sondern

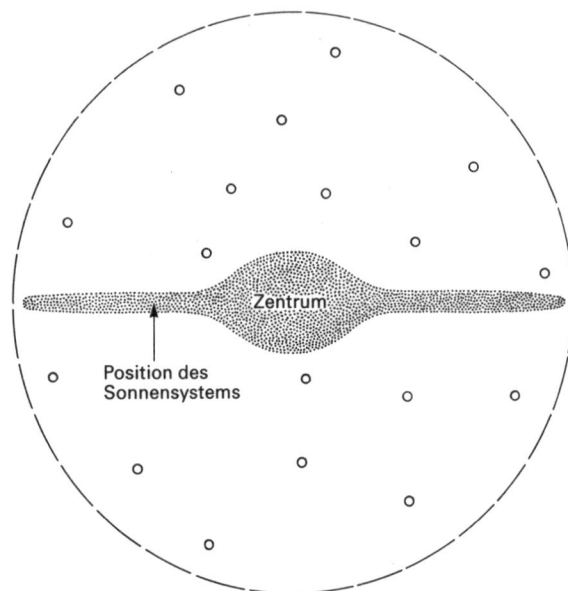

Fig. 20   Schematischer Aufbau der Galaxis von seitlicher Sicht. Das Sonnensystem
liegt in der diskusförmigen Scheibe (Durchmesser etwa 110000 Lichtjahre) und ist
rund 28000 Lichtjahre vom Zentrum entfernt. Wir können nur die Sterne unserer
Nachbarschaft sehen. Das Zentrum ist unsichtbar, da das Licht von dort durch interstellare Materie verschluckt wird. Infrarot- und Radiostrahlung erreicht uns jedoch
von dort. – Die Kugelsternhaufen (durch kleine Kreise angedeutet) besiedeln ein
großes sphärisches Gebiet um die Sternscheibe und sind weiter von uns entfernt als
die einzeln sichtbaren Sterne.

Materie, die sich überall zwischen den Sternen befindet und die
Sicht versperrt. Aber wie der Nebel, mit dem die Autofahrer im
Herbst zu kämpfen haben, besser von dem gelblichen, langwelligeren Licht der Nebelscheinwerfer durchdrungen wird als von
normalem Scheinwerferlicht, so können die Infrarot- und die noch
langwelligeren Radiostrahlungen auch besser durch die interstellare Materie zu uns dringen als das sichtbare Licht. Mit den großen
Radioteleskopen werden daher viele Objekte für uns »sichtbar«,
die sich im Kern der Galaxis befinden. Ebenso können die Instrumente der auf Satelliten installierten Röntgenteleskope bis in das
Herz der Galaxis sehen.

Die Erforschung dieser entlegenen Regionen mit ihren hochinteressanten und teilweise von dem bisher Bekannten erheblich abweichenden Objekten ist noch in ihren Anfängen. Manche Wissenschaftler vermuten, ganz im Zentrum könnte sich ein *Schwarzes Loch* gebildet haben, eine superdichte Konzentration von Materie, deren Schwerkraft alles in ihrem Inneren festhält. Selbst Strahlung kann aus einem Schwarzen Loch nicht nach außen dringen, so daß wir nur indirekt durch seine Schwerkraftwirkung auf sichtbare Objekte in seiner Umgebung von seiner Existenz erfahren könnten.

Der Stoff, aus dem die Sterne sind

Es ist noch nicht allzu lang her, daß allgemein angenommen wurde, der Raum zwischen den Sternen sei völlig leer. Vielleicht ist es auch heute noch für viele Leser überraschend, daß ein nicht unbeträchtlicher Teil der gesamten Masse unseres Sternsystems, nämlich etwa 10 %, in Form von Gas und winzigen Staubpartikeln zwischen den Sternen herumschwirrt. Das meiste davon ist für uns unsichtbar. Es ist ein extrem dünn verteiltes, extrem kaltes Wasserstoffgas (mit Temperaturen von − 200 °C und darunter), das im sichtbaren Licht nicht leuchtet, aber eine Strahlung mit einer Wellenlänge von 21 cm aussendet, die wir mit Radioteleskopen auf der Erde auffangen können. Dabei hat sich herausgestellt, daß dieses *interstellare Gas* keineswegs gleichmäßig verteilt ist. In den äußeren Bereichen der Galaxis ordnet es sich zu mehreren großen spiralförmigen Anhängseln, die mit der Verteilung der hellen, heißen und damit jungen Sterne zusammenfallen. Das interstellare Gas zeichnet gewissermaßen das Muster nach, in dem diese Sterne angeordnet sind. Das ist zugleich ein Hinweis auf die enge Verbindung zwischen Sternentstehung und interstellarer Materie, die gewissermaßen nur zwei unterschiedliche Phasen *einer* Entwicklung bezeichnen und in enger Wechselbeziehung stehen. Denn ständig entstehen aus der interstellaren Materie neue Sterne, und ständig fließt von den expandierenden Hüllen vieler Sterne Gas in den Raum zurück, oder fast ein gesamter Stern vermischt sich (zum Beispiel bei einer Supernova-Explosion) wieder mit dem Stoff, aus dem er vor vielen Millionen oder Milliarden Jahren entstanden ist.

Diese Zusammengehörigkeit wird auch durch die in ihren Grundzügen sehr einheitlichen relativen Häufigkeiten der chemischen Elemente in den Sternen und in der interstellaren Materie unterstrichen. Beide bestehen zum weitaus größten Teil aus Wasserstoff, zu etwa 27% aus dem Edelgas Helium und nur zu knapp 3% aus anderen Elementen, unter denen Kohlenstoff, Sauerstoff, Stickstoff, Silizium und Schwefel den Löwenanteil bilden. Alle anderen Bestandteile sind Beimischungen in winzigen Mengen. Wir sehen daraus, daß die Erde sowie die erdähnlichen Planeten und ihre Monde völlig untypische Himmelsobjekte sind, denen, bedingt durch ihre Entstehung, ihre Entwicklung und ihre geringe Größe, vor allem der große Anteil an Wasserstoff und Helium fehlt.

Während aber die chemischen Elemente in den heißen Sternen vorwiegend als einzelne Atome vorkommen, besteht das kalte interstellare Gas zum großen Teil aus Molekülen. So gibt es neben dem Atom des Wasserstoffs auch dessen zweiatomiges Molekül. Vor allem im Bereich der Radiostrahlung wurden durch die Spektralanalyse in den letzten Jahrzehnten viele einfache Molekülsorten entdeckt, unter ihnen eine Reihe von Kohlenwasserstoffen und alte Bekannte wie Wasser, Kohlenoxid, Kohlendioxid, Cyan, Ammoniak, Ameisensäure, Formaldehyd, Methan und sogar Alkohol – fürwahr keine besonders gesunde Umwelt! Insgesamt enthält die Liste zur Zeit etwa 60 Molekülsorten mit bis zu 11 Atomen. Einen Teil davon hat man auch in den Gashüllen von Kometen und in Meteoriten gefunden, ein Zeichen dafür, daß alles aus einer gemeinsamen Quelle stammt.

Die interstellare Materie ballt sich in manchen Regionen zu wolkenartigen Gebilden zusammen, die bis zu 100 Lichtjahre umspannen und in denen die normale Dichte – etwa 0,5 bis 1 Atom pro Kubikzentimeter – auf das Zehntausendfache ansteigen kann. Diese Gebiete sind für uns durchaus »sichtbar«, wenn auch manchmal im negativen Sinn. Dichte interstellare Wolken dämpfen oder verschlucken das Licht der hinter ihnen stehenden Sterne. So entstehen vor allem in der Milchstraße dunkle Bereiche, die scheinbar sternenleer sind. Im Sommer können wir solche Stellen – man nennt sie *Dunkelwolken* – besonders eindrucksvoll im Gebiet um Schwan und Adler sehen, wo die Milchstraße sich in zwei Äste zu teilen scheint. Der *Kohlensack* im Kreuz des Südens ist ein weiteres (leider für uns nicht sichtbares) Beispiel.

An vielen Stellen des Himmels tritt die interstellare Materie aber auch in Form von leuchtenden Gas- und Staubwolken in Erscheinung. Das ist überall dort der Fall, wo heiße Sterne die Materie erhitzen und so das Gas zum Leuchten bringen oder wo Sternenlicht auf die interstellaren Staubteilchen fällt und diese das Licht wie Miniaturspiegel reflektieren (Abb. 6). Deshalb spricht man auch von *Emissions-*, d. h. Strahlungsnebeln oder von *Reflexionsnebeln*. Diese leuchtenden Gas- und Staubansammlungen bilden einen Teil dessen, was man am Himmel als größere und kleine verwaschene »Nebelflecken« sieht.

Obwohl man schon seit langer Zeit, vor allem durch William Herschels gründliche Untersuchungen, vermutete, daß es sich bei manchen dieser diffusen Objekte um weit entfernte Ansammlungen von Sternen handeln könnte, wurde zunächst alles in einen Topf geworfen. Der von Charles Messier 1784 aufgestellte Katalog reiht 103 solche nebelartigen Objekte auf. Messier, ein erfolgreicher Kometenjäger, wollte damit hauptsächlich diese entfernten kosmischen Objekte von den in damaligen Fernrohren ähnlich aussehenden schwachen Kometen in unserem Sonnensystem trennen. So finden wir im Messier-Katalog große Sternsysteme außerhalb der Milchstraße (Galaxien), Kugelsternhaufen in den Randgebieten unserer Galaxis, offene Sternhaufen in unserer Nähe, aber auch leuchtende Strukturen der interstellaren Materie. (Der 80 Jahre später zusammengestellte *General Catalogue* von John Herschel enthält bereits 5079 solche Objekte mit einer Beschreibung ihrer damals erkennbaren Strukturen.)

Da die Astronomie bis heute gerne an Traditionen festhält, werden die Bezeichnungen des über 200 Jahre alten Messier-Katalogs, ein M mit einer laufenden Nummer, noch heute verwendet. Die berühmte Spiralgalaxie im Sternbild Andromeda, der einzige mit bloßem Auge sichtbare »Spiralnebel« am Himmel, hat zum Beispiel die Bezeichnung M 31; der Orionnebel, ein großer Gasnebel, ist M 42; der Krabbennebel im Stier, Überrest einer Supernova, steht als M 1 am Anfang des Verzeichnisses, und der schöne leuchtende Ring in der Leier, M 57, ist ein »Planetarischer Nebel«, die abgestoßene Hülle eines sterbenden Sterns. Auch viel spätere

Kataloge wie der *New General Catalogue of Nebulae and Clusters* des Engländers John Dreyer aus dem Jahre 1888 listen die unterschiedlichen Objekte in schöner Eintracht hintereinander auf. Dieser als »NGC« noch heute am häufigsten verwendete Katalog enthält, zusammen mit dem ihn ergänzenden *Index-Katalog* (IC), fast 14 000 »Nebelflecken«.

Das Nebeneinander beleuchteter und dunkler Gebiete bildet an manchen Stellen des Himmels wunderbare Strukturen, die teilweise eine verblüffende Ähnlichkeit mit uns bekannten Dingen haben. Die Himmelsphotographie hat sie in Verbindung mit den großen Teleskopen für uns sichtbar gemacht, und kaum etwas am Himmel kommt der Schönheit besonders solcher Farbaufnahmen gleich, bei denen das Rosa der heißen, ionisierten Wasserstoffwolken vorherrscht. So ragt die Dunkelwolke des *Pferdekopfnebels* im Orion in das leuchtende Gebilde des Gasnebels hinein (Abb. 4). Der *Nordamerikanebel* im Schwan zeichnet in verblüffender Übereinstimmung die Umrisse der Ostküste und des Golfs von Mexiko nach, wobei die Dunkelwolke die Rolle des Atlantischen Ozeans übernimmt. Dort, wo auf einer irdischen Landkarte etwa Südwesteuropa läge, sehen wir die leuchtenden Konturen eines Pelikans mit dem charakteristischen großen Schnabel.

Explodierende Sterne

Neben diesen größeren Komplexen leuchtender und dunkler interstellarer Materie gibt es auch Gebilde, die quasi eine Brücke zwischen den Sternen und dem Gas und Staub im Raum zwischen ihnen bilden. Es ist das Material, das vor kosmisch gesehen relativ kurzer Zeit von einem Stern gegen Ende seines Lebens ausgestoßen wurde und sich als expandierende Wolke oder Hülle allmählich wieder mit dem interstellaren Gas vermischt. Hier sind zwei Prozesse zu unterscheiden:

Den einen, die *Supernova-Explosionen*, haben wir bereits kennengelernt. Es sind plötzliche gewaltige Ausbrüche, bei denen Sterne förmlich zerplatzen und den größten Teil ihrer Masse in Sekundenschnelle von sich stoßen. Dabei gibt ein Stern in kurzer Zeit etwa ebensoviel Energie ab wie die Sonne im Laufe ihres ganzen Lebens. Zurück bleibt ein Rest, der nur noch etwa 10 % der ursprünglichen Masse enthält und zu einem extrem dichten *Neutronenstern* von etwa 30 km Durchmesser kollabiert. Supernova-Explosionen sehen wir in unserer Galaxis äußerst selten; mit lichtstarken Teleskopen kann man sie wegen ihrer großen Leuchtkraft allerdings in anderen weit entfernten Galaxien beobachten.

Als Supernova enden nur sehr massereiche Sterne. Das bekannteste Beispiel einer sich ausbreitenden Supernovahülle in unserer Galaxis ist der schon erwähnte *Krabbennebel* im Stier, der vor knapp 1000 Jahren aufleuchtete (Abb. 7). Im Schwan schimmern die Schleierfäden des *Cirrusnebels*, die Überreste einer sehr alten Supernova, die sich zu einem weiten Kreis leuchtender Materie ausgebreitet haben. Nur in zwei Fällen wurde bisher der Neutronenstern im Inneren der Hülle im *sichtbaren* Licht gesehen, beim Krabbennebel und bei einem weiteren im Sternbild Vela (Schiffssegel). Hauptsächlich senden diese superdichten Kugeln, soweit sie überhaupt noch zu finden sind, eine starke *Radiostrahlung* aus, die nicht gleichmäßig ist, sondern uns in sehr schnell und regelmäßig aufeinander folgenden »Blitzen« erreicht. Der Stern im Krabbennebel blitzt 33mal pro Sekunde, und er ist noch nicht einmal der schnellste.

Schon lange bevor der erste Neutronenstern entdeckt worden war, hatten die Theoretiker die Existenz solcher Objekte vermutet. Als britische Astronomen 1967 den ersten *Pulsar* – wie man sie wegen der Lichtpulse später nannte – mit einem großen Radioteleskop fanden, merkte man bald, daß sich Neutronensterne auf diese Weise zu erkennen geben. Wie ein Schlittschuhläufer, der sich eng zusammenzieht und sich dabei immer schneller dreht, steigern auch die anfangs langsam rotierenden Sterne bei ihrer Kontraktion ihre Drehgeschwindigkeit zu sehr hohen Werten. Gleichzeitig wächst das vorher schwache Magnetfeld des betreffenden Sterns gewaltig an, so daß die Feldstärke auf der Oberfläche der kleinen massereichen Kugeln Werte vom Billionenfache des Erdmagnetfelds erreicht. Dabei bilden sich unter bestimmten Bedingungen an den magnetischen Polen starke Quellen von gebündelter Radiostrahlung aus, und diese Strahlung überstreicht bei jeder Umdrehung die Richtung zur Erde. Die Radioaugen unserer Detektoren sehen diese Strahlenbündel wie die Signale eines Leuchtfeuers.

Obwohl das Aufleuchten einer Supernova in anderen Galaxien relativ häufig beobachtet wird, ist ein solches Schauspiel in unserer Galaxis seltener als ein Jahrhundertereignis. In vielen Fällen wird das Licht der Supernova möglicherweise von den dichten interstellaren Wolken in der Milchstraße verdeckt. Die letzte Supernova flammte im Oktober 1604 im Sternbild Schlangenträger auf und soll etwa so hell wie der Planet Jupiter gewesen sein. Deshalb hatte man bis vor kurzem nie Gelegenheit, die Vorgänge während eines Ausbruchs mit modernen Beobachtungsmethoden im einzelnen zu verfolgen. Am 24. Februar 1987 wurde jedoch in der uns (mit einer Entfernung von 170 000 Lichtjahren) nächsten kleinen Galaxie, der *Großen Magellanschen Wolke* in der Nähe des Himmelssüdpols, solch eine Sternexplosion beobachtet. Die Astronomen sind gespannt, ob die Beobachtungen die bisherigen Theorien stützen, was sie bisher anscheinend tun. Unter anderem wartet man darauf, ob sich Anzeichen für das Aufblitzen des Reststerns, eines Pulsars, bestätigen. Falls ein solcher existiert, ist er anscheinend noch für einige Zeit hinter der anfangs ziemlich dichten, undurchsichtigen Hülle der Supernova verborgen.

Der zweite Prozeß, in dem sich Sternmaterie mit der interstellaren Materie vermischt, ist sehr viel weniger dramatisch. Er spielt sich ab, wenn Sterne von kleinerer Masse als die gewichtigen Supernova-Kandidaten mit über vier Sonnenmassen in die letzten Phasen ihres Daseins übergehen. Zu ihnen gehört auch unsere Sonne selbst. Sie stoßen ihre äußere Hülle vergleichsweise langsam ab. Wir sehen diese sich im Raum ausbreitenden Gashüllen als *Planetarische Nebel*, kleine, oft ringförmige Lichtflecken am Himmel, die frühere Beobachter an das Aussehen der Planetenscheibchen im Fernrohr erinnert haben (Abb. VIII). Planetarische Nebel haben mit diesen aber nichts zu tun, sondern gehören ins Reich der Sterne.

Wir wissen über diese späten Phasen alter Sterne längst nicht so gut Bescheid wie über die voraufgegangene Entwicklung, da Modellrechnungen hier sehr viel komplizierter sind. Es scheint so zu sein, daß die Sternkugeln in ihrem Riesenstadium nach dem Verbrauch ihres Kernbrennstoffs Wasserstoff und Helium instabil werden. Der nach außen gerichtete Druck der oberen Schichten wird dann nicht mehr durch die Schwerkraft kompensiert; infolgedessen werden große Gasmengen in einem mehrere tausend Jahre anhaltenden Prozeß vom Stern weg in den Raum geblasen. Der Stern kann dabei 10–20% seiner Masse verlieren und schrumpft zu einem heißen, kleinen Gebilde von Planetengröße, einem Weißen Zwerg. Die Strahlung des mehrere 10000 °C heißen Objekts beleuchtet die abströmende Hülle, die sich wie eine riesige Kugelschale, für uns als Planetarischer Nebel sichtbar, in den Raum entfernt. Nach ungefähr 100000 Jahren vermischt sich die Hülle schließlich mit der interstellaren Materie. Aus den Ausbreitungsgeschwindigkeiten dieser schalenförmigen Hüllen, die bei einigen 10 km/s liegen, und dem Winkeldurchmesser solch eines »Nebels« am Himmel läßt sich – bei bekannter Entfernung – der lineare Durchmesser bestimmen und auch der Anfangszeitpunkt der Expansion berechnen. Das größte Problem ist dabei allerdings wie so oft die Entfernungsmessung.

Obwohl wahrscheinlich sehr viele Sterne die hier skizzierte Phase durchlaufen, kennen wir mit einer Gesamtzahl von knapp 1000 Planetarischen Nebeln nur relativ wenige Beispiele. Das erklärt sich aus der kurzen Zeitspanne, die diese Phase in den Milliarden Jahren eines Sternlebens einnimmt.

Kugeln aus Millionen Sternen

Die Region der *Kugelsternhaufen* (oder kurz Kugelhaufen) umwölbt das Milchstraßensystem in einer großen Sphäre, deren Durchmesser mit dem der galaktischen Scheibe übereinstimmt (vgl. Fig. 20). Während die Sterne sich mehr auf diese Scheibe konzentrieren, finden wir die kugelförmigen Ansammlungen vieler dicht beieinanderstehender Sterne über einen riesigen sphärischen Bereich verteilt. Wir kennen etwa 200 Kugelhaufen, und alle sind sehr weit von uns entfernt und entsprechend lichtschwach. Der hellste, den man noch gut ohne Fernglas sehen kann, steht am Südhimmel im Sternbild Centaurus; leider kommt *Omega Centauri* bei uns nicht mehr über den Horizont. In unseren Breiten mit einem Fernglas deutlich sichtbar ist ein Kugelhaufen im Schützen (M 22 im Messier-Katalog) und ein weiterer im Herkules (M 13) (Abb. 8). Allerdings erkennt man nicht viel mehr als einen diffusen Lichtfleck von etwa halber Vollmondgröße. Auch in größeren Fernrohren werden nur die Randgebiete von Kugelhaufen in Einzelsterne aufgelöst; weiter im Inneren fließt das Licht vieler tausend bis zu Millionen von Sternen zu einem einheitlichen Schimmer zusammen. Sie stehen besonders im Zentrum der Haufen etwa tausend- bis zehntausendmal dichter beieinander als die Sterne in unserer Umgebung. Dadurch ist ein solches Gebilde sehr stabil, denn die nach innen stark zunehmende Massendichte hält alle Mitglieder durch die Wirkung der Schwerkraft fest.

Es ist in vielen Fällen sehr problematisch, die Entfernung eines Kugelhaufens zu bestimmen, da man die linearen Durchmesser nicht kennt. In den Randgebieten der Haufen hat man allerdings sehr viele veränderliche Sterne vom Typ RR Lyrae gefunden, deren einheitliche Leuchtkraft bekannt ist, und daraus läßt sich die Entfernung in vielen Fällen ableiten (vgl. S. 180). Die Distanzen reichen von etwa 10 000 bis zu über 100 000 Lichtjahren. Damit sind die Kugelhaufen die entferntesten Objekte in der Galaxis. Zugleich gehören sie mit einem Alter von 10–15 Milliarden Jahren zu ihren ältesten Mitgliedern (z. B. existiert die Sonne erst seit 4 ½ Milliarden Jahren). Wahrscheinlich sind sie etwa gleichzeitig mit der Galaxis entstanden. Ihre sehr alten Sterne scheinen eine etwas andere chemische Zusammensetzung zu haben als die jüngeren Sterne in unserer Nachbarschaft und in der galaktischen Scheibe.

Die Kugelhaufen stehen ebensowenig wie die Einzelsterne still. Sie laufen ebenfalls um das Zentrum unseres Sternsystems, allerdings auf länglichen Ellipsen, mit Umlaufzeiten von einigen 100 Millionen Jahren. Bei jedem Umlauf kreuzen sie die Ebene der Galaxis, und daher finden wir sie in allen Richtungen am Himmel, auch in der Gegend der Milchstraße.

Ganz andere Gebilde sind die aus einigen 100 Sternen bestehenden *Offenen Haufen* wie die *Plejaden* und die *Hyaden* im Stier. Bei ihnen handelt es sich um lose Ansammlungen von häufig noch relativ jungen Sternen, die etwa gleichzeitig und am gleichen Ort entstanden sind und noch keine Zeit hatten, in alle Richtungen auszuschwärmen (Abb. VII und 3). Die Schwerkraft hält sie nicht so stabil wie die Kugelhaufen; nach längstens einer Milliarde Jahren haben sie sich aufgelöst und mit dem allgemeinen Sternfeld vermischt. Anders als die Kugelhaufen sind die Offenen Haufen stark zur Milchstraße konzentriert und uns viel näher.

10. Die Sterne im Jahreslauf IV:
Der Herbsthimmel

Das Viereck des Pegasus und die Perseus-Sage

Mit der Tag- und Nachtgleiche am 22. oder 23. September steigen im Osten die Sternbilder höher, die in den letzten drei Monaten des Jahres den Abendhimmel prägen. Voran trabt das mythische Flügelroß Pegasus, das vor allem an dem großen, von vier hellen Sternen gebildeten Viereck zu erkennen ist, welches seinen »Körper« bildet. Im Oktober steht Pegasus gegen 22 Uhr im Süden, im November entsprechend früher. Der hellste Stern links oben im Viereck, *Sirrah*, liegt genau auf der Grenzlinie zur benachbarten Andromeda und wird diesem Sternbild zugerechnet. Es ist ein sehr heißes, bläuliches Objekt mit einer Oberflächentemperatur von rund 20000 °C, das gut 100 Lichtjahre von uns entfernt ist. Dagegen ist der zweite obere Stern, *Scheat*, ein viel weiter entfernter Roter Riese, über 100mal größer als die Sonne und mit wenigen 1000 °C relativ kühl. *Algenib* (links) und *Markab* (rechts) bilden die Grundlinie des Vierecks, es sind ebenfalls heiße Sterne. Das Sternbild dehnt sich noch weit nach Westen (rechts) mit mehreren ähnlich hellen Sternen aus, unter ihnen ist der ganz rechts stehende *Enif* bemerkenswert. Dieser ist ein besonders großer rötlicher »Überriese« mit einem schwächeren Begleiter, der in 800 Lichtjahren Entfernung noch ebenso hell erscheint wie die anderen, näheren Sterne des Bildes. In seiner Nachbarschaft steht ein nur im Fernglas sichtbarer Kugelhaufen (M 15), der räumlich mit einer Distanz von 30000 Lichtjahren weit von ihm entfernt ist. *Andromeda*, eine langgestreckte Figur mit vier hellen Sternen, ist vor allem wegen der uns nächsten und hellsten Spiralgalaxie bekannt (Abb. 10). In mondlosen Nächten kann man sie als verschwommenen Lichtfleck mit bloßem Auge erkennen. Dieses Sternsystem ist rund 2 Millionen Lichtjahre von uns entfernt.

Wenn wir die Andromedasterne in östlicher Richtung weiterverfolgen, stoßen wir auf *Perseus*, das dritte charakteristische Bild des Herbsthimmels. Es enthält den »Teufelsstern« *Algol*, der sein Licht im Rhythmus von knapp 3 Tagen periodisch ändert (vgl. S. 177).

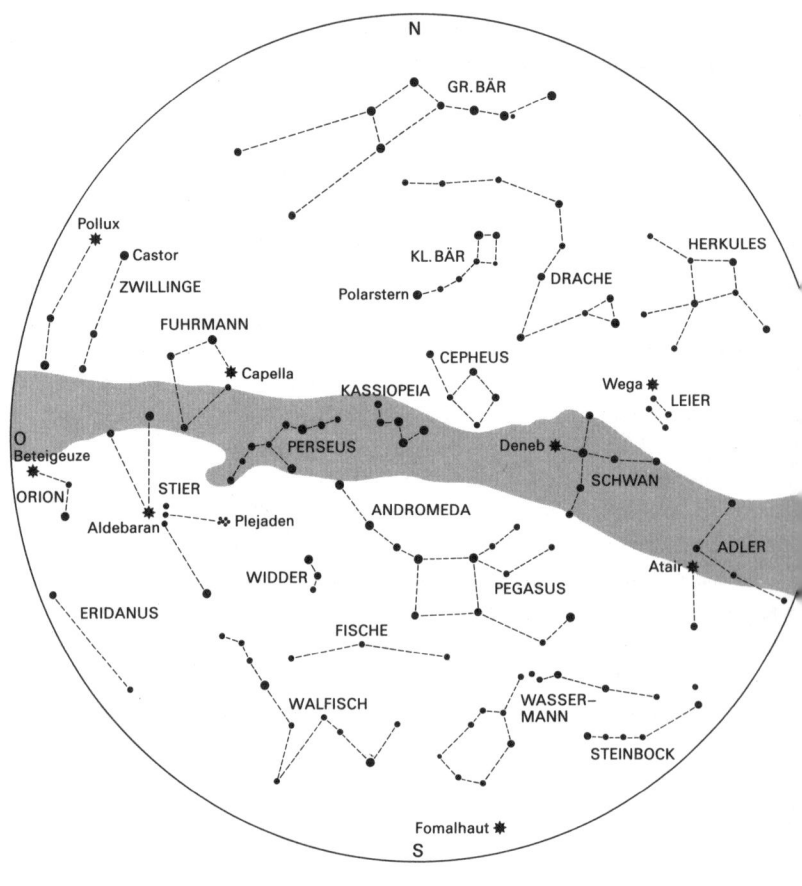

Fig. 21   Der Stand der Sterne für etwa 50° nördl. Breite und 10° östl. Länge (vgl. S. 150)

am 15. Oktober	gegen 23 Uhr
am 15. November	gegen 21 Uhr
am 15. Dezember	gegen 19 Uhr

200

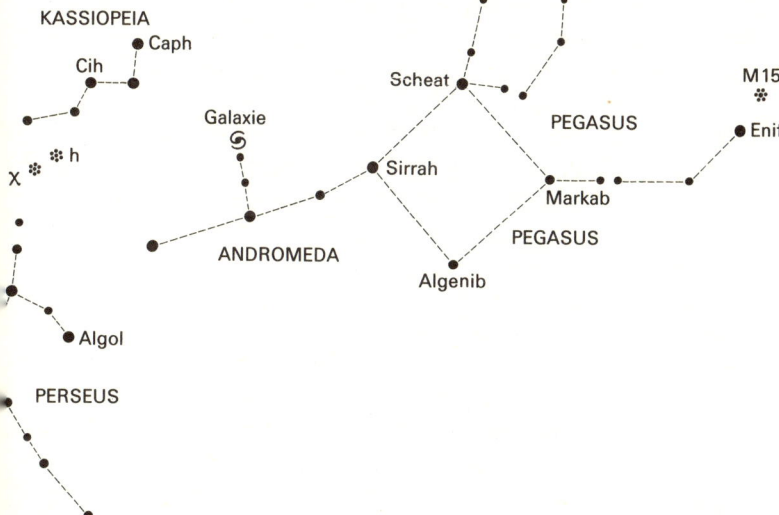

Fig. 22 Pegasus beherrscht die Herbstabende. Die Zeichnung zeigt ihn mit den angrenzenden Sternbildern.

Die beiden Sterne dieses Doppelsystems, die sich bei jedem Umlauf zeitweise gegenseitig bedecken, sind sich mit einer Distanz von 16 Mio. km relativ nahe. Es ist nur etwa die 40fache Entfernung Erde–Mond. Ein dritter, sehr viel schwächerer Stern umrundet die beiden anderen in einem Zeitraum von 23 Monaten; es handelt sich also genaugenommen um ein Dreiersystem. Interessant sind ferner die beiden benachbarten Sternhaufen *h* und χ *Persei* an der nordwestlichen, zum Himmelspol hin gerichteten Ecke der Konstellation. Bei gutem Wetter kann man sie mit bloßem Auge sehen, obwohl sie nicht annähernd so hell sind wie die Plejaden im Stier. Zwar sind sie sternreicher als dieser helle Haufen, erscheinen uns aber kleiner und schwächer, da sie fast zwanzigmal so weit von uns entfernt sind. Die beiden Perseushaufen sind mit 3 bzw. 5 Millionen Jahren noch sehr jung.

Fast senkrecht über uns leuchten im Herbst zwei weitere Sternbilder, deren Sterne zirkumpolar sind und, durch den Pol getrennt, dem in dieser Jahreszeit tief am Nordhorizont liegenden Großen Bären gegenüberstehen. Es ist das »W« der *Kassiopeia* und das kleine Viereck des *Cepheus*. Beide Bilder sind an ihrer

Form gut zu erkennen. Der mittlere Stern des »W«, *Cih*, ist deutlich veränderlich; zeitweise ist er der hellste Stern der Konstellation. – Im Cepheus ist der uns bereits bekannte Veränderliche *Delta Cephei* beheimatet, der einer besonders für die astronomische Entfernungsbestimmung wichtigen Gruppe von Sternen ihre Bezeichnung gegeben hat (vgl. S. 180). Er gehört nicht zu den fünf hellen Sternen des Bildes. Gute Beobachter können seine Helligkeitsänderung vor allem mit einem Fernglas während der gesamten, fünf Tage dauernden Periode von Nacht zu Nacht verfolgen, denn er taucht nie ganz unter die Sichtbarkeitsgrenze des bloßen Auges und ist in unseren Breiten zirkumpolar. Eine Sternkarte und möglichst auch ein Fernglas sollte man trotzdem zur Hand haben.

Ein Sternbild fehlt noch, damit alle Figuren einer besonders bunten Sage aus der griechischen Götter- und Heldenwelt beisammen sind. Es ist der *Walfisch*, der südlich von Andromeda und Pegasus und von diesen durch die *Fische* getrennt den himmlischen Ozean durchpflügt. Er taucht Anfang Oktober gegen 20 Uhr im Südosten auf und ist im November/Dezember schon in den frühen Abendstunden gut zu sehen. Auch der Walfisch (*Cetus*) ist wegen eines veränderlichen Sterns besonders bekannt. *Mira* war der erste Stern, dessen Helligkeitsänderung man bemerkt hatte (vgl. S. 176). Man kann ihn in seinem Lichtmaximum ohne Mühe beobachten, dann nimmt er es nämlich mit dem hellsten Stern des Bildes, *Deneb Kaitos* (Schwanz des Cetus), auf; in seinem Minimum ist er nicht zu sehen. Da die Zeit zwischen zwei Maxima 332 Tage beträgt, ändern sich die Sichtbarkeitsbedingungen von Jahr zu Jahr. 1989 war Mira im November im Maximum und deshalb bequem zu beobachten. Jährlich verschieben sich die hellsten Wochen um etwa einen Monat zurück, und so wird die Situation vorerst ungünstiger.

Es ist Zeit, daß wir uns wieder etwas näher mit der mythologischen Bedeutung dieser Sternbilder beschäftigen. Die großartigen Geschichten um den Helden Perseus, um die es hier geht, können allerdings in ihrer Vielfalt nur skizziert werden. Perseus gilt ebenso wie sein Nachkomme Herakles als Sohn des Göttervaters Zeus und einer Sterblichen, und das erklärt ihre außergewöhnlichen Eigenschaften. Hier nun hatte Zeus ein Auge auf Danae, die Tochter des Königs Akrisios von Argos, geworfen. Dieser hatte die Schöne jedoch eingesperrt, da ihm sein Tod durch einen Sohn der Danae geweissagt worden war. Zeus wußte sich wie immer zu helfen: Er näherte sich der Begehrten als ein Regen aus feinem Goldstaub, der durch die Ritzen des Gefängnisses drang – die Erinnerung daran blüht als Goldregen noch heute in unseren Gärten. Die Szene ist von mehreren berühmten Malern dargestellt worden, unter anderem von Rembrandt. Das Ergebnis dieses himmlischen Besuchs war Perseus, den Akrisios, als er hinter die Sache kam, mitsamt der Danae in einer Holztruhe auf dem Meer aussetzte – ein Verfahren, mit dem auch der Pharao von Ägypten sich des kleinen Moses zu entledigen versucht hatte. Hier wie dort war jedoch die Rettung nicht weit: Mutter und Kind landeten auf einer Insel und wurden von einem Fischer aufgenommen. Kaum war Perseus zum Jüngling herangewachsen, war es aus mit der Ruhe. Um seine immer noch sehr schöne Mutter den Nachstellungen des Inselkönigs zu entziehen, versprach er diesem, das Haupt der Medusa für ihn zu besorgen. Das war sträflicher Leichtsinn, denn jeder, der in das furchterregende Antlitz der Medusa blickte, erstarrte sofort zu Stein. Sie war die Tochter des Meeresungeheuers Keto, das im Sternbild Walfisch (Cetus) einen Platz am Himmel gefunden hat. Mit Hilfe der Göttin Athene und des Götterboten Hermes erledigte Perseus dann doch seine Aufgabe. Athene gab ihm einen blanken Schild, in dessen Spiegel er die Medusa ohne Gefahr anschauen konnte. Von Hermes bekam er einen Zaubersack, um das abgeschlagene Medusenhaupt zu verbergen, ferner eine Tarnkappe und ein paar Flügelschuhe, mit denen er schnell wie der Wind fliegen konnte. (Wir finden ähnliche Requisiten in unseren Märchen, wenn es darum geht, hilflose Prinzessinnen zu befreien.)

Alles ging glatt. Da die arme Medusa von dem Meeresgott Poseidon schwanger war, wurde sogar ihr sehr merkwürdiges Kind gerettet: Das Flügelroß Pegasus entsprang ausgewachsen und quicklebendig dem Körper seiner toten Mutter und steht nun auch zur Erinnerung an die unglaubliche Begebenheit am Himmel. – Als Perseus mit dem Medusenhaupt im Zaubersack auf dem Heimweg über das Meer flog, wartete ein neues Abenteuer auf ihn, das die Verbindung zu drei weiteren Sternbildern herstellt. Mit Ketten an eine steile Felsklippe geschmiedet sah er Andromeda, die Tochter des Königs Kepheus von Joppe und seiner Gemahlin Kassiopeia. Die arme Jungfrau war von Poseidon auf diese grausame Weise für die Eitelkeit ihrer Mutter bestraft worden, die sich damit gebrüstet hatte, sie und ihre Tochter seien schöner als die unter Poseidons Schutz im Meer lebenden Nereiden. Poseidon hatte daraufhin den Kepheus vor die Wahl gestellt, entweder solle dieser ihm seine Tochter geben, oder ein Seeungeheuer würde das Land des Kepheus verwüsten. Die Untertanen zwangen den König zur Opferung der Andromeda, aber Perseus war pünktlich zur Stelle und stürzte sich aus luftiger Höhe wie ein Adler auf das Seeungeheuer, das er tötete. Zur Belohnung erbat er sich die Jungfrau zur Frau und kehrte mit ihr und seiner Mutter nach seiner Heimat Argos zurück (wo er mit Hilfe der Zyklopen die riesigen Mauern von Tiryns und Mykene errichtete, die noch heute von Touristen bewundert werden). Auch die Prophezeiung sollte sich auf tragische Weise erfüllen: Bei einer sportlichen Übung verletzte Perseus versehentlich seinen Großvater Akrisios tödlich mit dem Wurf einer Diskusscheibe.

So weit die Geschichten um Perseus in starker Verkürzung. Es lohnt sich, sie in ihren Einzelheiten nachzulesen, denn sie sind überaus einfallsreich. Viele Mythen auch anderer Völker sind darin verwoben, und historische Ereignisse finden ihre Symbole. So scheint die Vermählung der Danae mit dem in Goldstaub verwandelten Zeus sich auf eine mythische Vereinigung von Sonne und Mond zu beziehen, aus der das neue Jahr entsteht. Die Aussetzung in einer Arche findet sich bereits in altägyptischen Geschichten um Osiris, Isis und den Horusknaben. Relikte der Perseussage werden noch heute erwähnt; so sind angeblich noch die Spuren der Ketten, mit denen Andromeda gefesselt wurde, an einer Klippe in der Nähe von Jaffa, dem antiken Joppe, erhalten. Die versteinerten Knochen des Seeungeheuers sollen lange aufbewahrt und später nach Rom gebracht worden sein.

Setzen wir nun unseren Rundgang am abendlichen Herbsthimmel fort. Dort sind über dem Südhorizont zwei bei uns gerade noch sichtbare südliche Sternbilder aufgetaucht: *Sculptor* (der Bildhauer) und *Fornax* (der chemische Ofen). Beide Bilder sind unscheinbar und waren im Altertum nicht besonders gekennzeichnet; sie erhielten ihre Taufe erst im 18. Jahrhundert durch den

Abbé Lacaille. Etwas interessanter ist westlich von Sculptor der *Südliche Fisch*, denn er enthält den sehr hellen Stern *Fomalhaut* (Fischmaul). Dieser ist ein mit 23 Lichtjahren ziemlich naher, weiß leuchtender Stern, der in einer Gegend, wo es keine weiteren hellen Objekte gibt, auffällt. Wegen seiner südlichen Lage kommt er bei uns allerdings nur bis zu 10° über den Horizont; Mitte Oktober erreicht er diese Höchststellung gegen 21 Uhr, Mitte November zwei Stunden früher.

Über dem Südlichen Fisch breitet sich der *Wassermann* aus, ein Sternbild, mit dem man schon in altbabylonischer Zeit die Gestalt einer einen Krug mit Wasser ausgießenden Gottheit verband. Der heliakische Aufgang (erste Morgensichtbarkeit) der beiden hellsten Sterne *Sadalsuud* (Glück der Welt) und *Sadalmelik* (Glück des Königs) kündigte den Beginn der Regenzeit an.

Auch das recht unscheinbare Tierkreisbild Fische zwischen Pegasus und Walfisch sowie der kleine Widder mit nur zwei helleren Sternen haben ihre Bezeichnung aus der Antike. Im *Widder* sahen die Griechen das Tier mit dem Goldenen Vlies der Argonauten.

Tiefer im Südosten grenzt an Fornax der langgestreckte *Eridanus* an, dessen südlicher Teil mit seinem weitaus hellsten Stern *Achernar* bis nahe an den Südpol heranreicht. Eridanus ist das Abbild eines mäandernden Flusses; die Ägypter sahen in ihm den Nil, die Babylonier den Euphrat. Die Griechen verbanden ihn mit dem Gewässer, in das Phaeton, der Sohn des Sonnengottes Helios, bei seiner wilden Fahrt über das Firmament abstürzte. Man sagte, daß an diesem Tag die Sonne nicht erschienen sei, weil Helios aus Kummer sein Haupt verhüllt hielt. Phaetons Schwestern, die Heliaden, sollen den Jüngling viermal vier Monate lang beweint haben, und ihre Tränen seien zu goldgelbem Bernstein erstarrt.

Hinter dem Eridanus taucht in den späten Abendstunden des Oktober im Osten der Orion auf, und damit schließt sich der Jahreskreis zum Winterhimmel. Im Nordosten sind die Zwillinge wieder zu sehen; über ihnen haben Fuhrmann und Stier schon ein gutes Stück an Höhe gewonnen. Die Sommersternbilder Leier und Schwan sind noch bis in den Dezember deutlich im Nordwesten sichtbar, bevor sie im Winter tief zum Nordhorizont wandern.

Früher verläßt der Adler die Szene; im Oktober steht er noch fast bis Mitternacht am Westhimmel, am Jahresende taucht er gegen 19 Uhr unter den Horizont.

11. Ferne Welten

Der Aufbau des Universums

Weit verstreut liegen die Galaxien im kosmischen Raum, häufig in Gruppen zusammenstehend, manchmal in riesigen Abständen voneinander. Zwei Millionen Lichtjahre ist die Andromedagalaxie, der uns nächste große »Spiralnebel«, von uns entfernt. Wir wollen versuchen, solche Distanzen etwas vorstellbarer zu machen, soweit das überhaupt möglich ist.

In einem früheren Kapitel haben wir dazu in Gedanken das Planetensystem mit einem Raumfahrzeug durchquert, das bei einer Geschwindigkeit von 1000 km/h den äußersten Planeten Pluto in etwa 650 Jahren erreicht. Diese Geschwindigkeit entspricht nur knapp dem millionsten Teil der Lichtgeschwindigkeit. Wir wären daher mit demselben Transportmittel bis zur Andromedagalaxie gut zwei Billionen Jahre unterwegs, das ist über hundertmal länger als das Alter des Universums. Selbst unser Milchstraßensystem würden wir seit dem Urknall noch längst nicht durchflogen haben, denn sein Durchmesser beträgt über 100000 Lichtjahre. Zu den nächsten Sternen würden wir bereits mehrere Millionen Jahre brauchen. Alle, die an die Existenz von »Fliegenden Untertassen« und an Besucher aus dem Reich der Sterne glauben, müssen schon sehr viel schnellere Transportmöglichkeiten erfinden, sonst sieht es mit dem interstellaren Tourismus schlecht aus, von Flügen zwischen den Galaxien ganz zu schweigen.

Etwa 200 Milliarden Sterne gibt es allein in unserer Galaxis, und die Zahl der Galaxien bis zum Rande des Universums wird kaum kleiner sein. Sie stehen in Gruppen und Haufen von einigen 10 bis zu etwa 1000 Mitgliedern zusammen. In noch größerem Maßstab bilden die Haufen wieder riesige *Superhaufen*, so daß die Hierarchien bis an die Grenze des Universums reichen.

Unser Milchstraßensystem wird von zwei sehr viel kleineren Galaxien begleitet, den beiden *Magellanschen Wolken*, die sich in der Nähe des Himmelssüdpols als diffus leuchtende Lichtflecke zu erkennen geben (Abb. IX). Im Aufbau unterscheiden sie sich von unserer Galaxis vor allem durch das Fehlen der um einen zentralen Kern gewickelten Spiralarme. Sie zeigen keinerlei Symmetrie und gehören zu den *Unregelmäßigen Galaxien*, meist sehr viel kleineren Systemen, deren Anteil nur wenige Prozent aller Galaxien ausmacht. Auch die Andromedagalaxie hat zwei kleine Begleiter, kompakte, strukturlose ovale Gebilde, die man als *Elliptische Galaxien* bezeichnet. Den Hauptanteil stellen allerdings die in ganz unterschiedlichen Formen auftretenden *Spiralgalaxien*. Bei einigen liegen die Spiralarme eng an den Kern an, bei anderen sind sie nur lose aufgewickelt, so, als ob sie sich bald auflösen würden. Das hatte zunächst zu der Annahme verleitet, solche Strukturen könnten eine unmittelbare Folge der Rotationsbewegung sein, mit der sich alle Sterne eines Spiralsystems um das Zentrum drehen. Diese Annahme paßt aber nicht zu den gemessenen Drehgeschwindigkeiten und deren Abhängigkeit von der Entfernung zum Zentrum. Die Spiralarme scheinen vielmehr das sichtbare Anzeichen für gewaltige Druckwellen zu sein, die durch große Regionen des Systems laufen und die Materie zu diesen Formen komprimieren. In solchen Bereichen höherer Dichte entstehen bevorzugt neue Sterne.

Die Andromedagalaxie und unser Milchstraßensystem sind die beiden größten Systeme einer aus gut 20 Objekten bestehenden Galaxiengruppe, der *Lokalen Gruppe*. Noch ein dritter Spiralnebel gehört dazu; er steht in dem kleinen Sternbild Dreieck zwischen Andromeda und Widder und ist nur wenig weiter von uns entfernt als die Andromedagalaxie, der er deshalb auch räumlich relativ nahe steht. Daneben enthält die Lokale Gruppe noch ein paar unregelmäßige Galaxien (z. B. die Magellanschen Wolken), ein paar große elliptische und eine Reihe von sehr kleinen elliptischen Zwerggalaxien, deren Massen zehn- bis hunderttausendmal kleiner sein dürften als die der großen Mitglieder. Diese Objekte sind entsprechend lichtschwach und daher nur mit großen Teleskopen nachzuweisen.

Die relativ kleine Lokale Gruppe reicht bis in eine Entfernung von etwa 4 Millionen Lichtjahren. Nun darf man sich solche Galaxiengruppen oder Haufen nicht als genau definierte Gebilde mit fest umrissenen Grenzen vorstellen. Die Tendenz, sich zu dichteren Anhäufungen zusammenzuschließen, ist zwar überall deutlich, doch scheint es auch eine Reihe von Einzelgalaxien zu geben, die sich so recht keinem Haufen zuordnen lassen. Der Blick auf eine detailreiche Himmelsphotographie zeigt in vielen Richtungen Ansammlungen von Galaxien, die dort zahlreicher erscheinen als die viel näheren Vordergrundsterne der Galaxis. So findet man im Sternbild Großer Bär in etwa 8 Millionen Lichtjahren Entfernung einen großen Galaxienhaufen, ferner einen solchen in den Jagdhunden, im Haar der Berenike und einen mit etwa 2500 sichtbaren Objekten besonders reichen Haufen in der Jungfrau (Virgo). Alle diese und einige weitere Ansammlungen bilden zusammen einen riesigen Superhaufen, der sich über einen Raumbereich von rund 200 Millionen Lichtjahren Durchmesser erstreckt. Der *Virgo-Haufen* bildet etwa seine Mitte, die Lokale Gruppe mit dem Milchstraßensystem liegt mehr am Rand.

Hochaufgelöste Photographien einiger nicht allzu ferner Spiralgalaxien zeigen diese reich strukturierten Gebilde in ihrer ganzen bizarren Schönheit. Da es sich nicht um kugelförmige Gebilde, sondern um eher flache Scheiben handelt, hängt ihr Aussehen wesentlich von dem Winkel ab, unter dem wir sie sehen. Auf die Ebene der *Andromedagalaxie* blicken wir schräg, und deshalb erscheint sie uns als ein längliches Oval (Abb. 10). Nur auf sehr guten Photographien sind die äußeren Bereiche in einzelne Sterne aufgelöst; auch einige Kugelhaufen sind zu erkennen. Die Spiralstruktur wird durch die Perspektive etwas verwischt. Ähnlich würden Bewohner irgendwelcher Planeten im Andromeda-System unsere Galaxis sehen, denn beide sind nach demselben Schema aufgebaut. – Auf andere Spiralgalaxien sehen wir direkt von oben, z. B. auf die bekannte *Feuerrad-Galaxie* im Sternbild Jagdhunde (Abb. 11). Ihr Name sagt alles: Wie ein sich drehendes feuriges Rad präsentiert sich dieses aus spiraligen Leuchtspuren bestehende kreisförmige Gebilde, dessen äußerster Arm in einer kleinen Begleitgalaxie endet. Beide Systeme stehen auf Grund ihrer gegenseitigen Schwerkraft in heftiger Wechselwirkung, die wahrscheinlich die Ausprägung der besonders schönen Spiralarme mit verursacht hat. An diesem »Nebel« hat schon im Jahre 1845 der englische Lord Rosse mit seinem selbstgebauten Spiegelteleskop von 180 cm Durchmesser, dem größten Fernrohr des 19. Jahrhunderts, die Spiralstruktur solcher Objekte entdeckt.

Einen ganz anderen Anblick bietet eine Galaxie, die wir von der Seite sehen. Ein gutes Beispiel ist die *Sombrero-Galaxie* aus dem Virgo-Haufen. An ihr ist der fast sphärische Zentralteil mit den angrenzenden flacheren Außenbereichen gut zu erkennen. Wie ein schmaler, dunkler Gürtel schneidet die auf die Mittelebene konzentrierte absorbierende Schicht der interstellaren Materie mitten durch das Objekt. Sie verschluckt das Licht der weiter im Inneren stehenden Sterne (Abb. 12).

Die einzelnen Mitglieder eines Galaxienhaufens sind längst nicht so isoliert voneinander wie die Sterne innerhalb einer Galaxie. Betrachten wir dazu die Verhältnisse in unserer Heimatgalaxis, dem Milchstraßensystem. In der kosmischen Umgebung der Sonne betragen die mittleren Entfernungen der Sterne voneinander um die 10 Lichtjahre, der Durchmesser eines Sterns aber nur – abgesehen von einigen Ausnahmen nach oben oder nach unten – einige 100 000 bis Millionen km, und das liegt im Bereich von einigen Lichtsekunden. Die Abstände zwischen den Sternen sind also im Mittel hundertmillionenmal größer als ihre Durchmesser. Auch in den Kugelhaufen, wo sich die Sterne enger aneinander drängen, sind sie noch relativ weit voneinander getrennt. Da sich die Sterne relativ zu diesen großen Zwischenräumen nur langsam (mit einigen 10 km/s) bewegen, sind nahe Begegnungen oder gar Zusammenstöße extrem selten. Eng benachbarte Doppelsterne sind immer auch gleichzeitig miteinander entstanden und haben sich nicht zufällig im Raum getroffen. Sie laufen auf festen Bahnen nach den Keplerschen Gesetzen umeinander und können ebensowenig ineinanderfallen wie die Erde in die Sonne.

Die Verhältnisse bei den Galaxien eines großen Haufens sind völlig anders. So beträgt der Durchmesser des Milchstraßensystems mit 110 000 Lichtjahren rund ein Zwanzigstel der Distanz zur Andromedagalaxie, die beiden Magellanschen Wolken sind nur 170 000 Lichtjahre von uns entfernt. Es kommt daher gelegentlich vor, daß zwei Galaxien sich begegnen oder sogar teilweise durchdringen, vor allem, weil die in alle Richtungen zielenden Relativgeschwindigkeiten der Haufenmitglieder untereinander recht hoch sein können. Solche engen Begegnungen sind zwar nicht häufig, Anzeichen dafür sind aber mehrfach beobachtet worden. Natürlich ist das kein rascher Vorgang, sondern kann bei den riesigen Dimensionen Millionen von Jahren dauern.

Ist nun der Raum zwischen den Galaxien oder Galaxienhaufen völlig leer? Zwischen den Sternen der Galaxis gibt es immerhin so viel Materie, daß wir sie stellenweise als leuchtende Wolken sehen können oder daß sie das Licht ferner Sterne abschwächt oder ganz verschluckt. Die Galaxien sehen wir mit unseren Teleskopen aber anscheinend ganz ungetrübt bis in Entfernungen von Milliarden Lichtjahren. Trotzdem muß man aus theoretischen Gründen annehmen, daß es nirgendwo im Kosmos ein wirkliches Vakuum gibt. Die Dichte der intergalaktischen Materie ist mit Sicherheit sehr viel geringer als die des interstellaren Gases, zahlenmäßig ließ sie sich bisher aber noch nicht genau ermitteln. Wegen der großen Raumbereiche, die sie möglicherweise ausfüllt, kann ihre gesamte Masse trotzdem erheblich sein und einen wichtigen Beitrag zu den Kräften liefern, die die Entwicklung des Kosmos als Ganzem beeinflussen.

Das Vordringen in Grenzbereiche

Die Erforschung der fernen Galaxienwelten ist ein Zweig der modernen Astrophysik, der in den letzten Jahrzehnten mehr und mehr an Bedeutung gewonnen hat. Diese Entwicklung hat verschiedene Gründe. Verbesserte Techniken und neue Materialien haben zum Bau immer leistungsfähigerer Teleskope geführt; in Verbindung mit elektronischen Strahlungsempfängern können sie heute den Weltraum bis in große Tiefen ausloten. Das beste Teleskop würde aber nicht voll ausgenutzt, wenn es nicht an einem klimatisch erstklassigen Standort aufgestellt wäre, wo geringe Bewölkung viele Beobachtungsnächte garantiert und die Luft ruhig und klar ist. Solche Bedingungen findet man heute nur noch weitab von dichtbesiedelten Gebieten, auf Bergen und häufig in trockener, wüstenartiger Umgebung. Die größten modernen Observatorien stehen daher in den chilenischen Anden, in den Trockengebieten der westlichen USA, im australischen Bergland von Neu-Südwales, in der südspanischen Sierra Nevada, auf dem über

4000 m hohen Vulkan Mauna Kea auf Hawaii, im Kaukasus und an ein paar anderen ebenso entlegenen Stellen der Erde. Für den Betrieb dieser Stationen ist ein gutes internationales Flugverkehrsnetz unentbehrlich. Ebenso wichtig sind moderne Kommunikationsmittel, durch die die Wissenschaftler in den astronomischen Zentren ihrer Heimatländer unmittelbar mit dem Beobachter oder sogar direkt mit den Geräten in den Observatorien verbunden sind und diese steuern können. Die wesentliche Rolle, die moderne Großrechner sowohl bei der teilweise vollautomatischen Bedienung der Instrumente als auch bei der Datenauswertung spielen, sollte ebenfalls nicht vergessen werden.

Die finanziellen Anforderungen für Bau und Betrieb solcher modern ausgestatteter Observatorien sind so hoch, daß sie in manchen Fällen über die Möglichkeiten eines einzelnen Landes hinausgehen. So haben sich mehrere europäische Länder, darunter die Bundesrepublik Deutschland, in dem *European Southern Observatory* (ESO) zusammengeschlossen. Das wissenschaftliche Zentrum und die Verwaltung befinden sich in der Nähe von München, das Observatorium wird seit 1976 auf dem *Cerro La Silla* nördlich von Santiago in Chile betrieben. Etwa 100 km davon entfernt steht auf dem *Cerro Tololo* eine große Station der USA. Die günstige geographische Lage (um 30° südlicher Breite) erlaubt dort die Beobachtung eines großen Teils des Himmels, insbesondere der noch nicht so gut bekannten, weil von Europa und Nordamerika aus nicht einsehbaren Region um den Südpol, wo es mehrere interessante Objekte, z. B. die Magellanschen Wolken, gibt. Das im April 1990 in eine Erdumlaufbahn gestartete *Hubble-Weltraumteleskop* soll einen durch die Atmosphäre nicht beeinträchtigten Blick auf fernste Welten vermitteln.

Weitere Möglichkeiten, nicht nur zur optischen Beobachtung, bietet seit einigen Jahrzehnten die Raumfahrt. Ständig beobachten unterschiedlich ausgestattete erdumkreisende Satelliten den Himmel in einem breiten Bereich des elektromagnetischen Spektrums. Mit Röntgenteleskopen hat man festgestellt, daß es nicht nur im relativ nahen Bereich der Sterne, sondern gerade auch bei den Galaxien viele hochenergetische Prozesse zu beobachten gibt, die den Theoretikern neue Einblicke in exotische Vorgänge ermöglichen, alte Probleme lösen und neue Rätsel aufgeben.

Während die kurzwellige Röntgen- und UV-Strahlung nur außerhalb der Erdatmosphäre aufgefangen werden kann, da sie die Luftschichten nicht durchdringt, gilt diese Einschränkung für die langen Radiowellen im Zentimeter- und Meterbereich nicht. Mit den über den ganzen Erdball verteilten Radioteleskopen und Antennenanlagen hat man im Reich der Galaxien viele sehr intensive »Radioquellen« entdeckt. Zu ihnen gehören die *Quasare*, jene zunächst sehr rätselhaften punktförmigen, d. h. *quasi*-stell*aren* Objekte, die in den 60er Jahren zum ersten Mal die Gemüter der Astronomen erregten. Man konnte sie sehr bald mit schwachen optischen »Sternchen« identifizieren. Erstaunlich waren ihre Entfernungen, die sich aus der großen Rotverschiebung ihrer Spektrallinien ergaben (vgl. S. 137). Die nur einige Lichtjahre großen Objekte senden mehr Strahlung aus als ganze Galaxien. Lange wurde darüber debattiert, ob man hier die Rotverschiebung wirklich als Entfernungsmaß deuten darf, denn die daraus folgenden hohen Leuchtkräfte, d. h. ausgestrahlten Energiemengen erschienen kaum glaublich. So neigten viele Wissenschaftler mehr zu der Annahme, daß es sich um relativ nahe Objekte handeln müsse. Inzwischen hat man diese Annahme aber fallengelassen. Es scheint sich bei den Quasaren um komplizierte, überaus heftige physikalische Prozesse in den dichten Zentralgebieten einiger Galaxien zu handeln, bei denen große, eng gebündelte Materieströme ausgestoßen werden und die gewaltigen Energiemengen in Form von Radiostrahlung entstehen. Solche »aktiven Kerne« hat man ähnlich, wenn auch nicht in dieser Größenordnung, auch in einigen näheren Galaxien beobachtet. Es gibt hier für die Theoretiker unter den Astronomen noch viel zu tun.

Die Quasare sind die am weitesten entfernten Himmelskörper, die wir bisher kennen. Einige reichen bis an die Grenzen des heute bekannten Universums, und die Strahlung, die wir heute von ihnen auffangen, ging bald nach seiner Entstehung im »Urknall« auf ihre Milliarden Jahre dauernde Reise. Wir sehen daher in eine ferne Vergangenheit, und alle Quasare und Galaxien staffeln sich nicht nur räumlich, sondern auch zeitlich hinter- bzw. nacheinander. Das, was unsere Instrumente registrieren, ist keine Momentaufnahme des *augenblicklichen* Zustands, sondern ein Blick in Vorgänge längst vergangener Zeiten. Wir wissen nicht, wie weit sich die einzelnen Objekte inzwischen verändert haben und ob sie überhaupt noch existieren. In kleinem Maßstab gilt das natürlich auch für nähere Objekte. Die Supernova, die im Januar 1987 in der Großen Magellanschen Wolke für uns sichtbar wurde, ist schon vor 170000 Jahren zerborsten, und mancher entfernte Stern, dessen Licht heute auf die Spiegel unserer Teleskope fällt, sendet vielleicht schon längst keine Strahlung mehr aus. Der Sternenhimmel, den wir mit bloßem Auge sehen, hat sich allerdings wohl kaum verändert, da wir nur wenige Objekte wahrnehmen können, die weiter als etwa 1000 Lichtjahre entfernt sind und die sich uns deshalb so präsentieren, wie sie vor längstens 1000 Jahren ausgesehen haben. Das ist aber eine kurze Zeitspanne für die meisten Vorgänge im Kosmos.

12. Der Himmel über südlichen Breiten

Alles steht kopf

Die Erde ist kleiner geworden im Zeitalter der Düsenflugzeuge. Zwar schrumpfen die Flugpreise nicht wie die Flugzeiten, trotzdem reisen immer mehr Menschen über große Entfernungen, häufig in südlichere Breiten oder in Länder jenseits des Äquators. Dort ist nicht nur die Landschaft, sondern auch der Himmel verändert, und die Sterne bewegen sich nicht in gewohnter Weise über den Himmel. Mancher mag sich schon über die immer flacher liegende Mondsichel gewundert oder nachts manche der wohlbekannten Sternbilder vergeblich gesucht haben. Deshalb soll sich dieses Kapitel solchen Fragen zuwenden.

Wir sind es gewohnt, daß die Gestirne im Osten aufgehen, in einem Bogen nach rechts über den Himmel zu ihrer Höchststellung im Süden wandern und schließlich im Westen untergehen. In dieser Bewegung spiegelt sich die tägliche Drehung der Erdkugel, die vom Nordpol aus betrachtet entgegen dem Uhrzeigersinn, also von West nach Ost, rotiert. Ein Blick auf den Nordpol eines drehbaren Globus macht das deutlich. Anders sieht das ein Beobachter südlich des Äquators. Zwar dreht sich die Erde nach wie vor von

West nach Ost, aber vom Südpol aus gesehen bedeutet das eine Rotation im Uhrzeigersinn. An den Himmel projiziert erzeugt das Bahnen für alle Gestirne, die ebenfalls am östlichen Horizont beginnen, dann aber nach *links* zu ihrem höchsten Punkt im *Norden* führen und wieder nach Westen tiefersinken. Auf der Grenzlinie zwischen den beiden Hemisphären, dem Äquator, steigen die Gestirne *senkrecht* am Horizont hoch und gehen senkrecht unter; an den Polen gibt es keine Auf- und Untergänge, jeder Stern beschreibt eine Bahn, die in gleicher Höhe über dem Horizont verläuft. Dazwischen ist der Aufgangswinkel je nach geographischer Breite unterschiedlich steil. Das gilt natürlich auch für den täglichen Lauf der Sonne und erklärt die kurzen Dämmerungszeiten in den Tropen, wo es fast schlagartig dunkel wird: Bei dem senkrechten Untergang verliert die Sonne sehr viel rascher an Höhe, folglich verkürzt sich die Zeit, die sie dicht unter dem Horizont verbringt. Entsprechendes gilt für das morgendliche Aufsteigen.

Die für uns ungewohnte Orientierung der Mondsichel beim Auf- bzw. Untergang hängt mit der Lage der Jahresbahn der Sonne, der Ekliptik, zusammen, in der sich ja auch der Mond annähernd bewegt. Sie bildet in Äquatornähe ebenfalls einen steileren Winkel mit dem Horizont als bei uns. So trifft das Licht der unter dem Horizont stehenden Sonne die Mondoberfläche mehr von unten, und der für uns beleuchtete Teil des Mondes scheint wie eine Barke in der Dunkelheit zu schwimmen. Am Südhimmel gilt auch der Merkvers von Christian Morgenstern nicht mehr, den er ja auch für den »Mond als deutschen Gegenstand« verfaßt hat (vgl. S. 49): Der zunehmende Mond ist südlich des Äquators nach links gerundet, der abnehmende nach rechts.

In südlichen Breiten ist sozusagen alles auf den Kopf gestellt, auch die Sternbilder erscheinen um 180° gedreht. Man braucht nur eine Sternkarte so zu legen, daß wieder der Pol (hier aber der Südpol) oben ist, um sich das klarzumachen. Am Orion, dessen Gürtelsterne genau auf dem Himmelsäquator liegen und der deshalb sowohl von nördlichen als auch von südlichen Breiten gut zu sehen ist, läßt sich dieser Kopfstand besonders gut verdeutlichen. Die rote *Beteigeuze*, der linke Schulterstern, hat mit dem blauen *Rigel* rechts unten scheinbar die Plätze vertauscht. Orion streckt die Füße nach oben, und das »Schwertgehänge« unterhalb des

Gürtels, der berühmte *Orionnebel*, weist von den drei Gürtelsternen aufwärts.

Der unbekannte Südhimmel

Die Sternbilder um den Himmelsnordpol werden mit zunehmender südlicher Breite unsichtbar. Cepheus, Kassiopeia und vor allem der Kleine Bär liegen schon am Äquator dicht am Horizont. Dafür ist der Südpol mit seiner Sternumgebung aufgetaucht, und viele uns Nordländern unbekannte Konstellationen zeigen sich (vgl. Fig. 23). Als Beispiel wollen wir den Sternenhimmel bei etwa 30° südlicher Breite etwas näher unter die Lupe nehmen. Das ist ein Gürtel, der durch den südlichsten Teil von Brasilien, Südafrika und den Süden Australiens führt.

Bleiben wir zunächst beim abendlichen »Winterhimmel« (Dezember/Januar), der dort natürlich ein Sommerhimmel mit kurzen Nächten ist. Den nördlichen Himmelsabschnitt beherrscht dann Orion mit seiner uns vertrauten Umgebung. Der kleine Hase, der sich in unseren Breiten tief zu seinen Füßen duckt, steht hier fast im Zenit, wo vor allem Sirius im Großen Hund alle anderen Sterne überstrahlt. Unterhalb des Orions würden wir, allerdings in ungewohnter Stellung, die Sterne des Stiers mit den *Plejaden* unterhalb von *Aldebaran* erkennen. Auch der Kleine Hund mit *Prokyon* und die Zwillinge, hier rechts von Orion, sind alte Bekannte. *Capella* im Fuhrmann schmiegt sich darunter eng an den Südhorizont. Die Wasserschlange (im Osten) und der Walfisch (im Westen) sind weitere wohlbekannte Sternbilder.

Am südlichen Abschnitt finden wir viel Neues. In auffallendem Glanz strahlt in großer Höhe der bei uns nicht sichtbare *Canopus*, der schon in altbabylonischer Zeit verehrt wurde. (Sein heutiger Name geht allerdings auf die altgriechische, im Nildelta gelegene Stadt Kanobos zurück.) Er ist der hellste Stern des Bildes *Carina* (Schiffskiel), das im Altertum mit dem benachbarten *Vela* (Segel) und *Puppis* (Achterschiff) zu der ausgedehnten Konstellation *Argo Navis*, dem Schiff der Argonauten, vereinigt war. In der antiken Beschreibung des Aratos wird von dem Sternbild gesagt: »Unter dem Schwanz des Großen Hundes zieht Argo mit dem

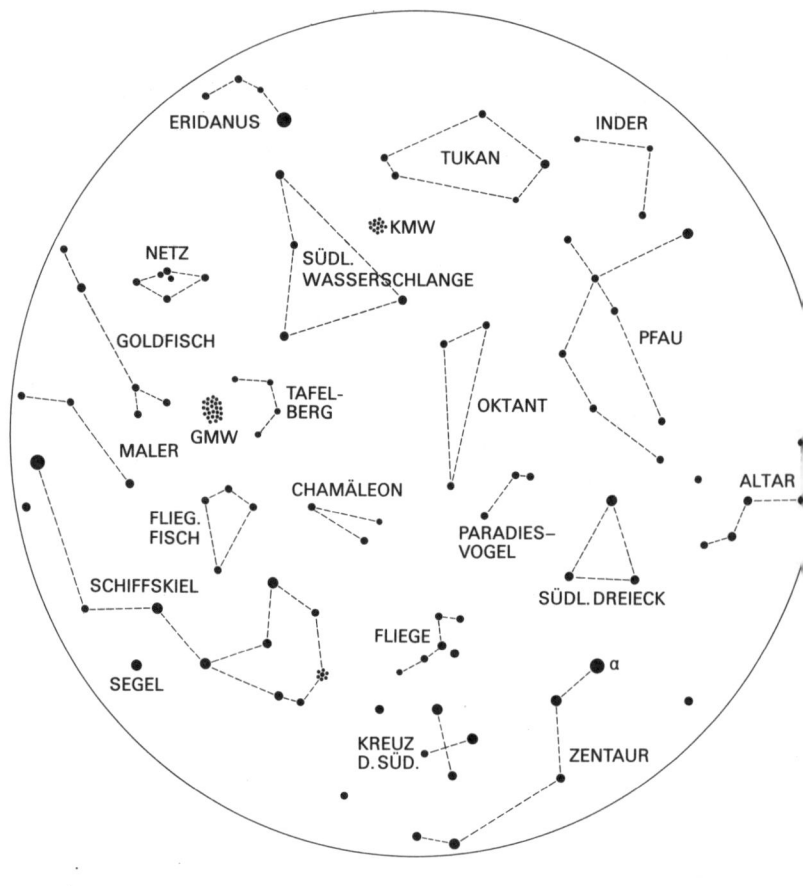

Fig. 23 Die bei uns nicht sichtbaren Sternbilder in der Umgebung des Himmelssüdpols (im Zentrum der Karte). Sie werden bei geographischen Breiten südlich von 40° Nord bis zum Äquator nacheinander sichtbar. Dazu gehören die beiden Galaxien Große und Kleine Magellansche Wolke (GMW und KMW) sowie der uns nächste Fixstern Alpha (α) im Sternbild Zentaur.

216

Heck voraus.« Dieser Himmelsabschnitt kommt in unseren Breiten nicht über den Horizont und ist auch von den Mittelmeerländern aus nur in seiner nördlichen Hälfte zu sehen. Man erklärte sich damals die fehlende Hälfte damit, daß das Schiff in einen Sturm geraten sei und die Göttin Hera den beschädigten Teil gerettet und an den Himmel versetzt habe. Erst Lacaille, dem wir viele Benennungen von südlichen Sternbildern verdanken, hat im 18. Jahrhundert die große Konstellation in die drei Bilder Carina, Vela und Puppis unterteilt. – Canopus ist nach Sirius der hellste Stern am Himmel, obwohl er etwa 20mal weiter von uns entfernt ist. Das Sternbild Carina enthält außer einigen weiteren hellen Sternen in seinem südöstlichen Teil einen großen, den Plejaden ähnlichen, allerdings nicht ganz so hellen Offenen Sternhaufen.

Wenn wir dem Verlauf der Milchstraße über Vela und Carina weiter nach Süden folgen, entdecken wir die vier Sterne im *Kreuz des Südens*, das schon recht nahe beim Himmelssüdpol liegt. Die Bezeichnung für die kleine, aber markante Figur haben die ersten großen Seefahrer mit in ihre europäische Heimat gebracht, nachdem sie sich in südliche Meere gewagt hatten. Der hellste Stern *Acrux* hat etwa die Helligkeit von Aldebaran im Stier. Im Südsommer steht das Sternbild nicht allzu hoch, im Mai/Juni erreicht es an den langen Winterabenden große Höhen. Dann ist der *Kohlensack*, ein großer Dunkelnebel zwischen den beiden hellsten Sternen des Kreuzes, besonders gut zu erkennen. Er überdeckt einen erheblichen Teil des Sternbildes und blockt das Licht entfernter stehender Sterne ab.

Den Himmelssüdpol umgeben ein paar unscheinbare Sternbilder: der *Oktant*, der Paradiesvogel *Apus*, das *Chamäleon* und *Hydrus*, die Südliche Wasserschlange. Zwischen dieser und dem *Tukan* steht als milchig-weißer Fleck die eine der beiden uns begleitenden Galaxien, die *Kleine Magellansche Wolke*. Ihre große, weiter östlich stehende Schwester erreicht im Januar abends ihre höchste Stellung. Sie schimmert im Sternbild *Dorado* (Goldfisch) unterhalb dem zenitnahen Stern *Canopus* als großer diffuser Lichtfleck. Die Seeleute, die 1520 den Portugiesen Magellan auf seiner Entdeckungsfahrt begleitet haben, brachten die erste Kunde von diesen Objekten nach Europa.

Die langen Juni-Winternächte auf der Südhalbkugel bringen ein paar interessante Sternbilder in Zenitnähe. Allen voran strahlt der *Skorpion* in seiner ganzen Schönheit; sein Hauptstern *Antares* leuchtet fast im Zenit, und nach Osten krümmt sich der hoch erhobene Stachelschwanz vor den Sternen der Milchstraße, die dort ihre breitesten Gebiete hat. Ebenfalls hoch am Himmel steht die große Figur des *Zentauren*, des himmlischen Abbilds von Chiron, dem weisen Pferdmenschen der griechischen Mythologie. Sein Hauptstern α (*Toliman*), dritthellster Stern am Himmel, ist mit einer Entfernung von 4,3 Lichtjahren unser nächster Fixsternnachbar. Es handelt sich dabei um ein Dreiersystem mit zwei größeren, eng benachbarten Komponenten, die von einem weiter entfernten kleinen Stern umkreist werden. Genaugenommen gehört diesem die Sonderstellung des nächsten Sterns, weshalb er auch den Namen *Proxima* bekommen hat. Besonders leuchtkräftig ist der mit gut 200 Lichtjahren viel weiter entfernte Stern *Hadar*. Im Zentrum des Sternbildes schimmert *Omega Centauri*, der hellste Kugelsternhaufen am Himmel, aus einer Entfernung von 17000 Lichtjahren. Bewohner südlicher Breiten können ihn gut mit bloßem Auge sehen; er bedeckt eine Fläche von etwa Vollmondgröße.

Unser helles Sommerdreieck, die Sterne *Wega* in der Leier, *Deneb* im Schwan und *Atair* im Adler, sind in den Monaten Juli bis September von südlichen Breiten aus am Nordhimmel zu sehen. Deneb und Wega, die bei uns am höchsten stehen, bleiben dort ziemlich tief; dafür schwingt sich der Adler bis in beträchtliche Höhen. Bootes gehört zu den Stiefkindern des Südhimmels. *Arktur*, bei uns der »Fuß« dieser Konstellation, bildet von der südlichen Hemisphäre aus den höchsten Punkt des Sternbildes und ist nur an den Winterabenden des Mai und Juni ein auffallender Blickfang am nördlichen Himmelsabschnitt. Noch ungünstiger steht unser altbekannter Großer Bär mit dem Himmelswagen, dessen Deichsel auf Arktur weist. Wenn der Wagen bei uns im April abends bis zum Zenit klettert, schiebt er sich in Rio oder in Johannesburg mit seinen »Rädern« nach oben dicht über den Nordhorizont.

Auslotung ferner Regionen

Bis vor kurzem haben fast alle großen Observatorien auf der Nordhalbkugel der Erde gestanden. Die nördliche Hemisphäre des Himmels war deshalb wesentlich besser bekannt als der weit im Süden liegende Teil, der von Europa und Nordamerika aus unsichtbar ist oder in geringen Höhen über dem Horizont bleibt. Viele interessante Objekte stehen aber am Südhimmel, voran die beiden Magellanschen Wolken als die uns nächsten selbständigen Sternsysteme. Aber auch mehrere helle Sternhaufen sind dort zu finden, manche mit freiem Auge sichtbar wie der schon erwähnte Offene Haufen im südlichen Teil des Sternbildes Carina. Ein fast ebenso heller Kugelhaufen befindet sich im Tukan. Eine sehr interessante Region, das Zentrum des Milchstraßensystems, liegt in Richtung des Sternbilds Schütze, das in unseren Breiten zwar zu sehen ist, aber nicht hoch über den Horizont kommt. Von vielen Gebieten der Südhalbkugel aus erreicht es dagegen zeitweise Zenithöhe. Die großen Beobachtungsstationen, die in den letzten Jahrzehnten in südlichen Breiten an mehreren Orten entstanden sind, gehören damit zu den Schwerpunkten astronomischer Forschung.

Auch mehrere große Radioteleskope und Antennenanlagen finden wir in südlichen Breiten oder auf der Südhemisphäre. Das Instrument mit der derzeit größten Auffangfläche, einer in den Erdboden eingebetteten sphärischen Schüssel mit einem Durchmesser von 305 m, steht bei Arecibo auf Puerto Rico bei 20° nördlicher Breite. Da die Auffangfläche nicht bewegt werden kann, sorgt eine bewegliche Antenne dafür, daß ein relativ großer Ausschnitt des Himmels beobachtet werden kann. Das größte in alle Richtungen frei bewegliche Radioteleskop mit einem Durchmesser von 100 m steht bei Effelsberg in der Eifel und wird vom Max-Planck-Institut für Radioastronomie betrieben (Abb. X). Im US-Staat Neumexiko steht eine riesige Anlage aus 27 Parabolempfängern von je 25 m Durchmesser. Diese können zusammengeschlossen werden und dann so kleine Winkel am Himmel »auflösen«, d. h. getrennt erkennen, wie eine (nicht konstruierbare) Einzelschüssel von 20 km Durchmesser. Mehrere weitere große Anlagen sind in Australien und Kalifornien errichtet worden. Sie werden auch eingesetzt, um die schwachen Funksignale weit ins Planetensystem hinausgeflogener Raumsonden aufzufangen oder Radarwellen zur Vermessung von Oberflächenstrukturen zu anderen Planeten zu schicken.

Schlußbetrachtung:
Gibt es außerirdisches Leben?

Wie kann Leben entstehen?

Seit wir wissen, daß wir auf einem kleinen Planeten eines durchschnittlichen Fixsterns in einer 200 Milliarden Sterne enthaltenden Galaxie leben, die selbst nur eine von mehreren 100 Milliarden Galaxien ist, kommt es uns sehr unwahrscheinlich vor, daß sich nur auf der Erde Leben entwickelt haben sollte. Wenn wir der Frage nachgehen, wie viele andere belebte Himmelskörper es geben könnte und ob wir die Möglichkeit haben, dies mit Sicherheit zu erfahren oder sogar mit diesen Welten Verbindung aufzunehmen, müssen wir zunächst zur Kenntnis nehmen – und uns damit abfinden –, daß es allgemeine Naturgesetze gibt, die im ganzen Kosmos gelten und denen auch alle Lebewesen unterworfen sind. Dies ist eine wichtige Einschränkung für allzu wilde Spekulationen. Aus der Vergangenheit der Erde wissen wir, daß die ersten Formen eines anfangs sehr primitiven Lebens offenbar sehr lange Zeiträume brauchten, um sich zu der komplexen und zum Teil hochspezialisierten Vielfalt zu entwickeln, die heute im Wasser, auf dem Land und in der Luft lebt und gedeiht. Diese Entwicklung hat zunächst sehr zaghaft begonnen, um sich dann nach einer langen Anlaufzeit rasant zu beschleunigen.

Etwa eine Milliarde Jahre nach der Entstehung der Erde erschienen auf ihrer abgekühlten und erstarrten Oberfläche die ersten, bakterienartigen Lebewesen. Wie der entscheidende Schritt von der unbelebten zur belebten Materie abgelaufen ist, wissen wir heute noch nicht. *Aminosäuren*, wichtige Bausteine des Lebens, waren sicher schon früh vorhanden. Sie wurden auch in vielen Meteoriten gefunden, die immer noch auf die Erde fallen. Eine kleine Gruppe von Wissenschaftlern hält es deshalb für möglich, daß das Leben auf diese Weise auf unseren Planeten gekommen ist. Wahrscheinlich hat aber die Erde diese Hilfe von außen gar nicht nötig gehabt.

Die ersten Organismen waren einfache Einzeller ohne Zellkern, sogenannte *Prokaryonten*. Sie enthielten bereits lange Stränge der DNS (Desoxyribonukleinsäure) und konnten damit bei ihrer Vermehrung Erbinformationen weitergeben. Diese freilebenden Organismen besorgten sich die zum Leben notwendigen Stoffe aus den organischen Substanzen ihrer Umgebung oder durch Photosynthese mit Hilfe des Sonnenlichts, da die frühe Atmosphäre noch keinen freien Sauerstoff enthielt. Noch heute gibt es Bakterien, die in heißen, vulkanischen Quellen von der Zersetzung des Kohlenwasserstoffs Methan leben und für die Sauerstoff Gift ist.

Es verging eine weitere Milliarde Jahre, in denen sich die Atmosphäre durch den Prozeß der Photolyse allmählich mit Sauerstoff anreicherte. Dabei werden die Moleküle des Wasserdampfs von der UV-Strahlung der Sonne in Wasserstoff und Sauerstoff aufgespalten. Die Prokaryonten machten von diesem neuen Angebot Gebrauch und lernten es, ihren Energiebedarf auf Sauerstoff umzustellen, was offensichtlich Vorteile brachte. Gleichzeitig bauten sie die Fähigkeit aus, durch Photosynthese aus Kohlendioxid Sauerstoff zu gewinnen, wie es die grünen Pflanzen heute noch tun.

Erst nach der dritten Milliarde Jahre hatten sich aus diesen immer besser der veränderten Umwelt angepaßten kernlosen Einzellern die ersten *Eukaryonten* entwickelt, zwar auch noch einzellige Lebewesen, aber mit einem Zellkern, der eine wesentlich größere Menge von Erbanlagen in seinen Genen speichern konnte als die kernlosen Vorstufen. Inzwischen waren über zwei Drittel der insgesamt 4600 Millionen Jahre von der Entstehung der Erde bis zur Gegenwart vergangen.

Das größere und vielseitigere Erbmaterial und vor allem die Anfänge einer geschlechtlichen Fortpflanzung, bei der die Nachkommen das Erbmaterial zweier Elternteile erhalten, beschleunigte die Weiterentwicklung und Differenzierung der Lebensformen erheblich. Aus Einzellern wurden mehrzellige Organismen, und vor etwa 600 Millionen Jahren bevölkerten allerhand krebsartige Kleinlebewesen die Ozeane. Mit der Bildung eines Ozon-Schutzschildes gegen die UV-Strahlung wagte sich etwa 200 Millionen Jahre später das Leben zum ersten Mal auf das noch völlig brach liegende Land. Langsam entstand dort der erste Pflanzenbewuchs und diente als Nahrung für die Reptilien, die es vor rund

200 Millionen Jahren mit den Sauriern zu stattlicher Größe brachten. Einige davon eroberten als Vorstufen der sich später entwickelnden Vögel den Luftraum. Die immer üppigeren Grünpflanzen sorgten für den nötigen Sauerstoff. Nach dem Verschwinden der Riesenechsen vor 65 Millionen Jahren begann die Vorherrschaft der Säugetiere. Aber erst vor etwa 2,5 Millionen Jahren erschienen die ersten aufrecht gehenden Vormenschen, und langsam begann die Zeit des *Homo sapiens.* Die Evolution hat also viel Zeit gebraucht, um die »Krone der Schöpfung« hervorzubringen!

Bei der Frage nach außerirdischem Leben geht man davon aus, daß die Evolution überall im Kosmos sehr lange Zeitskalen benötigt und daß sie auch auf anderen Himmelskörpern zwar nicht identisch, aber doch ähnlich ablaufen muß. Das scheint auf den ersten Blick eine sehr kühne und anthropozentrische Annahme zu sein. Sie wird aber sofort verständlicher, wenn wir, wie anfangs schon erwähnt, die universelle Gültigkeit der Naturgesetze im Kosmos berücksichtigen. Auch wissen wir aus vielen Beobachtungen, daß die relative Häufigkeit der chemischen Elemente im großen und ganzen überall sehr ähnlich ist. Abgesehen von einigen Ausnahmen enthalten alle Sterne die gleichen Stoffe in ähnlicher Zusammensetzung wie die interstellare Materie. Das ist nicht so erstaunlich, denn im Kosmos steht ja alles in enger Wechselbeziehung und durchmischt sich immer wieder.

Die Überlegungen wären einfacher, wenn unser Planetensystem nicht das einzige wäre, das wir bisher kennen, und die Erde allem Anschein nach nicht der einzige unter den neun Planeten, auf dem es Leben gibt. Wir haben deshalb keine Vergleichsmöglichkeiten und müssen uns mit Analogieschlüssen und Wahrscheinlichkeiten zufriedengeben. Welche Voraussetzungen sollte danach ein Himmelskörper erfüllen, damit auf ihm Leben entstehen und sich weiterentwickeln kann?

Das Leben auf der Erde beruht auf der *Kohlenstoffchemie.* Viele organische Verbindungen enthalten riesige Moleküle, wie sie nur unter Mitwirkung von Kohlenstoffatomen entstehen können. Das liegt an der Fähigkeit dieser Atomsorte, sich auf sehr vielfältige Weise mit anderen Atomen zu verbinden. Kein anderes chemisches Element besitzt auch nur annähernd so zahlreiche

Möglichkeiten. Es ist daher kein Zufall, daß das Leben auf der Erde aus der Kohlenstoffchemie entstanden ist, und auch auf anderen Himmelskörpern wird es mit hoher Wahrscheinlichkeit so sein, wenn es zur Entwicklung differenzierter Organismen kommen soll.

Damit sich die großen Moleküle bilden können, aus denen schon einfache Lebensbausteine wie die Proteine bestehen, müssen die »Zutaten« beweglich sein, das heißt ein *Transport- und Lösungsmittel* muß zur Verfügung stehen. Auf der Erde hat sich Wasser als geeignete Flüssigkeit angeboten. Wassermoleküle enthalten zwei Wasserstoffatome und ein Atom Sauerstoff, das häufigste und ein weiteres häufiges Element im Kosmos. Auf vielen Objekten im Planetensystem kommt Wasser, gespeichert im Gestein oder als Eis, vor, und aus mehreren Gründen ist es als Transportmittel für Lebenskeime anderen, ebenfalls auf einigen Planeten häufigen Substanzen wie Methan oder Ammoniak überlegen. Wasser muß aber in flüssiger Form vorhanden sein, denn gefroren ist es unbeweglich, und als Dampf hat es eine zu geringe Dichte. Wir haben bereits gesehen, daß es flüssiges Wasser auf anderen Planeten unseres Sonnensystems jedenfalls heute nicht mehr gibt, und tatsächlich haben sich auf Venus und Mars, den günstigsten Kandidaten, keine Spuren gegenwärtigen oder früheren Lebens gefunden.

Mit der Forderung nach flüssigem Wasser sind den möglichen Oberflächentemperaturen enge Grenzen gesetzt. Eine weitere Rolle spielt die Atmosphäre, die mit ihrer Zusammensetzung und Dichte die Energieeinstrahlung auf die Planetenoberfläche und durch den Treibhauseffekt die Temperaturen beeinflußt. Die Erde bietet dem Leben auch in dieser Hinsicht ideale Bedingungen. Schließlich sollten die Himmelskörper auch eine gewisse Größe nicht unterschreiten: Zu kleine Objekte können mit ihrer Schwerkraft die Atmosphärengase nicht festhalten; wir haben das bei Merkur und Mars sowie beim Erdmond und den meisten Monden der anderen Planeten gesehen. Schließlich haben wohl auch Ebbe und Flut und damit unser Erdmond eine wenn schon nicht entscheidende, aber doch günstige Rolle bei der Entwicklung des Lebens auf der Erde gespielt. In den Grenzgebieten zwischen Land und Meer, die in kurzem Rhythmus vom Wasser überflutet werden und wieder trockenfallen, konnten sich besonders gut große Moleküle bilden und zu einfachen Organismen zusammensetzen, da sie sich in solchen Gebieten konzentrieren. Sie werden weder in die Ozeane hinausgeschwemmt, noch liegen sie unbeweglich fest. Außerdem hat der Mond eine stabilisierende Wirkung auf die Neigung der Erdachse und damit auf die Jahreszeiten und das Klima gehabt. Es gibt verschiedene Anzeichen dafür, daß auf dem Mars, der nur zwei winzige Möndchen besitzt, das Klima im Laufe der Jahrmillionen starken Schwankungen unterworfen war. Dadurch könnten dort eventuell zunächst entstandene Lebensformen wieder abgestorben sein.

Wo könnte es Leben geben?

Wenn wir nun nach potentiellen Lebensträgern im Kosmos suchen, dann sollten wir zunächst überlegen, welche Sterne die folgenden Bedingungen erfüllen:

– Zunächst müßte solch ein Stern natürlich ein *Planetensystem* besitzen. Diese Bedingung scheint keine wesentliche Einschränkung zu sein, denn Modellrechnungen haben gezeigt, daß bei der Bildung eines Einzelsterns in der Regel auch Planeten entstehen sollten; allerdings wissen wir nicht, wie viele und von welcher Größe. Wir kennen bisher kein Planetensystem außer dem unseren. Das liegt an der großen Entfernung der Fixsterne. Mit den heutigen Instrumenten wären wir noch nicht in der Lage, beispielsweise einen Planeten von der Größe des Jupiter nahe bei einem Fixstern zu »sehen«. (Günstigstenfalls wäre es möglich, die Wirkung seiner Schwerkraft auf den Mutterstern festzustellen.) Das kann sich aber schon bald ändern, denn leistungsfähigere Teleskope sind in der Planung, und das nach dem amerikanischen Astronomen Edwin Hubble benannte Weltraumteleskop ist vor kurzem in eine Erdumlaufbahn gestartet. Seit einigen Jahren sind überdies mehrere Sterne bekannt, die Anzeichen für ein gerade entstehendes Planetensystem erkennen lassen, z. B. der zweithellste Stern im südlichen Sternbild Pictor, *Beta Pictoris*.

– Der Zentralstern sollte nicht viel mehr *Masse* haben als unsere Sonne. Massereiche Sterne werden nicht so alt wie die Sonne und geben daher der Entwicklung des Lebens, vor allem höherer Lebensformen, keine Chance. Auf der anderen Seite werfen die masseärmeren Sterne wegen ihrer niedrigeren Oberflächentemperaturen, die eine große Nähe des bewohnbaren Planeten zu seiner »Sonne« zur Folge hätten, verschiedene andere Schwierigkeiten auf.

– Der Zentralstern muß ein *Einzelstern* sein, denn aus himmelsmechanischen Gründen kann die Komponente eines Doppel- oder Mehrfachsystems keinen Planeten um sich haben, der ihn auf einer nahezu kreisförmigen Bahn umrundet. Jede andere Bahn würde aber große Entfernungs- und damit Temperaturunterschiede für den Planeten zur Folge haben und damit für unsere Überlegungen ausscheiden. Wir wissen, daß nur etwa die Hälfte aller Sterne Einzelsterne sind.

– Die *Ökosphäre*, das heißt der für die Entstehung von Leben günstige Entfernungsbereich vom Zentralstern, ist durch die Forderung einer bestimmten Temperaturspanne eng begrenzt. Wäre die Erde nur etwas näher an der Sonne, so würde sie das Schicksal der Venus erlitten und ihre Wasservorräte in der größeren Hitze »verkocht« haben. Wäre sie etwas weiter von der Sonne entfernt, so würde ihr Wasser wie auf unserem anderen Nachbarplaneten Mars zu Eis erstarrt sein. So ist vielleicht jeweils höchstens *ein* Planet in einem System ein potentieller Lebensträger.

Unser Milchstraßensystem – nur dieses wollen wir hier betrachten – enthält etwa 200 Milliarden Sterne. Nach den oben formulierten Bedingungen können wir nicht erwarten, daß es auch nur annähernd so viele belebte Planeten gibt. Bei zahlenmäßiger Abschätzung gewisser Wahrscheinlichkeiten läßt sich aber doch ein Anhaltspunkt bestimmen, der allerdings wegen der großen Unsicherheiten einiger Schätzwerte in weiten Grenzen schwankt. Trotzdem können wir davon ausgehen, daß es in unserer Galaxis viele Millionen bis zu einigen Milliarden Planeten geben mag, auf denen es zur Entstehung irgendwelcher Lebensformen gekommen ist.

Bei allem sollten wir nicht allzu sicher sein, daß das Leben wirklich nur so entstehen kann und sich entwickelt, wie es hier am Beispiel der Erde, dem einzigen Beispiel, das wir kennen, geschildert wurde. Trotz aller Plausibilitäten wäre es denkbar, daß die Natur andere Wege gefunden hat, die wir uns in unseren kühnsten Träumen nicht vorstellen können. Man sollte nie vergessen: Auch sehr unwahrscheinliche Dinge passieren (das können wir u. a. jede Woche bei der Ziehung der Lottozahlen erleben). Vielleicht hat die Erde vor Milliarden Jahren und immer wieder im Laufe ihrer Entwicklung das ganz große Los gezogen, und niemand weiß, ob und wie lange uns das Glück in der Zukunft noch zur Seite stehen wird, bevor in fünf Milliarden Jahren die sich zu einem Roten Riesen aufblähende Sonne dem Dasein der Erde unwiderruflich ein Ende setzt.

Wo sind die »Grünen Männchen«?

Bisher haben wir nur überlegt, wo und wie häufig es im Kosmos Leben geben könnte, egal in welcher Form. Interessanter und möglicherweise bedeutsamer ist für uns die Frage nach der Existenz intelligenter Wesen im Weltall, nach den *Grünen Männchen*, mit denen wir Verbindung aufnehmen könnten. Mehr oder minder begabte Science-fiction-Autoren bemühen sich immer wieder, uns die Schrecken oder die Vorteile solcher Kommunikationen zu schildern, und zahlreiche Filme führen uns Horrorszenen von Besuchen Außerirdischer vor Augen.

Die Frage, auf wie vielen Himmelskörpern es nicht nur Leben, sondern *intelligente Geschöpfe* gibt, die in der Lage und willens sind, mit anderen Zivilisationen im Kosmos Verbindung aufzunehmen, ist noch sehr viel schwerer zu beantworten als die Frage nach außerirdischem Leben überhaupt. Auch hier kann es nur um Wahrscheinlichkeiten gehen, denn wieder ist die Erde das einzige bekannte Beispiel. Nun sind die paar tausend Jahre, seitdem wir Menschen die Natur systematisch beobachten, verglichen mit dem Lebensalter der Erde nicht mehr als eine Stunde im Dasein eines Menschen. Erst vor ein paar hundert Jahren hatte sich die Wissenschaft so weit entwickelt, daß sie einige Naturereignisse erklären konnte, und erst vor ein paar Jahrzehnten hat die Technik es möglich gemacht, die irdische Schwerkraft zu überwinden und unsere allernächste Nachbarschaft, das Sonnensystem, direkt zu erkunden. Zaghafte Ansätze, mit außerirdischen Kulturen Verbindung aufzunehmen, reisen seit einigen Jahren in Form verschlüsselter Informationen auf einigen Raumsonden ins Reich der Fixsterne. Ob solch eine Flaschenpost jemals an ein bewohntes Gestade gespült und entziffert wird, ist allerdings mehr als unwahrscheinlich. Jedenfalls kann eine kurzlebige Generation nicht auf Antwort rechnen. Aussichtsreicher dürfte es sein, mit Radiosendern elektromagnetische Botschaften auszusenden, die mit der Geschwindigkeit des Lichts reisen und andere Zivilisationen günstigstenfalls in einigen Jahren erreichen könnten. Man hat auch schon versucht, den Himmel mit den großen Radioteleskopen nach solchen Botschaften von anderen Himmelskörpern abzusuchen. Die berühmte Stecknadel im Heuhaufen dürfte allerdings sehr viel leichter zu finden sein, und das bisherige negative Ergebnis ist nur allzu verständlich.

Die größte Ungewißheit über Gelingen oder Mißlingen solcher Versuche liegt darin, daß wir nichts darüber wissen, wie lange unsere oder andere Zivilisationen mit der Möglichkeit interstellarer Kommunikation jeweils existieren. Weltuntergangsstimmung ist augenblicklich bei uns angesagt, und nicht wenige Pessimisten fürchten, daß es bald aus sein könnte mit der Menschheit. Aber auch bei optimistischerer Einschätzung können wir nicht wissen, wie lange es noch weitergeht. Wie viele fortgeschrittene Kulturen wir gegenwärtig in der gesamten Galaxis erwarten dürfen, hängt aber weitgehend davon ab, wie lange solche Blütezeiten dauern. Sind es im Mittel nur einige 100 oder 1000 Jahre, so wird es wohl nur wenige Außerirdische geben, nach denen wir suchen könnten. Existieren aber solche technisierten Kulturen einige Millionen oder gar Milliarden Jahre lang, dann sind die Aussichten weit größer.

Doch selbst wenn es genügend potentielle Gesprächspartner geben sollte, wissen wir immer noch nicht, wie viele sich überhaupt dafür interessieren und sich die Mühe machen würden, mit anderen kosmischen Siedlern Verbindung aufzunehmen oder sie zu besuchen. Der Gewinn solcher Reisen wäre, verglichen mit dem Aufwand, sicher fraglich. Da aber auch hier unsere Vorstellungskraft wohl nicht ausreicht, um uns alle Möglichkeiten und Beweggründe auszumalen, sollten wir mit Prognosen jeder Art vorsichtig sein.

Unweigerlich tauchen bei solchen Diskussionen auch die *UFOs* auf, unbekannte Flugobjekte, und sogar deren Insassen, die einige Menschen gesehen haben wollen. Auch die Meinung, angebliche frühere Besucher aus dem Weltraum hätten ihre Spuren auf der Erde hinterlassen, findet immer wieder ihre Anhänger (und ihre Vermarktung). Bisher wurden keinerlei wirkliche Beweise erbracht, weder für die Realität der UFOs noch für Zeichen vergangener Invasionen. Fast alle Berichte von merkwürdigen »Leuchterscheinungen« lassen sich durch Naturerscheinungen (helle Planeten, beleuchtete Wolken) oder durch von Menschen in große Höhen gebrachte Objekte (Flugzeuge, Ballons, Satelliten) erklären. Manche Völker haben schon vor Jahrtausenden mit großem Aufwand an Menschen und an Zeit erstaunliche technische und künstlerische Leistungen vollbracht, zu denen sie die Hilfe Außerirdischer sicher nicht brauchten. Vorerst können wir deshalb getrost davon ausgehen, daß wir bisher auf der Erde allein waren. Auch dürfen wir die Exkursionen der letzten Jahrzehnte in unsere kosmische Umgebung nicht falsch einschätzen: Die von ein paar unbemannten Raumsonden zurückgelegten Strecken bis in das Gebiet der entferntesten Planeten sind im Vergleich zur Distanz selbst der nächsten Sterne so, als hätte eine Tauchstation zur Erforschung der tiefsten Stellen in den Meeren kaum den ersten Meter zurückgelegt.

Insgesamt läßt sich daher heute noch nicht allzu viel darüber sagen, ob wir allein im Kosmos sind oder ob es andere Bewohner gibt, die uns vielleicht zum Teil schon beobachten. Die erste Möglichkeit erscheint wohl am wenigsten plausibel; es würde uns etwas ins vorkopernikanische Denken zurückversetzen, wenn wir uns als die einzigen intelligenten Wesen im Weltall fühlten. Solange es aber keine gegenteiligen Beweise gibt, ist auch diese Annahme nicht auszuschließen. Ob wir nun Berührungsängste vor den außerirdischen Grünen Männchen haben sollten oder uns eine Bereicherung von einer solchen Begegnung erhoffen dürfen, diese Einschätzung bleibt dem Temperament jedes einzelnen überlassen.

Anhang

Tab. 1: Die wichtigsten Daten der neun Planeten

	Merkur	Venus	Erde	Mars	Jupiter	Saturn	Uranus	Neptun	Pluto
Mittlere Sonnenentfernung in Mio. km	57,9	108,2	149,6	227,9	778,6	1432	2884	4509	5966
in A.E.	0,387	0,723	1	1,524	5,205	9,576	19,281	30,142	39,880
Umlaufzeit in Jahren	0,240	0,615	1	1,881	11,86	29,46	84,01	164,79	247,68
Exzentrizität der Bahnellipse Kreis: Exz. = 0	0,206	0,007	0,017	0,093	0,048	0,055	0,047	0,010	0,248
Mittlere Bahngeschwindigkeit in km/s	47,90	35,05	29,80	24,14	13,06	9,65	6,80	5,43	4,79
Rotationszeit in Tagen (d) oder Stunden (h)	58,65 d	243,01* d	23,93 h	24,62 h	9,84 h	10,23 h	17,20* h	16,05 h	6,39 d
Neigung der Bahnebene gegen die Ekliptik	7°00	3°39	0°	1°85	1°31	2°49	0°77	1°77	17°15
Neigung des Äquators gegen die Bahnebene	0°	2°	23°45	23°98	3°08	26°73	82°02	28°80	?
Durchmesser am Äquator in km	4878	12104	12756	6794	142796	120000	50800	48600	2200
Volumen (Erde = 1)	0,05	0,86	1	0,15	1320	746	63	56	0,005
Masse (Erde = 1)	0,056	0,815	1	0,107	318	95	15	17	0,002
Anzahl der Monde	0	0	1	2	16	20	15	8	1

* Retrograde Rotation (im Uhrzeigersinn)

Tab. 2: Die 15 hellsten, von mittleren nördlichen Breiten aus sichtbaren Sterne in der Reihenfolge abnehmender Helligkeiten und die Sonne als Vergleich

Name des Sterns	Sternbild	Entfernung in Lichtjahren	Durch-messer in Mio. km	Tempe-ratur in °C	Farbe
Sirius	Großer Hund	8,7		10 000	hellgelb
Arktur	Bootes	35	36	4 200	rotgelb
Wega	Leier	26	4,3	8 300	hellgelb
Capella	Fuhrmann	45		5 000	tiefgelb
Rigel	Orion	~900	2,5	12 000	weiß
Prokyon	Kleiner Hund	11,3	3,0	6 500	gelb
Atair	Adler	16	2,2	8 000	hellgelb
Beteigeuze	Orion	650	600	2 500	tiefrot
Aldebaran	Stier	70	63	2 700	rot
Spika	Jungfrau	160		28 000	blauweiß
Antares	Skorpion	170	450	2 500	tiefrot
Pollux	Zwillinge	35		4 500	rotgelb
Fomalhaut	Südlicher Fisch	23	57	8 800	hellgelb
Deneb	Schwan	~1800		9 000	hellgelb
Regulus	Löwe	84	5,3	13 000	weiß
Sonne		0,0000154	1,4	5 500	tiefgelb

Alle Werte sind nur mehr oder weniger genaue Näherungswerte.
Für einige der angeführten Sterne sind die Durchmesser nicht bekannt.

Tab. 3: Die 88 Sternbilder

Lateinischer Name	Deutscher Name
Andromeda	Andromeda
Antlia	Luftpumpe
Apus (ns)	Paradiesvogel
Aquarius	Wassermann
Aquila	Adler
Ara (ns)	Altar
Aries	Widder
Auriga	Fuhrmann
Bootes	Bootes (Bärenhüter)
Caelum	Grabstichel
Camelopardalis (zp)	Giraffe
Cancer	Krebs
Canes Venatici	Jagdhunde
Canis Maior	Großer Hund
Canis Minor	Kleiner Hund
Capricornus	Steinbock
Carina (ns)	Schiffskiel
Cassiopeia (zp)	Kassiopeia
Centaurus (ns)	Zentaur
Cepheus (zp)	Cepheus
Cetus	Walfisch
Chamaeleon (ns)	Chamäleon
Circinus (ns)	Zirkel
Columba	Taube
Coma Berenices	Haar der Berenike
Corona Australis (ns)	Südliche Krone
Corona Borealis	Nördliche Krone
Corvus	Rabe
Crater	Becher
Crux (ns)	Kreuz des Südens
Cygnus	Schwan
Delphinus	Delphin
Dorado (ns)	Schwertfisch (Goldfisch)
Draco (zp)	Drache
Equuleus	Füllen
Eridanus	Eridanus (Fluß)
Fornax	(chemischer) Ofen
Gemini	Zwillinge
Grus (ns)	Kranich
Hercules	Herkules
Horologium (ns)	Pendeluhr
Hydra	(nördliche) Wasserschlange
Hydrus (ns)	(südliche) Wasserschlange
Indus (ns)	Inder
Lacerta (zp)	Eidechse

Leo	Löwe
Leo Minor	Kleiner Löwe
Lepus	Hase
Libra	Waage
Lupus (ns)	Wolf
Lynx (zp)	Luchs
Lyra	Leier
Mensa (ns)	Tafelberg
Microscopium	Mikroskop
Monoceros	Einhorn
Musca (ns)	Fliege
Norma (ns)	Winkelmaß
Octans (ns)	Oktant
Ophiuchus	Schlangenträger
Orion	Orion
Pavo (ns)	Pfau
Pegasus	Pegasus
Perseus (zp)	Perseus
Phoenix (ns)	Phönix
Pictor (ns)	Maler (-staffelei)
Pisces	Fische
Piscis Austrinus	Südlicher Fisch
Puppis	Achterschiff
Pyxis	Schiffskompaß
Reticulum (ns)	Netz
Sagitta	Pfeil
Sagittarius	Schütze
Scorpius	Skorpion
Sculptur	Bildhauer (-werkstatt)
Scutum	(Sobieskischer) Schild
Serpens	Schlange
Sextans	Sextant
Taurus	Stier
Telescopium (ns)	Fernrohr
Triangulum	Dreieck
Triangulum Australe (ns)	Südliches Dreieck
Tucana (ns)	Tukan
Ursa Maior (zp)	Großer Bär
Ursa Minor (zp)	Kleiner Bär
Vela (ns)	Segel des Schiffs
Virgo	Jungfrau
Volans (ns)	Fliegender Fisch
Vulpecula	Füchslein

zp: bei uns ganz oder größtenteils sichtbare zirkumpolare Sternbilder in der Umgebung des Himmelsnordpols
ns: bei uns ganz oder größtenteils unsichtbare Sternbilder in der Umgebung des Himmelssüdpols

Glossar

Apex: Zielpunkt der Bewegung des Sonnensystems im Raum. Die Sonne bewegt sich gegenüber den Nachbarsternen mit einer Geschwindigkeit von 19 km/s auf den Apex zu, der im Sternbild Herkules nicht weit von dem hellen Stern Wega in der benachbarten Leier liegt.

Der Herkunftspunkt (*Antapex*) liegt im Sternbild Taube am Südhimmel.

Astrologie: Der Glaube an einen Einfluß der Gestirne, insbesondere der Planeten, auf das Schicksal der Menschen. Grundlage ist das Horoskop, das aus dem Stand der Gestirne zum Zeitpunkt der Geburt erstellt wird. Die Wurzeln der Astrologie liegen in Mesopotamien und reichen bis in das vorchristliche Jahrtausend zurück.

Astronomie: Die Wissenschaft vom Kosmos und seinen Objekten. Die klassische Astronomie beschäftigt sich vor allem mit der Beobachtung von Sternhelligkeiten, der Vermessung von Sternpositionen, dem Aufbau des Sonnensystems und der Anordnung der Sterne im Raum. Sie gilt als die älteste Naturwissenschaft. Heute ist die Astrophysik ihr wichtigstes Teilgebiet.

Astronomische Einheit: Im Sonnensystem gebräuchliche Entfernungseinheit, definiert durch den mittleren Abstand der Erde von der Sonne (große Halbachse der Erdbahn). Sie hat die Länge von 149 597 870 km oder 499,012 Lichtsekunden.

Astrophysik: Ein relativ junger Zweig der Astronomie, der die Natur der Gestirne, ihren Aufbau, ihre Entstehung und Entwicklung sowie andere physikalische Vorgänge im Kosmos zum Gegenstand hat. Die »klassische« Astronomie wird zur Unterscheidung häufig auch als »Astrometrie« bezeichnet.

Atom: Grundbaustein der chemischen Elemente. Es besteht aus einem (positiv geladenen) Atomkern, der von so vielen (negativ geladenen) Elektronen umgeben ist, wie er selbst Ladungseinheiten besitzt. In diesem Zustand ist das Atom elektrisch neutral. Fehlt ein oder fehlen mehrere Elektronen, so ist es einfach oder mehrfach ionisiert, d. h. positiv geladen.

Auflösung: Ein Maß für die Fähigkeit eines optischen Systems, z. B. des menschlichen Auges oder eines Fernrohrs, zwei eng benachbarte Gegenstände oder feine Strukturen noch getrennt voneinander wahrzunehmen.

Bahnebene: Nach dem ersten Keplerschen Gesetz verläuft die Bahn jedes Planeten in einer bestimmten Ebene, der Bahnebene, um die Sonne. Die Bahnebene der Erde wird auch als Ekliptikebene bezeichnet (vgl. Ekliptik). Die Bahnen aller anderen Planeten außer Pluto fallen fast mit der Erdbahnebene zusammen. Auch die Mondbahn weicht nur um 5° von dieser Ebene ab. Dasselbe Gesetz gilt für Doppelsterne, die in einer Ebene um ihren gemeinsamen Schwerpunkt laufen (der im Sonnensystem innerhalb der Sonne liegt).

Bedeckungsveränderliche: Ein Doppelsternpaar, dessen Bahnebene in unserer Sichtlinie liegt. Beim Umlauf der beiden Komponenten um den gemeinsamen Schwerpunkt schiebt sich der eine kurzzeitig vor den anderen Stern, wodurch eine periodische Helligkeitsabnahme entsteht.

Bogenminute (Bogensekunde): Die Bogenminute (Abk. ′) ist der 60. Teil eines Winkelgrads (°), die Bogensekunde (″) der 60. Teil einer Bogenminute. Es ist also $1° = 60′ = 3600″$. Wir sehen die Sonnenscheibe unter einem Winkel von etwa 31′ (scheinbarer Sonnendurchmesser); der Durchmesser der Mondscheibe ist von der Erde aus gesehen zufällig fast gleich groß. Der Planet Jupiter erscheint als ein Scheibchen von 31″ bis 48″ (je nach seiner Entfernung von uns); die Fixsterne haben wegen ihrer großen Entfernungen keine direkt meßbare Ausdehnung; sie erscheinen selbst in den größten Fernrohren als Lichtpunkte.

Cepheiden (Delta Cephei-Sterne): Eine nach dem Stern δ Cephei benannte Gruppe von Veränderlichen Sternen, deren Licht im konstanten Rhythmus von mehreren Tagen zu- und abnimmt. Diese Helligkeitsänderung wird durch eine periodische Expansion und Kontraktion (eine Pulsation) des Sterns hervorgerufen. Cepheiden sind wichtig bei der Bestimmung großer Entfernungen, da ihre leicht zu bestimmenden Pulsationsperioden in einem festen Zusammenhang mit ihrer Leuchtkraft stehen, die zusammen mit der beobachteten Sternhelligkeit die Entfernung ergibt (Perioden-Leuchtkraft-Gesetz).

Chromosphäre: Eine mehrere 1000 km dicke Atmosphärenschicht der Sonne zwischen der Photosphäre und der Korona, in der die Gasdichte stark abnimmt und die Temperatur auf mehrere 100000 °C ansteigt. Die Bezeichnung bedeutet »Farbschicht« und weist auf die rötliche Farbe hin, in der diese sonst unsichtbare Schicht bei einer totalen Sonnenfinsternis kurz aufleuchtet. Die Farbe wird durch ionisiertes Wasserstoffgas hervorgerufen.

Deklination vgl. Himmelsäquator.

Doppelsterne oder Mehrfachsysteme: Sterne stehen häufig paarweise nahe beieinander und umkreisen sich, da sie durch ihre gegenseitige Schwerkraft aneinander gebunden sind wie die Planeten an die Sonne. Weiter auseinander stehende Doppelsterne sind schon im Fernglas zu erkennen, enge Paare erscheinen nur in großen Fernrohren »aufgelöst«, und sehr nahe sind nur durch die Überlagerung ihrer Spektren als Doppelsterne zu erkennen.

Ekliptik: Die scheinbare Jahresbahn der Sonne durch die zwölf Sternbilder des Tierkreises (Widder, Stier, Zwillinge, Krebs, Löwe, Jungfrau, Waage, Skorpion, Schütze, Steinbock, Wassermann, Fische). Ihre Bezeichnung geht auf die schon im Altertum gemachte Beobachtung zurück, daß sich Sonnen- und Mondfinsternisse nur in der Ekliptik (von lat. »eclipsis« = Finsternis) ereignen, wenn nämlich der Mond genau die scheinbare Sonnenbahn der Ekliptik kreuzt.

Elektromagnetische Strahlung: Eine Wellenstrahlung, deren Energieträger die Photonen sind und zu der auch das sichtbare Licht gehört. Die Lichtgeschwindigkeit im Vakuum beträgt 299793 km/s. Die Wellenlänge bzw. die Frequenz (Schwingungszahl pro Sekunde) definiert die Lage einer bestimmten Strahlung im elektromagnetischen Spektrum, das von der (kurzwelligen) Gamma- und Röntgenstrahlung (energiereichste Photonen) bis zu den (langen) Radiowellen reicht. Das sichtbare Licht ist nur ein kleiner Ausschnitt. Bis auf schmale »Fenster« wird ein großer Teil der elektromagnetischen Strahlung aus dem Weltraum von der Erdatmosphäre festgehalten. Um diese Strahlung zu messen, müssen wir die Meßgeräte auf künstlichen Satelliten in den Weltraum schicken. Radiostrahlung kann am Erdboden aufgefangen werden.

Fraunhoferlinien: Nach dem Hersteller optischer Instrumente und Physiker Joseph von Fraunhofer benannte und von ihm untersuchte dunkle Linien im Spektrum der Sonne, später auch in Sternspektren beobachtet. Ihre Lage, Form und Intensität gibt Aufschluß über die chemische Zusammensetzung und andere Eigenschaften (Temperatur, Druck usw.) der strahlenden Schichten.

Frühlingspunkt: Einer der beiden Schnittpunkte der Ekliptik mit dem Himmelsäquator (vgl. dort). Wenn die Sonne im März den Frühlingspunkt überschreitet, beginnt mit der Tag- und Nachtgleiche das astronomische Frühjahr. Der zweite am Himmel gegenüberliegende Schnittpunkt, den die Sonne Ende September in umgekehrter Richtung von Norden nach Süden überquert, markiert entsprechend den Herbstbeginn. Der Frühlingspunkt liegt im Sternbild Fische, der Herbstpunkt im Sternbild Jungfrau.

Galaxien (Einzahl: **Galaxie**): Selbständige Sternsysteme mit vielen Millionen bis zu mehreren hundert Milliarden Einzelsternen, wegen ihres Aussehens am Himmel früher auch als »Nebel« bezeichnet (z. B. Andromedanebel). Man unterscheidet Spiralgalaxien, strukturlose Elliptische Galaxien (ellipsenförmige Lichtflecken) und meist kleinere Unregelmäßige Galaxien, die eine ungeordnete Struktur besitzen.

Galaxis oder Milchstraßensystem: Unsere Heimat, eine Spiralgalaxie, in der das Sonnensystem mehr am Rande angesiedelt ist. Ihre Form hat Ähnlichkeit mit einer riesigen Diskusscheibe; ihr Durchmesser beträgt gut 100000 Lichtjahre. Das Sonnensystem hat eine Entfernung von 28000 Lichtjahren vom Zentrum und liegt etwas oberhalb der Scheibenebene. Das Eigenschaftswort *galaktisch* bedeutet soviel wie »innerhalb der Galaxis«.

Helium: Das nach Wasserstoff einfachste, leichteste und mit rund 27% häufigste Element im Kosmos. Der Kern eines Heliumatoms (auch als Alpha-Teilchen bezeichnet) besteht aus zwei Protonen und zwei Neutronen.

Helligkeit: Genauer *scheinbare Helligkeit* eines Gestirns. Es ist die Helligkeit, mit der ein Stern oder ein anderes Himmelsobjekt uns erscheint. Daher ist die Helligkeit in hohem Maße von der Entfernung des Gestirns abhängig; sie verringert sich mit dem Quadrat des Abstands (vgl. auch Leuchtkraft).

Himmelsäquator: Der Himmelsäquator ist die Projektion des Erdäquators an den Himmel. Er teilt die Sphäre in eine nördliche und eine südliche Hemisphäre. Die Verlängerung der Erdachse schneidet die Sphäre in den beiden Polen, um die alle Sterne wegen der täglichen Drehung der Erde um ihre Polachse kreisen. In dem *Äquatorialsystem* sind die Positionen der Sterne am Himmel festgelegt. Die *Rektaszension* (gerade Aufsteigung) entspricht der geographischen Länge auf der Erde, die *Deklination* der geographischen Breite.

Höhe: Als Höhe bezeichnet man den Abstand eines Gestirns vom Horizont im Winkelmaß. Die konstante Höhe des Himmelsnordpols, der an der täglichen Drehung des Firmaments nicht teilnimmt, hat überall auf der Erde den gleichen Wert wie die jeweilige geographische Breite des Beobachtungsorts. Da der nahe beim Nordpol stehende Polarstern leicht zu finden ist, kann die geographische Breite auf einfache Weise bestimmt werden.

Infrarotstrahlung: Ein Teil der elektromagnetischen Strahlung, die sich dem roten Licht nach längeren Wellen hin anschließt. Sie wird von uns als Wärme empfunden. Große Anteile der Infrarotstrahlung werden in den tieferen Schichten der Erdatmosphäre von Wasserdampf, Kohlendioxid u. a. absorbiert. Deshalb stehen Infrarotteleskope auf sehr hohen Bergen oder werden in Satelliten in den Weltraum gebracht. Die Undurchlässigkeit der Erdatmosphäre gegen die vom Erdboden abgegebene Infrarotstrahlung bewirkt den Treibhauseffekt.

Interstellare Materie: Das Gas (in der Hauptsache Wasserstoff) und winzige Staubteilchen im Raum zwischen den Sternen. Sie kann in Form von leuchtenden »Wolken« auftreten (z. B. Orionnebel), aber auch bei größerer Dichte als »Dunkelwolke« das Licht hinter ihr stehender Sterne verschlucken, so daß z. B. in der Milchstraße scheinbar sternleere Regionen entstehen.

Keplersche Gesetze: Zu Beginn des 17. Jahrhunderts beschrieb Johannes Kepler mit drei Gesetzen die Bewegung der Planeten um die Sonne. Er stellte *erstens* fest, daß die Bahn eines Planeten in einer Ebene liegt und die Form einer (bei den meisten Planeten fast kreisförmigen) Ellipse (mit der Sonne in einem der beiden Brennpunkte) hat. *Zweitens* fand er, daß ein Planet um so schneller läuft, je näher er der Sonne ist, und gab auch die quantitative

Abhängigkeit zwischen Geschwindigkeit und Sonnenentfernung an. *Drittens* stellte er fest, daß die Umlaufzeit eines Planeten in einem festen, für alle Planeten gleichen Verhältnis zum größten Durchmesser der Ellipsenbahn (doppelte große Halbachse) steht. Die drei Gesetze gelten nicht nur für die Planeten, sondern für alle um die Sonne laufenden Objekte wie Planetoiden und Kometen sowie ganz allgemein für Himmelsobjekte, die um den gemeinsamen Schwerpunkt laufen (z. B. Doppelsterne).

Konjunktion: Das Zusammenstehen zweier Gestirne am Himmel. So können zwei Planeten in Konjunktion miteinander stehen. Bei jedem Umlauf gerät ein Planet in Konjunktion mit der Sonne; er steht dann unsichtbar am Taghimmel. Die Konjunktion des Mondes mit der Sonne bezeichnen wir als »Neumond«.

Korona: Die äußerste, sehr ausgedehnte und extrem dünne Schicht der Sonnenatmosphäre. Ihr Licht ist so zart, daß es von der Sonnenscheibe völlig überstrahlt wird. Nur während einer totalen Sonnenfinsternis leuchtet sie wie eine Krone um die vom Mond abgedeckte Sonne.

Leuchtkraft: Die Lichtintensität (pro Sekunde abgestrahlte Energie) eines Gestirns. Die Leuchtkraft ist im Gegensatz zur scheinbaren Helligkeit eine physikalische Kenngröße des Sterns und hängt nicht von seiner Entfernung ab. Kennen wir sowohl die Leuchtkraft als auch die scheinbare Helligkeit eines Objekts, dann läßt sich seine Entfernung berechnen.

Lichtjahr: Eine astronomische Entfernungseinheit auf der Grundlage der Lichtgeschwindigkeit. Ein Lichtjahr ist die Strecke, die das Licht (Geschwindigkeit 299 793 km/s) im Vakuum in einem Jahr durchläuft. Es gilt: 1 Lichtjahr = 9,4605 Billionen km oder 63 240 Astronomische Einheiten.

Milchstraße: Die Projektion der Sterne in der Scheibe unserer Galaxis (vgl. dort) an die Sphäre. Sie erscheint als ein großes, kreisförmiges Band mit unregelmäßigen Rändern am Himmel, dessen Licht sich aus Milliarden von Sternen zusammensetzt. Die hellen Sterne, die wir sehen, sind uns relativ nahe und umgeben uns deshalb von allen Seiten.

Mond: Allgemeine Bezeichnung für einen um einen Planeten laufenden (natürlichen) Satelliten. Wird in der Umgangssprache vor allem für den Erdmond verwendet.

Nebel: Früher gebräuchliche Bezeichnung für alle diffusen Lichtflecken am Himmel, die sich später als ganz unterschiedliche Objekte herausstellten. Deshalb vermeidet man heute das Wort und spricht von Galaxien (z. B. Andromedagalaxie), Sternhaufen (z. B. Plejaden) und Gas- bzw. Staubnebeln (z. B. Orionnebel).

Neigung (Bahnneigung): Der Winkel zwischen zwei Ebenen, z. B. der Erdbahnebene (Ekliptikebene) und der Bahnebene eines anderen Planeten, oder auch zwischen Bahn- und Äquatorebene.

Opposition: Das Gegenüberstehen zweier Gestirne am Himmel, z. B. von Sonne und Mond bei Vollmond oder von Sonne und einem Planeten. Bei der Oppositionsstellung zur Sonne nimmt das jeweilige Himmelsobjekt um Mitternacht seine Höchststellung im Süden ein, weil dann die Sonne in ihrer tiefsten Stellung im Norden unter dem Horizont steht.

Orbiter: Englische Bezeichnung für einen künstlichen Satelliten in einer Umlaufbahn (*orbit*) um die Erde oder einen anderen Himmelskörper. Wird häufig auch im Deutschen verwendet.

Parallaxe: Allgemein der Winkel, unter dem ein entferntes Objekt von den beiden Endpunkten einer Basis aus erscheint. Die Astronomen verwenden als Basis den Erdbahndurchmesser und messen den Winkel zu einem Gestirn im Abstand von ½ Jahr. Selbst zu den nächsten Sternen sind diese parallaktischen Winkel sehr klein, so daß nur nahe Sterne auf diese Weise vermessen werden können. Bei der Festlegung der Entfernungs*einheit* wurde als Basis der Erdbahn*radius* verwendet. Ein Stern, der sich bei dieser Basis um eine Bogensekunde verschieben würde, wäre eine *Parallaxensekunde* (abgekürzt: Parsec) entfernt. Solch einen Stern gibt es nicht; der nächste Stern ist 1,3 Parsec entfernt, entsprechend einem parallaktischen Winkel von 0,75″. Ein Parsec entspricht 3,2615 Lichtjahren oder 30,86 Billionen km (vgl. auch Fig. 11, S. 134).

Photosphäre: Die für uns sichtbare oberste Schicht der Sonne, über der noch die dünne Chromosphäre und Korona (vgl. dort) liegen.

Planet: Ein nicht selbst leuchtender größerer Himmelskörper, der um die Sonne läuft. Er leuchtet nur, weil er das auf ihn fallende Sonnenlicht reflektiert. Wir unterscheiden die vier inneren erdähnlichen Planeten (Merkur, Venus, Erde, Mars), die vier äußeren großen Planeten (Jupiter, Saturn, Uranus, Neptun) und den ganz außen laufenden winzigen Pluto.

Wahrscheinlich sind auch viele andere Sterne von Planeten umgeben. Wegen der großen Entfernungen haben wir bisher (noch) keine entdeckt, vor allem da sie von ihrem Mutterstern stark überstrahlt werden. Anzeichen für ihr Vorhandensein sind aber schon beobachtet worden.

Präzession: In der Astronomie die Kreiselbewegung der Erdachse, die sich in 25 800 Jahren um die senkrecht auf der Ekliptik stehende Achse ihrer Bahnbewegung dreht. Die beiden Himmelspole beschreiben dadurch einen Kreis mit dem Winkelradius 23,5° um die Pole der Ekliptik, die im Sternbild Drache (Nordpol der Ekliptik) bzw. im Sternbild Schwertfisch (Südpol der Ekliptik) liegen. Der Polarstern verliert deshalb allmählich seine Stellung in der Nähe des Himmelsnordpols, da dieser sich in Richtung zum Cepheus weiterbewegt. Die beiden Schnittpunkte zwischen Ekliptik und Himmelsäquator wandern infolgedessen langsam im Tierkreis rückwärts. Der Frühlingspunkt (vgl. dort), der vor etwa 2000 Jahren im Widder lag, befindet sich jetzt in den Fischen und wird in 2000 Jahren den Wassermann erreicht haben. Ausgelöst wird diese Bewegung durch die anziehenden Kräfte, die Sonne und Mond auf den Äquatorwulst der Erde ausüben und ihn in die Ekliptikebene zu ziehen versuchen.

Protuberanz: Eine von der Sonnenoberfläche (Photosphäre) bis zu 200 000 km in die darüberliegende Sonnenatmosphäre hochsteigende Eruption von Wasserstoffgas, das in einem großen Bogen wieder auf die Oberfläche zurückströmt. Bei einer totalen Sonnenfinsternis können Protuberanzen am Sonnenrand direkt beobachtet werden.

Quasare: Zunächst im Bereich der Radiowellen entdeckte sehr intensive Strahlungsquellen, die in optischen Fernrohren sternartig (quasistellar) erscheinen. Wahrscheinlich gehören sie zu den entferntesten und energiereichsten Objekten im Kosmos.

Radialgeschwindigkeit: Die Geschwindigkeit eines Himmelsobjekts in der Sichtlinie des Beobachters. Sie ist meßbar durch die Verschiebung der Linien im Spektrum der Lichtquelle zu kürzeren (Blauverschiebung) oder längeren (Rotverschiebung) Wellenlängen, entsprechend einer Annäherung oder Entfernung des Objekts.

Radiostrahlung vgl. Elektromagnetische Strahlung.

Raumsonde: Ein künstlicher Flugkörper, der die Erdanziehung überwindet und zu anderen Objekten des Sonnensystems fliegt oder schließlich das Sonnensystem verläßt.

Röntgenstrahlung vgl. Elektromagnetische Strahlung.

Roter Riese: Ein Stern in einer späten Phase seiner Entwicklung, bei der er sich zu einer riesigen, rötlich strahlenden Kugel aufgebläht hat.

Rotverschiebung vgl. Radialgeschwindigkeit.

Satellit: Ein Objekt, das einen anderen Himmelskörper, speziell einen Planeten, umkreist. Natürliche Satelliten bezeichnet man auch als Monde. Ein künstlicher Erdsatellit ist ein in eine Erdumlaufbahn gebrachter Flugkörper.

Schwarzes Loch: Eine zu extremen Dichten komprimierte Massenkonzentration, deren Schwerkraft an der Oberfläche so groß ist, daß nichts entweichen kann. Auch die Photonen des Lichts können das Objekt nicht verlassen, daher die Bezeichnung »schwarz«. Wahrscheinlich ist ein Schwarzes Loch das Endstadium bestimmter massereicher Sterne; auch im Zentrum von Galaxien scheinen Schwarze Löcher mit sehr viel Masse zu existieren.

Siderische Periode: Umlaufzeit eines Planeten oder Mondes um seinen Zentralkörper in bezug auf die gleiche Stellung zu den Fixsternen, einem vollen Umlauf entsprechend (vgl. auch Synodische Umlaufzeit).

Sonnenwind: Ein ständig von der Sonne emittierter Teilchenstrom, hauptsächlich aus Protonen (Wasserstoffkernen) und frei beweglichen Elektronen bestehend. Beeinflußt das Magnetfeld der Erde, besonders in Zeiten hoher Sonnenaktivität, sowie die Richtung von Kometenschweifen.

Spektrum: Das in die Farben des Regenbogens nach seinen Wellenlängen zum Beispiel in einem Glasprisma zerlegte Licht von Violett (kurze Wellenlängen) über Blau, Grün, Gelb, Orange bis zu Rot (größte Wellenlängen). Allgemeiner die gesamte nach Wellenlängen aufgefächerte elektromagnetische Strahlung (vgl. dort).

Sternhaufen: Dichte Ansammlungen von Sternen unterschiedlichster Art. Die großen Kugelhaufen haben bis zu 1 Million Mitglieder, die loser aufgebauten Offenen Haufen nur einige hundert.

Supernova: Ein massereicher Stern, der gegen Ende seines Lebens den größten Teil seiner Masse in einem plötzlichen gewaltigen Ausbruch abschleudert. Zurück bleibt ein winziger, sehr dichter Zentralstern (Neutronenstern); die Hauptmasse expandiert als riesige leuchtende Hülle aus verdünntem Gas in den Raum.

Synodische Umlaufzeit: Die Zeit zwischen zwei gleichen Stellungen eines Planeten oder des Mondes relativ zu Sonne und Erde, z. B. zwischen zwei Oppositionen oder Konjunktionen eines Planeten oder zwischen zwei gleichen Mondphasen.

Tierkreis: Die zwölf Sternbilder, die die Jahresbahn der Sonne am Himmel beschreiben (lateinisch *Zodiacus*) (vgl. auch Ekliptik).

Urknall: Heute allgemein anerkannte Vorstellung über die Entstehung des Universums vor etwa 15–20 Milliarden Jahren. Danach entstand spontan in einem winzig kleinen Raumvolumen eine gewaltige Energiekonzentration in Form von Strahlung, die mit dem Raum zusammen expandierte und sich zum Teil in Materie verwandelte. Aus dem entstehenden Wasserstoff und Helium bauten sich später die komplizierten chemischen Elemente bei ganz unterschiedlichen Prozessen auf, ein Vorgang, der noch nicht abgeschlossen ist.

Wasserstoff: Das einfachste, im Urknall entstandene chemische Element. Das Atom des Wasserstoffs besteht aus einem Proton, das von einem Elektron umgeben ist. Wasserstoff ist mit einem Anteil von rund 70 % das häufigste Element im Kosmos.

Weißer Zwerg: Endstadium eines sonnenähnlichen Sterns, der dann auf Planetengröße zusammengeschrumpft ist. Die Materiedichte ist so hoch, daß ein Kubikzentimeter Sternmasse einige 100 kg Masse enthält. Die Oberfläche eines Weißen Zwergs ist sehr heiß, deshalb besitzt das ausgestrahlte Licht eine helle, weißliche Farbe. Die Sonne wird dieses Stadium in etwa 8 Milliarden Jahren erreichen.

Zenit: Der Punkt an der Sphäre senkrecht über dem Beobachter.

Zirkumpolarsterne: Sterne in einer gewissen Umgebung des Himmelspols, die nie untergehen, weil sie im Laufe eines Tages den Pol oberhalb des Horizonts umkreisen. Der Bereich der Zirkumpolarsterne ist abhängig von der Höhe des Himmelspols über dem Horizont und damit von der geographischen Breite des Beobachtungsorts.

Verzeichnis und Nachweis der Abbildungen

Farbphotos:

I. Voyager 1-Photo von Jupiter (JPL/NASA)
II. Voyager 1-Photo des Jupitermonds Io (JPL/NASA)
III. Voyager 1-Photo von Saturn (JPL/NASA)
IV. Die Sonnenkorona bei einer totalen Sonnenfinsternis (© Serge Koutchmy, Baader-Planetarium Munich)
V. Voyager 2-Photo von Neptun (JPL/NASA)
VI. Voyager 2-Photo des Neptunmonds Triton (JPL/NASA)
VII. Die Plejaden (© Royal Observatory Edinburgh/Baader-Planetarium Munich)
VIII. Der Helix-Nebel (ESO)
IX. Die Große Magellansche Wolke (ESO)
X. Das Radioteleskop bei Effelsberg (MPI Radioastronomie)

Schwarzweiß-Photos:

1. Der Kern des Halleyschen Kometen (H. U. Keller, MPI Aeronomie/ESA)
2. Der Komet Tago-Sato-Kosaka (MPI Astrophysik)
3. Der offene Sternhaufen Messier 16 (MPI Astronomie)
4. Der Pferdekopfnebel (ESO)
5. Der Lagunennebel (MPI Astronomie)
6. Der Trifidnebel (MPI Astronomie)
7. Der Krabbennebel (MPI Astronomie)
8. Der Kugelhaufen Messier 13 (MPI Astronomie)
9. Die Milchstraße in Richtung zum Zentrum (ESO)
10. Die Andromedagalaxie (MPI Astronomie)
11. Die Spiralgalaxie in den Jagdhunden (MPI Astronomie)
12. Die Spiralgalaxie in der Jungfrau (MPI Astronomie)

Erläuterung der Abkürzungen:

ESA: European Space Agency, Paris
ESO: European Southern Observatory, Garching bei München; Station auf dem Cerro La Silla in Chile
JPL: Jet Propulsion Laboratory des California Institute of Technology, Pasadena/Calif., USA
MPI Aeronomie: Max-Planck-Institut für Aeronomie, Katlenburg-Lindau

MPI Astronomie: Max-Planck-Institut für Astronomie, Heidelberg; Station auf dem Calar Alto in Spanien

MPI Astrophysik: Max-Planck-Institut für Astrophysik, Garching bei München/Observatorium Bloomfontein, Südafrika

MPI Radioastronomie: Max-Planck-Institut für Radioastronomie, Bonn

NASA: National Space Administration, Washington, D. C., USA

Personenregister

Sachregister

(Kursiv gesetzte Seitenzahlen verweisen auf das Glossar im Anhang.)